現代人間科学講座 第2巻

「環境」人間科学

中島義明　根ヶ山光一　……編集

朝倉書店

第 2 巻・編集者

中島 義明（なかじま よしあき）	早稲田大学人間科学学術院
根ヶ山光一（ねがやまこういち）	早稲田大学人間科学学術院

現代人間科学講座

刊行にあたって

　現在のわが国における諸大学の組織理念を見ると，モノからヒトへと軸足を移行する"人間-中心"的トレンドが存在するように思われる．このトレンドを反映してか，人間科学そのものもしくは人間科学的組織名を冠する学部や大学がわれわれの周囲に多く誕生している．しかしながら，これら諸機関で行われる高等教育および研究遂行にとって十分に参考となるような，「人間科学」の全体的図式を具体的に示す，わが国の研究者の手になる「講座本」は，いまだ存在しない．それゆえ，いまやそれを誕生させる機が熟しているように思われる．本講座はそのような機運にチューニングして企画された．

　わが国における「人間科学」の教育・研究の先導的役割を果たしつつ，その実績を積み重ねてきた組織として，1972年に創設された大阪大学人間科学部を西の雄とするならば，1987年に創設された早稲田大学人間科学部は東の雄といえよう．

　本講座は企画時にはこの早稲田大学人間科学部のほぼ全専任教員（講師以上）の執筆の承諾を得て船出した．以来，すでに4年の歳月が過ぎ去った．この間の教員の出入りにより，現在の専任教員を母数にすれば，執筆の参加者はおおよそ2/3程度となろう．これだけ多くの教員の参加を得て実現した本講座の刊行は，2007年に創立20周年を迎えた早稲田大学人間科学部の知的営みの一端を社会に発信するものともいえよう．

　本講座の構成は，2003年に改組した早稲田大学人間科学部の学科構成に対応した，「情報」，「環境」，「健康福祉」というきわめて「現代的な」3つの分類カテゴリーを用いている．この切り口が「現代における」人間科学がとりうるひとつの姿を巧みに具現化していると考えたからである．

　最後に，本講座の実現のために多大な労力と忍耐の提供を惜しまれなかった執筆者の先生方および朝倉書店編集部の皆様に対し心からの謝意を表する．

　2008年5月

中　島　義　明

執 筆 者

中島義明（なかじま よしあき）	早稲田大学人間科学学術院
太田俊二（おおた しゅんじ）	早稲田大学人間科学学術院
天野正博（あまの まさひろ）	早稲田大学人間科学学術院
森川　靖（もりかわ やすし）	早稲田大学人間科学学術院
沖野外輝夫（おきの ときお）	信州大学名誉教授
山内兄人（やまのうち これひと）	早稲田大学人間科学学術院
根ヶ山光一（ねがやま こういち）	早稲田大学人間科学学術院
佐古順彦（さこ としひこ）	早稲田大学人間科学学術院
高橋鷹志（たかはし たかし）	東京大学名誉教授
佐野友紀（さの とものり）	早稲田大学人間科学学術院
池岡義孝（いけおか よしたか）	早稲田大学人間科学学術院
河西宏祐（かわにし ひろすけ）	早稲田大学人間科学学術院
臼井恒夫（うすい つねお）	早稲田大学人間科学学術院
嵯峨座晴夫（さがざ はるお）	早稲田大学名誉教授
谷川章雄（たにがわ あきお）	早稲田大学人間科学学術院
吉村作治（よしむら さくじ）	サイバー大学学長
蔵持不三也（くらもち ふみや）	早稲田大学人間科学学術院
森本豊富（もりもと とよとみ）	早稲田大学人間科学学術院
加藤茂生（かとう しげお）	早稲田大学人間科学学術院
神崎　巌（かんざき いわお）	前 早稲田大学人間科学学術院
村上公子（むらかみ きみこ）	早稲田大学人間科学学術院
中村　要（なかむら かなめ）	早稲田大学人間科学学術院
店田廣文（たなだ ひろふみ）	早稲田大学人間科学学術院
矢野敬生（やの たかお）	早稲田大学人間科学学術院

（執筆順）

目　　次

0. 「総合学」としての「人間科学」と「『環境』人間科学」………[中島義明]…1
　0.1　「人間科学」とは何か …………………………………………………1
　　「人間科学」を構想する活動は四期に分けられる？／「人間科学」というラベルは二面性を有する／現代は学問に「現実社会」と向き合うことを求める／「人間科学」は脱専門的「直観」によって定義される／「人間科学」は「プロブレマティック」な科学である／「人間科学」を考える二つの視座／「人間科学」における「人文・社会科学と自然科学との相互浸透性」／「人間科学」における「基礎と応用の相互浸透性」
　0.2　「現代」における「人間科学」とは何か ……………………………8
　　「現代の人間科学」における方法論的一元論と二（多）元論／「現代の人間科学」の構築に作用する「概念的駆動ベクトル」と「生態学的駆動ベクトル」／「人間科学」の特性を示す二次元平面／『現代人間科学講座』の構想
　0.3　「『環境』人間科学」とは何か ……………………………………11
　　「人間」をめぐる「科学」は「環境」を抜きにしては考えられない／「『環境』人間科学」のタクソノミー

1. 地 球 環 境 論……………………………………………………………14
　1.1　地球環境システムの中の生物圏　―植物群系と気候，人間―
　　　………………………………………………………[太田俊二]…14
　　エネルギー収支と水循環／気候資源の地理的分布／世界の潜在植物群系分布と気候システム／陸域生態系の純一次生産／現在植物群系分布―純一次生産と人間活動
　1.2　地球環境保全と資源管理 ………………………………[天野正博]…23
　　地球環境保全に人類が取り組む基本的戦略／森林と温暖化の関係についての分析／陸域生態系の炭素吸収能力／温暖化軽減に向けた森林・木材分野の働き／気候変動枠組み条約の成立過程／おわりに

2. 生態学的環境論 ……………………………………………………… 33
2.1 人間活動と環境変動 ………………………………………[森川　靖]… 33
地球カレンダー／エネルギーへの理解／コモンズの悲劇／自然のシステムへの理解／量で考えよう／生態系のしくみの基本／森林のもつさまざまな機能／経済効率を考えよう／先入観は禁物／生物の多様性を考える
2.2 生態系と物質循環 ………………………………………[沖野外輝夫]… 50
生態系概念に至る道／生態系の構造と機能／生態系のモデル化と物質循環／人類生存のための循環型社会への適用

3. 人間の内的環境 ……………………………………………………… 63
3.1 「神経内分泌」環境論 ……………………………………[山内兄人]… 63
地球の変化と化学反応／宇宙と生物の連続性—感覚装置と神経系—／からだの中の環境情報—液性情報としての内分泌—／生きるための神経内分泌機構／子どもをつくるための神経内分泌機構／体内環境と性の決定—性ホルモンの役割—／おわりに—宇宙との融合—

4. 環境と行動 ……………………………………………………………… 75
4.1 環境とヒトの行動 …………………………………………[根ヶ山光一]… 75
生息圏と人口・環境問題／生活圏と対人距離・ストレス／身辺環境と事故／おわりに
4.2 空間環境の心理学 …………………………………………[佐古順彦]… 85
空間の経験／物理的空間／社会的空間／環境の好み／VRとサイバースペース／おわりに

5. 人間と建築環境学 …………………………………………………… 94
5.1 行動と建築環境の相互関係 ………………………………[高橋鷹志]… 94
建築環境とは／人間と建築環境との関係—場面，環景，継承—／建築環境と行動との段階的構成／建築環境と行動との関係の都市的拡大／公と私—環境行動教典—
5.2 建築環境と建築人間工学 …………………………………[佐野友紀]… 104
使いにくいのは誰が悪い？／人をはかる／人の寸法とモノの寸法／人の寸法を計画に応用する／使いやすい建築環境をつくるために

6. 人間と社会環境（1）―家族と仕事― ……………………………………115
  6.1 新しい家族研究の可能性…………………………………[池岡義孝]…115
    従来の家族研究／従来の家族研究への批判／新たな家族研究の可能性
  6.2 人間と労働・職業環境の変化……………………………[河西宏祐]…124
    労働環境の変化／職業環境の変化／キャリア教育／おわりに

7. 人間と社会環境（2）―都市と人口― ……………………………………132
  7.1 人間と都市環境……………………………………………[臼井恒夫]…132
    都市化の進展と環境問題／持続可能な都市
  7.2 人口と社会環境……………………………………………[嵯峨座晴夫]…141
    研究対象としての人口／人口学の成立と研究方法／人口転換理論／現代の人口問題

8. 歴史と環境 ……………………………………………………………………153
  8.1 近世都市江戸の環境史……………………………………[谷川章雄]…153
    環境としての歴史／都市の開発と環境／都市の中の自然／都市と災害
  8.2 古代エジプト文明論………………………………………[吉村作治]…162
    古代エジプト文明の特徴／古代エジプトの来世観／古代エジプト人と自然

9. 文化と環境 ……………………………………………………………………173
  9.1 人間科学と文化の生態系 ―食生活を巡って―………[蔵持不三也]…173
    人間科学の領域／現代フランスの食と共食文化／共食文化の変容と特徴／おわりに
  9.2 言語の接触と復興 ―日本人移民とハワイ先住民の接触および
      ハワイ語復興運動を例に―………………………………[森本豊富]…182
    言語接触研究／ハワイ先住民と日本人移民の接触／ハワイ語復興運動／おわりに
  9.3 人間科学と社会 ―植民地における人類学・精神医学―
    ……………………………………………………………………[加藤茂生]…189
    人間科学の人文学的考察について／人類学と帝国日本／精神医学と植民地社会

10. 地域文化環境論(1) ―ヨーロッパ地域― ……………………………… 196
　10.1 ナチ政権下の外国人強制労働者 …………………… [神崎　巖]…196
　　労働力不足と外国人導入／募集から強制連行へ／底辺のロシア人／家事労働者／ドイツ敗戦／強制労働者の子どもたち
　10.2 抵抗のアンビヴァレンス　―日独政治文化比較試行の一切片として―
　　…………………………………………………………… [村上公子]…204
　10.3 フランス文化社会論 ………………………………… [中村　要]…215
　　人間科学とフランス／地域文化研究／表象文化研究／先行研究／スペクタクル社会研究

11. 地域文化環境論(2) ―中東・アジア地域― ………………………… 226
　11.1 イスラーム社会の「社会開発」 …………………… [店田廣文]…226
　　ムスリム人口の概要／ムスリム・マジョリティ社会の現状／「先進的ムスリム・マジョリティ社会」の人口動向／人口政策と社会発展への提言
　11.2 アジア文化論 ………………………………………… [矢野敬生]…235
　　島嶼部東南アジアの文化的多様性／農業景観（陸）から見たアジア社会論／海から眺めた島嶼部東南アジア／フィリピン中部ビサヤ地方・パナイ島の事例／おわりに

索　引 ……………………………………………………………………… 249

0 「総合学」としての「人間科学」と「『環境』人間科学」

0.1 「人間科学」とは何か

a.「人間科学」を構想する活動は四期に分けられる？

「人間科学」という用語は，すでに，17〜18世紀に，例えばベーコンやヒュームといった哲学者たちによって用いられてはいた．しかしながら，これらのケースにおいては，その使用は一つの「学問領域」もしくは「ディシプリン」を意味するような域には至っていなかった．

19世紀になって，はじめて，「人間科学」という一種の「総合学」を志向する実質的な学問的活動が登場することになる．今日までのこれらの活動をラフスケッチするならば，大きく四期に分けて考えられまいか．

第一期は，19世紀初頭にこの種の科学的領域を模索し，体系的な形でその構想を世に示そうとした最初の学者であるサン・シモン（H. Saint-Simon；森訳, 1987）に代表される活動である．彼の「人間科学（science de l'homme）」の構想は，生理学と心理学とをその核に据えたものであった．彼の「科学」観からすれば，一般科学すなわち哲学というものは特殊諸科学を構成要素として成り立っており，これらの特殊諸科学の一部はすでに「実証的」になっているが，他の部分はまだ「推測的」であり，いずれみな「実証的」になる時代がやってくると予測・期待している．そして，そのような時代の到来には「生理学」と「心理学」とが「実証的」になっていることが前提であると考えている．それゆえに，彼の「人間科学」は，実際のありさまはとにかくも，その理念としては，実証主義的科学観に立ったものと言えよう．彼は，「人間科学」を "science de l'homme" と表現している．"sciences" ではなく "science" ということは，サン・シモンの頭の中には，肉体的な存在としての人間については言うまでもなく，精神的存在としての人間についても観察とか実験といった実証的方法が適用されるような，その意味で「統一的」な科学としての「人間科学」が描かれていたに違いない．

第二期は，20世紀中葉のシュトラッサー（S. Strasser；徳永・加藤訳, 1978）に代表される活動である．彼は，人間科学と自然科学とは本質的に別の性格のものと考えている．そして，自然科学と区別される人間科学は，「『ペルゾーン（Person）』（人間を人間たらしめている独自性をさしているように思われる）としての人間を研究する」科学として構想されている．すなわち，そこでは，主体としての人間が取り扱われることになる．もちろん，シュトラッサーも，この種の人間科学といえども，その中に経験科学的方法論を適用できる部分が包含されていることは考えている．しかしながら，彼らしいのは，たとえそのような部分であっても，自然科学とは本質的に区別されるべきものだとしている点である．なぜなら，彼によれば，"体系的に組織化された経験にもとづく人間科学は，自然科学と経験的方法論を共有している"としても，"この事情にまどわされて，二つの科学グループの間にある本質的相違を見逃してはならない"からである．その上で，シュトラッサーは次のように考えているように，筆者には，思われる．上でいう「経験にもとづく客観主義的人間科学の部分」と，それ以外の「実存主義に代表されるような主観主義的人間科学の部分」とが，「弁証法的に止揚される」ことによって，はじめて，人間の固有性をとらえる「本来の人間科学」が誕生するのだと．

第三期は，わが国における「人間科学」を構想する動きに対し大きな影響を及ぼしたと考えられる，20世紀後半におけるピアジェ（J. Piaget；波多野訳, 2000）に代表される活動である．彼は，「人間科学（sciences de l'homme）」というものを，自然科学と切り離されたものとしては考えずに，「人文・社会科学と相おおい，自然科学には開かれた態度をとる」ものとして構想している．彼は，「人間科学」を"sciences de l'homme"と表現している．統一的な科学としての「タイトな」人間科学を象徴するかのように単数形を用いたサン・シモンと異なり，ピアジェが"sciences"と複数形を用いていることは，彼の構想した人間科学が人文科学や社会科学や自然科学といった既存の多くの諸科学に「変身」を強いることなく門戸を開いている，いわばこれらの諸科学を「ゆるく」おおう傘のようなものであることを象徴しているように思われる．

第四期は，現代のわが国において現在進行中の，人間科学の理念を現代の学問的・社会的状況に見合う形に構想し直したり，人間科学に関する整備された高等教育機関や研究組織を構築しようとするような活動である．ここでは，人間科学というものを，第三期でとられた考え方にさらにecological（生態学的）な視点を大きく加味して構想する立場が盛んなように思われる．

b.「人間科学」というラベルは二面性を有する

「人間科学」というラベルが「組織のシンボル」として用いられているときと「認識のシンボル」として用いられているときとでは，その意味するところの明

快さや広がりに差が存在している（徳永, 1989）ことは確かである．徳永はこのミスマッチにつき皮肉を込めて（？）「認識のレベルでのあいまいさのゆえに，かえって幅広い組織力をもつという側面もある」ことを指摘している．

近年，わが国においては「人間科学」という名前を大学の学部・学科などの高等教育機関の組織名として使用しているところが増えている．すなわち「人間科学」という一種の「社会的実体」がすでに存在しているのである．これらの諸組織をながめてみるに，「認識のシンボル」との関連性で言えば，かなりの寛容さが存在するように思われる．すなわち，①これまで伝統的に用いられていた個別の組織ラベルを若干でもまたいでいることと，②人間の問題に関連していることという二つの条件が満たされている場合には，「組織のシンボル」としての「人間科学」というラベルの使用が許容されてきているように思われる．

c. 現代は学問に「現実社会」と向き合うことを求める

ある学問を構築するということは，一種の「世界」を構築することと同じである．近代科学における諸学問分野は，かつてなかったほど「現実社会」というものと向き合うことが求められている．このようなことがどうして生じたのかを緻密に思索することは，筆者の力量を超える．しかしながら，直観的には，これには少なくともいくつかの要因がかかわっているように思われる．例えば，①科学中心主義的思想から，人間中心主義的思想への傾斜が起こり，「学問」の存在価値についても，単なる「真理の追究」のみでなく「人間の幸せの追求」が求められるようになった．② ①とも関連するが，民主主義，平等主義，個人主義などの考え方が広まり，「学問」といえども，一部の人々の専有物であることを避ける風潮が広まった．③近代科学の活動には，費用，時間，人材といった研究資源の供給が不可欠であるが，これらは，個人レベルというより現に今存在する社会によって手当てされるものであることから，研究成果の社会的還元への圧力が大きくなった．

d. 「人間科学」は脱専門的「直観」によって定義される

「人間科学」という学問分野の内容をどう考えるのかということ，すなわち人間科学の全体像に関するイメージは，「人間」というものに関連した研究テーマを扱っている実に広範囲な一群の研究者たちによって受容されうるものでなければならない．このとき，この多くの研究者たちはその是非をどのようにして判断するのであろうか．彼らの「専門的」な知に照らすのであれば，専門というものが垣根による囲い込みを前提としていることから，学際的，総合的な視点に立つことを難しくしよう．それゆえ，これら研究者たちが是非のよりどころとするの

は，この垣根をあらゆる方向に向けて取り払うべく自ら最大限の意識的努力を実行した後にその姿を現してくる「直観的」とでもいえるような知であろう．こう考えてみると，「人間科学」の定義や理念の構想というものは，実際のところは，この「直観的」な知に照らしてなされているということになるまいか．その際に，一つ常にわれわれが留意しておくべきことがある．それは，「直観的」な内容というものは，時代や社会あるいは文化や価値観といったものの影響を強く受けるものであるということである．学問の構想が社会的なものの影響を強く受けることは，ここで改めて論じるまでもなく，これまでの歴史が証明してきている．特に「総合学」といったものに「リアリティ」を付与しようとすればこの傾向はなおさら顕著なものとなろう．

そうしたことをふまえるのであれば，現代はサン・シモンの時代とも，またシュトラッサーの時代とも，またピアジェの時代とも，その時代背景を大きく異ならせている．さらに言えば，わが国において「人間科学」というラベルを用いた教育研究組織がチラホラ出現しはじめた20～30年前に比べても，現在の社会的環境は相当に異なってきているのである．

e.「人間科学」は「プロブレマティック」な科学である

今から30年ほど前にわが国においては，高度成長期をふまえて，あちこちで出現してきた人間をめぐる諸問題の解決が求められた．これらの諸問題には，それまでの個別学問分野からの対応のみでは，十分にカバーしきれなかったので，「人間科学」という総合学的取り組みへの動機づけが高まった．

他方，これまでの海外においては，「行動科学」なる総合学的志向が強かった．この「行動科学」はアメリカにおいて，その文化的特徴をなす合理主義を背景に特に盛んであった．行動科学は心理学で言えば「行動主義」に象徴されるように，「科学」的と言われる「論理実証主義」にもとづく体系をめざすものであった．それゆえ，いわゆる「哲学」的色彩の薄い「総合学」であった．

しかしながら，1970年代のわが国において生じた「人間科学」を構想する立場は，哲学・心理学などの人文科学や社会科学を中心として自然科学に対しては開かれた立場をとるような，どちらかと言えば，ピアジェ流の「人間科学」であった．すなわち，そこでは，哲学・人文科学・社会科学・自然科学をカバーする，行動科学よりはもう一回り広い視座に立った人間をめぐる「総合学」が構想されたのである．加えて，冒頭でふれたようにわが国においては，当時の社会・経済的状況を受けて生み出されつつあったさまざまな人間をめぐる実際的諸問題に対処するための諸知見の必要性にせまられていた．

考えてみれば,「総合学」というものは,そもそも,確立科学的な固定的なものではなく,時代や社会の問題を意識においた,それゆえに取り上げる多様な問題に対応できるような「しなやかさ」や「弾力性」を本来的に具備しているのである.その意味で,本質的には,非確立的な「プロブレマティック(problematic)」な科学の性質を帯びることになる.この性質は「総合学」としての規模が大きくなるほど色濃くなると思われる.「人間科学」とはまさにこの種の典型的な科学と言えまいか.

f.「人間科学」を考える二つの視座

20世紀後半に,ピアジェは,人間科学を人文・社会科学に限定されたそれゆえに自然科学から切り離されたものとしてではなく,互いに接合し合いながら,「科学」という全体システムをつくりあげているものとして構想した.

また,ピアジェが人間科学をこのように見ようとした試みの一つの背景には,人間科学というものも,自然科学と同じように社会のためになり,その傾向はますます増加していくであろうと考えていたことがある.したがって,当然,彼は「基礎研究と応用研究との関係」というテーゼにも強い関心を抱いている.彼は,このテーゼを考察するに際して,実験のできる科学と実験のできない学問とに分けている.

後者の場合には,事後的な現象の統計的ないしは確率論的分析に依存せざるをえないので,応用が実験の代用の役を果たすことになる.すなわち,このような場合には,応用は基礎研究と一体化していることになる.ここで,若干独断的ではあるが解釈上の拡大を試みるならば,ピアジェは「応用」という表現を用いているが,この表現により彼が意味しようとした内容の同意異表現として,「生活世界」とか「現実場面」とか「現場」とか「フィールド」とか「実践場面」とかいったものが考えられまいか.

他方,実験的方法を使って基礎的研究をすることが可能な学問もある.しかしながら,この場合にも,応用だけに閉じこもってしまった研究では,そこから生まれる成果が豊穣なものになるとは思えないし,そのような状態からでは基礎も育たず,結局両者とも衰えていくと彼は考えている.

それゆえ,ピアジェによれば,例えば,心理学で言えば,「『応用心理学』などという独立した学問は存在しない」のであり,「すべてよい心理学はみな役に立つ応用へ進みうる」ことになる.それゆえ,基礎研究を役に立つ立たないといった名目ではじめから狭く限定し,多くの可能性の芽を摘みとってしまわない限り,「人間科学は,人間のあらゆる分野において,ますます重要な応用を提供しうる

ようになる」と予見している．

上のようなピアジェの考え方には，人間科学を「一般的に」俯瞰するうえで特に重要と思われる二つの視座が含まれていると筆者は考える．一つ目は「人文・社会科学と自然科学との連続性（相互浸透性）」の視座であり，二つ目は「基礎と応用との連続性（相互浸透性）」の視座である．この点については以下において若干考えておくことにする．

g. 「人間科学」における「人文・社会科学と自然科学との相互浸透性」

まず一つ目の視座であるが，これは，人文・社会科学という領域と自然科学という領域との間に垣根や壁を築かずに，そのイメージをたとえてみるならば，「連合国家」（もしくは，欧州共同体のような「独立国家共同体」）としてそれぞれの「文化・習俗」を背負った民族の「自由な往来」が保証されていることに相当しよう．このような立場の「人間科学」においては，方法論的多元論が許容されることになる．ピアジェの「人間科学」はまさにそれであった．

それでは，ピアジェ以前の人間科学ではどうであろうか．

実証主義を提唱したコントの先人でもあったサン・シモンの「人間科学」は，すべてが「実証科学的」色彩一色に色づけられた，たとえてみればタイトな単一体としての「統一国家」のようなものであり，方法論的一元論にもとづいていた．その意味では，サン・シモンの「人間科学」は，理念的にはそのすべてが「自然科学」に収れんしていたと表現できよう．

他方，シュトラッサーの「人間科学」は，たとえその中に経験科学的方法論を適用できる部分が包含されているとしても，自然科学とは完全に切り離されたものとして構想されていた．その意味では，シュトラッサーの「人間科学」は，サン・シモンの「人間科学」とは逆に，理念的にはそのすべてが「人文・社会科学」に収れんしていたと表現できまいか．

そう整理してみると，ピアジェの考え方は，サン・シモンの考え方とシュトラッサーの考え方とを抱き合わせたようなものとして理解することができる．

筆者は，「人間科学」という学問分野は，上の３種類のタイプの中で言えば，サン・シモン型とシュトラッサー型とを「弁証法的」に「止揚」したとも言えるピアジェ型がもっとも適切であると考えている．正確には，さらに「ゆるやかな」ものとして理解していると言うべきかもしれない．すなわち，領域的には哲学・人文科学・社会科学・自然科学のいずれに対しても十分に門戸が開かれている．そして，これら領域間の相互浸透性を支えるもっとも大きな要因である方法論について言えば，人文・社会科学領域のある学問部分（例えば，「心理学」の一部

分野や「社会学」の一部分野）と自然科学とは「実験」という共通のパラダイムに象徴されるような連続性を有するであろうし，人文・社会科学領域の別の学問部分（例えば「哲学」とか「精神分析学」）では「解釈」というような自然科学の方法論とはまったく異なるパラダイムを用いるであろう．それゆえ，後者の場合には自然科学との関係で考えれば二元論的特性を有することになろう．このように考えてくると，人間科学の中の人文・社会科学領域と自然科学領域との間の方法論的関係は，実際のところは一元か二元かといった単純な二分法的構造ではなく，もう少し複雑な部分構造を有していることになろう．さらには哲学・人文科学・社会科学といったいわゆる「文系科学」内の方法論についても，これを「一元」とするよりも「多元」とする方がよいという考えも存在しよう．

h.「人間科学」における「基礎と応用の相互浸透性」

　次に，二つ目の「基礎と応用との連続性（相互浸透性）」の視座に話を移そう．筆者は，この視座は，特に「現代の人間科学」を考える上で重要なポイントになる特色であると考えている．ピアジェの言う「応用」と言う表現は前にも言及したように，その主旨からして，「生活世界」（あるいは，「現実場面」，「現場」，「フィールド」，「実践場面」など）を意識して用いられていると筆者は「勝手に」（？）解釈している．すなわち，どちらかだけに閉じこもる姿勢は研究課題の全貌の把握を妨げ，結果として，研究成果の範囲を不当に狭めよう．それゆえ両者が相互に浸透し合い，融け合う事態が志向されることになる．考えてみるに，「基礎」では，「理論-センタード」もしくは「理論-オリエンテッド」の学問的ベクトルが生み出されよう．他方，「応用」では，「生身の生活する人間」もしくは「生身の人間の生活世界」を念頭に置いた学問的ベクトルが生み出されよう．言ってみれば，前者のタイプの研究により構築されることが目指された（もしくは，前者のタイプの研究が行われることが目指された）人間科学が歴史的には，サン・シモンやシュトラッサーの考え方と言えまいか．他方，後者のタイプの研究を人間科学の必要不可欠な条件としてその構築を考える行き方の芽ばえが，ピアジェ（その芽については前述した）や，心理学で言えば「文脈」や「日常性」といったことにウエイトを置く「認知心理学」が台頭した後の人々（彼らは，人間という全体的・主体的存在とその存在を取り巻く文化的・社会的・生態学的環境との間のダイナミックな交互作用に大きな関心を寄せた）によってとられた立場と考えられまいか．

　ここで，情報処理に「概念駆動（conceptually-driven）型」と「データ駆動（data-driven）型」との2タイプがあることを指摘したノーマンらの考え方（Norman, 1976）を援用するならば，上で分けた二つの学問的ベクトルそれぞれにより構築される人間科学を区別することができる．すなわち，一つは「概念的駆動の人間科学（conceptually-driven human sciences）」とでも呼べるようなものであり，もう一つは「生態学的駆動の人間科学（ecologically-driven human sciences）」とでも呼べるようなものである．

0.2　「現代」における「人間科学」とは何か

　それでは，現代の「人間科学」はどのようなスタンスをとっているのであろうか．もしくは，とるべきなのであろうか．この問題についても，前節での考察を参考にして，二つの視座を切り口にして若干考えてみることにしたい．一つは，方法論的一元論をとるのか二元論（もしくは多元論）をとるのかという問題である．もう一つは，基礎と応用（もしくは「生活世界/現実場面/現場/フィールド/実践場面」）との関係の問題である．

a.「現代の人間科学」における方法論的一元論と二（多）元論

　前者に関連していうならば，現代の人間科学を考えるときに，方法論的に極端な一元論，また極端な二（多）元論をとる研究者は少ないのではなかろうか．対象とする課題の性質によって，また，研究の目的によって，特定分野に限定的な方法論が用いられることもあろうし，また，広く人文科学や社会科学や自然科学を横断して使用される方法論が用いられることもあろう．こう述べると，何やら，方法論的に「あいまい」で「純粋でない」ような印象を与えるかもしれない．しかし，決して，そのようなことはないのである．一元論的方法論にしても，二（多）元論的方法論にしても，それぞれにおいて用いられる具体的方法自体は十分にしっかりとしたものであり，これらのうちから課題にもっとも適した方法が選択できるということは，それだけ，そこで得られるデータの妥当性や信頼性を高めることにもなるのである．料理の比喩で言えば，料理（「学問」）には，日本料理，西洋料理，中華料理など（「学問領域」）が存在し，それぞれは独自の料理法（「方法論」）を工夫しており，またその領域の料理人（「研究者」）というものも存在する．しかし料理とは何かということを考えたときに，家庭料理（「人間科学」？）というものは，人間の存在にとって，非常に大事な意味をもつ．なぜなら，家庭料理の立場は，家族が人々が人間が日々の生活の中で健康的に生きていくために栄養的にバランスがとれており，これをおいしく食べることにより，心身がともに充足されること（「人間科学」は「人間の幸せ」/「ヒューマニズム」を追求する）が目指されることにあるからである．そのためには，特定の料理法に限定・制約

されることなく，そのときの料理の目的や食材が何かということ（「研究の目的や課題の性質」）によって，家庭料理の料理人は日本料理の料理法一つでいくこともあれば（「一元的方法論」），日本料理と西洋料理の両者の料理法を用いること（「二元的方法論」）もあれば，さらに多くの料理法を用いること（「多元的方法論」）もあろう．そこで目指されるのは，その料理を食べる人の心身の充足にとって，食材が十分に活かされた料理をすることであろうから，その目的にもっとも適う料理法をみつけだすことが一番の問題であり，料理法の「数」は本質的な問題とはならないのである．

したがって，この方法論的「しなやかさ」は何ら「あいまいさ」や「純粋さの欠如」を意味するわけではなく，むしろ，上述のような料理（「学問」）をすることの意味に照らして考えるならば，欠点というよりむしろ利点とも考えられるのである．

b.「現代の人間科学」の構築に作用する「概念的駆動ベクトル」と「生態学的駆動ベクトル」

次に，先述した，現代の「人間科学」を考える上での二つ目の視座についての話に移ろう．この問題に関連して，前項で，人間科学構築の学問的オリエンテーションに，「概念的駆動ベクトル」と「生態学的駆動ベクトル」との両者が存在することを指摘した．歴史的にみれば，他方のベクトルがまったく存在しないというような極端な事態ではないにせよ，いずれか一方のベクトルに大きくウエイトを傾かせたスタンスがとられてきたように思われる．この傾斜の度合いが若干ゆるいケースが，両者のベクトルを視野に入れていたと思われる（筆者にはそう思われる）ピアジェの場合であろう．彼の人間科学に対する論考の一般的姿勢は，「発生的認識論」にシンボライズされるように，「概念的駆動ベクトル」の方の色彩を帯びてはいる．しかし，他方で，例えば，当時のユネスコが試みた科学の平和利用の可能性についての調査研究へ参加したり，人間科学について基礎と応用との相互浸透を主張したりしている．ということは，彼の場合には，他の研究者の場合に比べれば，その背後に，ある程度の「生態学的駆動ベクトル」の存在を，筆者は感じとるのである．しかしながら，そうは言っても，彼の場合は，依然として，「概念的駆動ベクトル」のほうにウエイトがかかった人間科学と言うべきであろう．

さて，「現代の人間科学」は，両ベクトルにより構築されているもしくはされるべきであるという意味で，上のピアジェの行き方にその「芽ばえ」をみるにしても，両ベクトル間のウエイトの置き方はむしろ逆になり，「生態学的駆動ベク

トル」により大きなウエイトがかかっているように思われる．なぜウエイトの置き方の傾斜が逆方向に変化したのかの原因については，学問的流れを含めさまざまに思索できようが，少なくとも，世界観，価値観といったものの時代的・社会的変化というものが大きくかかわっていることは間違いあるまい．この点に関連した若干の言及は，すでに前節においておこなった．

c．「人間科学」の特性を示す二次元平面

歴史的にこれまで考えられていた人間科学や，現代の人間科学を，もっとも簡潔な図0.1のような，二次元平面上に位置づけてみよう．この二次元平面の横軸は，学問的領域が人文・社会科学的領域から自然科学的領域に至る「メタセティック連続体（metathetic continuum）」（質的連続体を意味するスティーヴンスの用語）をなすと考え，この軸を用いて人間科学がカバーする学問的領域を示したものである．また，縦軸は，学問構築の駆動ベクトルが概念的ベースにもとづいているのか生態学的ベースにもとづいているのかという特質もまた「メタセティック連続体」をなすと考え，これを人間科学の構築について適用してみたものである．

図0.1に表したように，シュトラッサーの人間科学（「自然科学とは明確に区分されるものとした」＋「概念的駆動ベクトルによる学問構築」）は第Ⅰ象限に位置しよう．他方，サン・シモンの人間科学（「実証主義的科学観に立っていた」＋「概念的駆動ベクトルによる学問構築」）は第Ⅱ象限に位置しよう．ピアジェの人

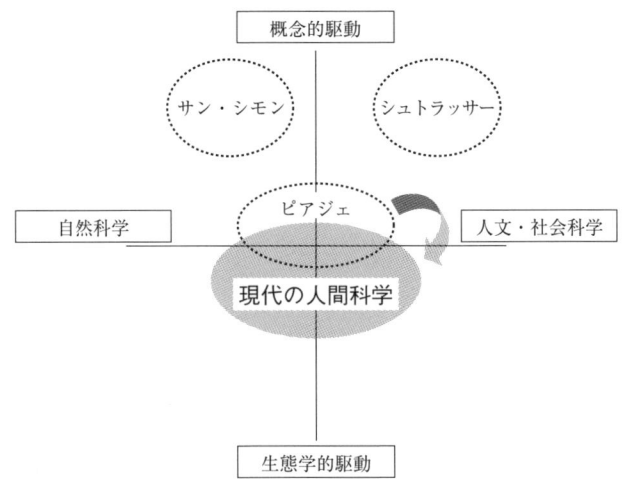

図 0.1　人間科学の特性を示す二次元平面

間科学（「人文・社会科学と相おおい，自然科学に開かれて連なる」＋「概念的駆動ベクトルと若干の生態学的駆動ベクトル両者による学問構築」）は，第Ⅰ象限と第Ⅱ象限にまたがり，その下方部分が若干第Ⅲ象限と第Ⅳ象限にかかっていると考えられる．

それでは，現代の人間科学はどうであろうか．原点を含み，第Ⅰ～第Ⅳ象限すべてにまたがっている点ではピアジェの場合と同じである．しかしながら，第Ⅲ象限と第Ⅳ象限にかかる部分が，第Ⅰ象限と第Ⅱ象限にかかる部分より大になっているところが異なっている．すなわち，ピアジェの場合を示す楕円を下方にずらした位置関係になろう．

今後の人間科学については，筆者はこう考える．四つの象限にまたがるという特徴は今後も変わらずに維持されつづけよう．他方，縦軸方向に関しては，学問的世界や時代の社会的背景などの影響を受け，上下に変動しつづけよう．しかしながら，少なくとも，当分の間は，この変動はこれまで（図0.1に矢印で示されている）と同様に下方に向かうものとなろう．

d.『現代人間科学講座』の構想

この『現代人間科学講座』は，上にみてきたような，「人間科学」という「総合学」が有する学問的トレンドを十分にふまえた上で構想され，「現代の」人間科学にふさわしい目次構成となるよう工夫された．すなわち，人文・社会科学から自然科学にまたがる多様な視点から，現代人が置かれている生態学的状況（生活世界/現実場面/現場/フィールド/実践場面）から生じてくる諸問題につき，①情報，②環境，③健康福祉というきわめて「現代的な」三つの切り口から，さまざまな考察・解説を試みたものである．ボリュームの都合上，三つの切り口のそれぞれを単独の本として独立させ，三冊構成の「講座」形態をとってはいるが，本来の目的からすれば，すべての内容が一冊の本に収められるべきものである．それゆえ，読者は，ぜひ，本書以外の二冊についても一読されたい．

0.3 「『環境』人間科学」とは何か

a.「人間」をめぐる「科学」は「環境」を抜きにしては考えられない

「生活する人間」を考えるときには，すでに「生活」という表現の中に「環境」の要因が含意されている．さらに，「環境」は活動する人間存在というものを対象化し，これを認識する際の前提条件となる．他方，「環境」というものを概念化する際には，すでにその背後に，特にそれと明示的に表現されていなくても「人間」というものの存在が前提条件となっている．すなわち，「人間」と「環境」と

いう両者の概念は，一方が存在してはじめて他方が対象化できるという関係にある．たとえてみれば，この関係は知覚の成立における「図 (figure)」と「地 (ground)」の間に見られる関係によく似ている．

しかしながら，上の関係にとどまらず，両者の関係をさらに複雑にしているのは，「人間」は「環境」に手を加えこれを変えていく存在でもあり，また「環境」は「人間」に影響を及ぼしこれを変えていく存在でもあるということである．すなわち，両者は，互いに依存し合いながら支配もまたし合うという関係にあるということである．

上に述べた特質は，「自然環境」から「社会環境」や「文明」に至るまでの多様な「環境」と「人間」との間で常に成り立つものである．

問題は，この両者の関係が，「よき均衡」状態からいずれかの方向に過剰に傾斜したときなのである．すなわち，「人間中心主義」に軸足がいきすぎたり，「環境中心主義」に軸足がいきすぎた場合である．話をわかりやすくするために，「環境」の側の代表として「自然環境」を考えてみよう．現在生起しているさまざまなエコロジーの具体的問題は，すべてこの「人間中心主義」と「自然中心主義」の対立構造の中に位置づけられまいか．なぜなら，人間にとっての便利さのための「開発」か，自然界における生命や生態系の維持のための「保護」かといった論争の背後には，常に上の対立構造が見出されるからである．

しかしながら，前述したように，人間存在というものは，環境から完全に独立しているような存在ではない．それゆえ，「人間中心主義」と「環境中心主義」両者のうちの一方が他方を，それぞれ互いに独立した「テーゼ」と「アンチテーゼ」として定立するような視点に立つのではなく，むしろこれら両者を総合化したというか，「弁証法的」な表現をすれば，これら両者を「止揚」したような視点に立つことが肝要なことであり，また，可能なことと考えられまいか．換言すれば，現代的課題に対して「環境」と「人間」とを包括した「総合学」的視点から取り組むような「科学」が強く求められているのではなかろうか．

本書は，このような問題意識と真正面に向き合うことにより誕生した．そして，単に，「環境」+「人間」+「科学」という姿勢ではなく，「総合学」としてそれなりの歴史をすでに刻みつつある「人間科学」というものに「環境」という視点からアプローチするパラダイムを採用した．「『環境』人間科学」という領域名には，そのような執筆者たちの共通認識が投影されている．

b. 「『環境』人間科学」のタクソノミー

「『環境』人間科学」のタクソノミーを考えるといっても，話はそう簡単ではな

い．ここでのタクソノミーという表現は，扱われる研究テーマに関する「分類学」を指している．この種のタクソノミーを想定する場合，分類軸が三つ，四つと増加することは，いたずらに分類カテゴリーを増加させ，直観的把握を困難にさせる．そのようなことは，筆者の本意とするところではないので，ここでは最もシンプルな2軸によるタクソノミーを構想してみた．

しかしながら，いかなる分類軸を想定するのかということはなかなかに難しい課題である．そこで，一つの候補として，本章の0.1節と0.2節で言及した，①「人間科学」の構築には2種類の学問的駆動ベクトルが存在するという考え方と，②学問領域には人文・社会科学と自然科学という二つの研究分野が存在するという伝統的考え方にもとづいてこの分類軸を設定してみることにした．すなわち，この場合の分類軸は，すでに図0.1の二次元平面において用いられていた2軸と同じものになる．したがって，図0.1における「現代の人間科学」を示す楕円を，直交する2軸が区切ってできる四つの領域が，そのまま，「『環境』人間科学」のタクソノミーとしての四つの分類カテゴリーになる．

本書の各章および各節が，この二次元平面上のどの辺に位置づけられるのか，すなわち四つのカテゴリーのいずれに属するのかは，一読された後の，読者の課題として残したい．なぜなら，このような作業を行うことは，「人間科学」に対する読者の理解をさらに深めるよき「きっかけ」になるに違いないからである．

〔中島義明〕

<文　献>

Norman, D. A.(1976)：*Memory and Attention：An Introduction to Human Information Processing.* 2nd ed., Wiley, New York.
ピアジェ，J.；波多野完治訳（2000）：人間科学序説，岩波書店，東京．
サン・シモン，H.；森　博編訳（1987）：サン・シモン著作集　第2巻，恒星社厚生閣，東京．
シュトラッサー，S.；徳永　恂・加藤精司訳（1978）：人間科学の理念―現象学と経験科学との対話―，新曜社，東京．
徳永　恂（1989）：人間科学とは何だろうか―ゆらぎの中での自己反省と自己組織化―．大阪大学人間科学部紀要, **27**, 1-19.

1 地球環境論

1.1 地球環境システムの中の生物圏 ―植物群系と気候,人間―

a. エネルギー収支と水循環

　絶えず地球に入射する太陽エネルギーと,地球から放射されるエネルギーは等しいため,地球の平均温度はほぼ一定となり,地球はエネルギー的に動的平衡状態にあると言える.しかしながら,年間を通して緯度方向に平均してみると,地球はその構造から常に低緯度帯で熱が余り,高緯度帯で不足していることがわかる.この不均衡を是正するために,さまざまな大気大循環,表層海流や深層水の大循環を通じてエネルギーを絶えず移動させ続けている.ゆえに空気と水は,地球環境システムのエネルギー輸送の主役である.

　中でも水は,空気に比べて数千倍も高い熱容量をもつために,効率よく莫大なエネルギーを移動させることができる.加えて水は相変化をすることによって循環してエネルギーを運搬する.地表面から蒸発した水蒸気は上空で冷やされて凝結し,降水となって再び地表面に戻るが,上空で凝結する際に蒸発したときに奪った気化熱を放出して大気を暖める.つまり,蒸発する際には熱を奪って水蒸気として潜熱を運び,それが凝結するときには顕熱を放出するのである.このように水が地球上で循環すると,同時にエネルギーが効率よく移動する.結果として,エネルギーの移動とその配分は気候システムの原動力となり,地表面に特徴的な気候区を形成していく.この気候区分や海域に対応して,特徴的な性質をもつ植物群系(biome あるいは vegetation formation)が発達し,その地域の代表的な相観をつくる.このため,生物の分布は気候システムによって決められていると言える.

　一方,大気に包まれている地球環境は真空の宇宙空間との物質の出入りを厳しく制限されているので,本来ならば地表面付近では物質は著しく欠乏し,廃棄物が溜まり続けるはずである.しかし,現在の地球上にはさまざまな生物が存在し,食物連鎖を通じて絶えず物質循環をおこなっているおかげで,廃棄物は溜まり続けることなく,物質は常に再利用され続けている.ゆえに,地球環境システムにとって生物はなくてはならない構成要員であると言える.つまり,生物は気候シ

ステムなどの物理的な環境から一方的に決められる存在でなく,フィードバック系をもつ地球環境システムの一部分であることがわかる.

また,生物を主役とする物質循環をするときには必ずエネルギーの移動がつきまとうことと,生物が「生きていく」ためには水が必要であることを考えてみると,物質循環(material cycle)とエネルギーの流れ(energy flow)は密接不可分であることに気がつくであろう.さらに,エネルギーの流れの出発点は太陽放射であり,そのエネルギーを最初に固定する生物は植物であるので,光合成による物質生産は地球環境システムを動かす基礎生産である点も重要である.この生産のことを純一次生産力(NPP:net primary productivity)と呼んでいる.

b. 気候資源の地理的分布

気候資源は温量資源と水資源の二つに大きく分けることができる.前者には気温,全天日射量,純放射量などがあり,後者は降水量,蒸発散量などが代表である.ここでは,陸域の年間純放射量と放射乾燥度の地理的分布を図1.1に示した.純放射量は,全天日射量から反射と赤外放射で失われる量を差し引いたもので,

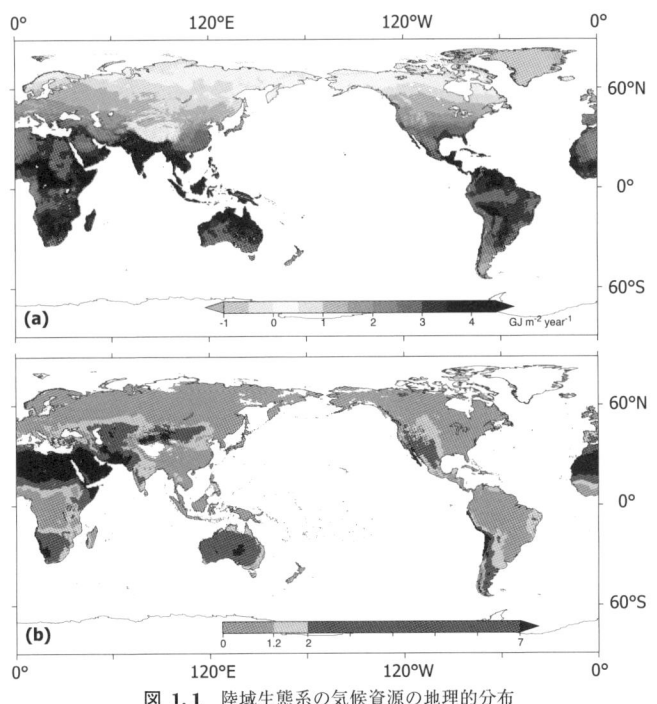

図 1.1 陸域生態系の気候資源の地理的分布
(a) 年間純放射量,(b) 年間放射乾燥度.

地表面が正味に利用できるエネルギー量である．放射乾燥度はロシアの気候学者ブディコが提唱した指数で，降水量のすべてを蒸発させるために必要なエネルギーに対する純放射量の比である．つまり，放射乾燥度が1以下のとき，純放射量によって降水量のすべてを蒸発させることはなく，水が余った状態を意味する．放射乾燥度が1以上になると，降水量よりも蒸発力のほうが高くなり，水は不足しがちになる．

　純放射量は基本的に低緯度帯で高く，緯度が高くなるにしたがって低くなっていく傾向にある．年間を通じて負の値をとる地域はごく限られており，北極圏の一部や南極大陸においては氷が常に成長していることを意味している．標高が高い場所では，気圧が低くなるために地表面に降り注ぐ長波放射よりも地表面から出ていく長波放射のほうが多くなることから純放射量は低くなる．一方，放射乾燥度の分布は純放射量の分布よりも複雑になっていて，緯度による明確な傾向はなく，降水量と蒸発量のバランスで大きく異なっている．放射乾燥度は0に限りなく近い湿潤域から，10以上の極度に乾燥する地域まで幅広く分布している．森林が優占する地域では放射乾燥度は1.0以下であり，全陸域面積の43%である60×10^6 km^2を占める．一方で放射乾燥度が3.0以上の乾燥帯は全陸域の22%に相当する30.8×10^6 km^2まで広がっており，農業生産をおこなうには不向きな気候

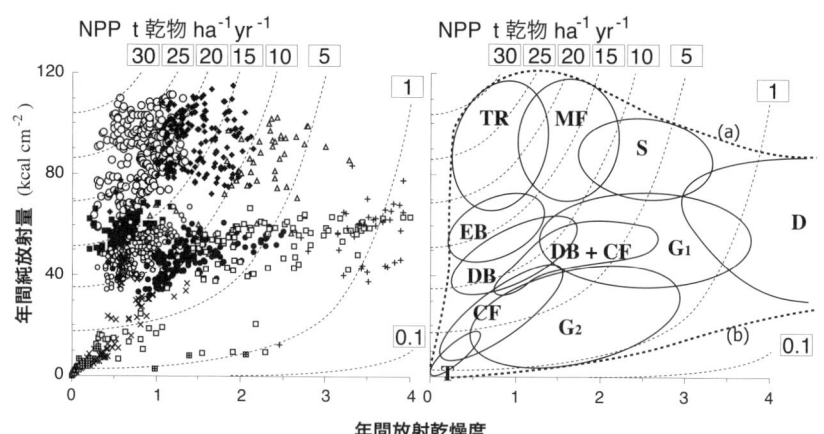

図 1.2　陸域の植物群系と年間純放射量，年間放射乾燥度の関係
曲線（a）と（b）は気候資源の上限と下限の範囲を示している（Ohta et al., 1993 より作成）．
○**TR**：熱帯林・亜熱帯林，◆**MF**：熱帯季節林，△**S**：熱帯草原（サバンナ），■**EB**：常緑広葉樹林，□**DB**：落葉広葉樹林，●**DB＋CF**：針広混交林，×**CF**：針葉樹林（ボレアル林），□**G**：温帯草原（**G₁**：暖温帯草原，**G₂**：冷温帯草原），＋**T**：ツンドラ，高山ツンドラ，田**D**：砂漠，半砂漠．

資源をもった土地であると言える．

　気候資源と植物群系の分布の関係をより理解しやすく模式的に表したものが図 1.2 である．この図によると，それぞれの植物群系は純放射量と放射乾燥度の平面上で若干の重複をしながら一定の気候資源空間を占有している．水資源が豊富な，放射乾燥度が 1.2 よりも低いところでは，純放射量の増加につれて，ツンドラ，北方林，落葉広葉樹林，常緑広葉樹林，亜熱帯林および熱帯林と変化し，NPP も純放射の上昇に比例して増大する．放射乾燥度が増加して植物への水分供給が悪化すると，植生のエネルギー/乾物変換効率が急落するために NPP は指数関数的に低下し，草地や砂漠になることがわかる．

c. 世界の潜在植物群系分布と気候システム

　先に述べたように，植物群系の分布と気候システムは相補的な関係にあり，古

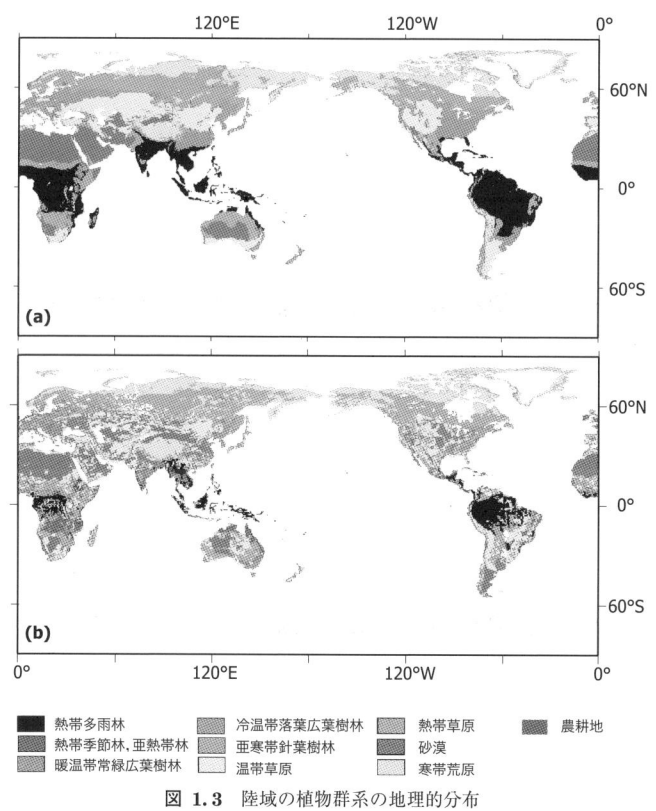

図 1.3 陸域の植物群系の地理的分布
（a）潜在植生（木村，2004），（b）現存植生（Olson *et al.*, 1983 より作成）．

くから気候区分や植生区分という観点から研究されてきている．ここでは気候と植物群系がどのように関係しているかを見ていこう．

図 1.3 (a) は世界の潜在植生の地理的分布を示している．これは，ホルドリッジ (Holdridge, 1947) による区分法と吉良 (1945 a, b) による暖かさの指数，寒さの指数を組み合わせて作成したものである．ホルドリッジは生物温度，降水量，可能蒸発散量と植物群系との対応をとることを試み，その後多くの研究者によって改良が重ねられてきたため，各群系の境界の表現能は高くなってきている．しかしながら，可能蒸発散量と降水量の比は，ブディコの放射乾燥度とは違って物理的な意味が薄いことに注意が必要である．吉良 (1945 a, b) は，月平均気温が5℃を越える期間を植物の成育期間と考え，その期間の月平均気温から5℃を減じて加算した暖かさの指数を提唱した．暖かさの指数は（以下は北半球の場合で説明する），多くの植物種の分布の南限とよく対応しており，落葉広葉樹などでは，その分布の北限や高度の上限ともよく対応する．しかし，常緑広葉樹ではその分布限界と必ずしも対応しない．同時に吉良が提唱した寒さの指数を用いるとこの問題は解決する．これは月平均気温が5℃以下の月について平均気温を積算し，-10℃・月の等値線が照葉樹林の低温限界ときわめてよく一致する．

赤道付近ではハドレー循環の上昇気流が強くなって低圧帯が形成される．この熱帯収束帯は大量の降雨をもたらすため，熱帯多雨林を育むことになる．主として中央アフリカ，アマゾン，インドネシアの3ヶ所に集中的に存在している．熱帯多雨林は地球上でもっとも複雑な群系であり，種の多様性の宝庫である．1年を通じて温量資源も水資源も豊富にあり，うっそうとした樹高の高い常緑広葉樹林が成立し，層構造を発達させるので，多くの生物の生息場所として重要な意味がある．また，熱帯収束帯の幅は非常に狭く，季節的に南北方向に移動することにより，熱帯域では雨季と乾季が定期的に訪れることになる．ハドレー循環の上昇気流は両半球ともに緯度30度近辺で下降流となるために亜熱帯高圧帯を形成する．このような大気の規則的な動きがサハラ砂漠やオーストラリア中央部に大規模な砂漠を成立させる理由となっている．緯度30度近辺の砂漠と赤道付近の熱帯多雨林とのあいだには，熱帯季節林や熱帯草原といった植生帯が成立するのである．まばらな低木と草本が中心とした植生である熱帯草原では，乾季が5ヶ月以上続く．乾燥や野火に強いこのような植生をサバンナと呼んでいる．低木が多いものから草本が中心の植生まで存在し，各大陸に広く分布している．

また，ハドレー循環のような大気大循環だけが植生を決める重要な要因ではなく，季節によって風向きが変わる季節風も大気候を形成する．アジアモンスーン

はこの典型であり，インド洋-大陸-ヒマラヤ山脈といった地理的条件がもたらすエネルギーのコントラストが，豊かな植生を育んでいると言えるであろう．ヒマラヤ山脈の南側には世界的にも有数の高い純一次生産力を誇る地域が，対照的にヒマラヤ山脈の北側にはゴビ砂漠，タクラマカン砂漠が広がっている．

温帯域，とくに中緯度域の海洋の直接影響を受けにくい内陸の乾燥地帯を中心にもっとも広い面積を占めているのは温帯草原である．ユーラシア大陸では東西に帯状にのびており，ステップと呼ばれる．北米ではプレイリーと呼ばれるが，基本的には同じタイプの植生で，高い乾燥度もしくは純放射量が低すぎるために樹木は生育できず，さまざまな草本が生い茂ることになる．草本は大きく二つのタイプに分けられ，乾燥が強いところでは種子から再生産をおこなう草本が，寒さが強く比較的湿潤な地域では地下茎をのばしながら再生産をおこなう草本が優占する．後述するように，ステップの土壌は有機物を多く含んでいるために，牧草地や農耕地に転用されている地域が多い．一方，水資源が十分にあると，春から夏に葉をつけて秋に葉を落とす，ブナやミズナラに代表される落葉広葉樹林が発達する．生育期間が約半年あり，1年を通じて豊富な降水量があるため，生育の制限要因となるのは冬の寒さである．この冬の寒さが弱まるにつれて，常緑広葉樹林が多くなっていく．夏雨型の気候ではシイやカシなどの照葉樹が中心となり，冬雨型は地中海性気候とも呼ばれ，オリーブなどの硬葉樹が優占する．

亜寒帯においてとくに有力な群系は，モミ，ツガ，エゾマツ，カラマツなどが優占する北方針葉樹林である．これらは主として北米やシベリアを中心としたユーラシア大陸の北側に広く存在している．多くは永久凍土の上に存在するタイガと重複する．夏が2，3ヶ月と短く，冬の寒さが厳しいので，気温の年較差は50℃以上と非常に大きい．降水量は比較的少ないが，蒸発量が少ないことも特徴である．もう少し夏が長く，暖かさが十分になると，落葉広葉樹と常緑針葉樹の混交林となる．これらの群系は純放射量が少ないために，地上部生産力は決して高くはないが，低い温度条件が有機物の分解を遅らせるために，土壌中の有機炭素が世界中でもっとも豊富に蓄積している．

さらに温量資源が不足すると，緑被率が50％以下となり，寒地荒原となる．ツンドラは2ヶ月程度，もしくはそれ以下と非常に生育期間が短く，かつその期間の平均気温も0℃前後ときわめて低い地域に成立する．降水量はそれほど多くはないが，積雪を重要な水資源として利用できる生物が生息することができる．矮小化した低木，灌木がまばらにあり，地衣やコケ類をはじめとした地面を這うロゼット型やクッション植物が優占する植生である．

ここまで見てきたように,大気大循環や海洋の流れといった気候システムと密接に関係しながら植物群系は成立し,複雑で豊かな生物圏を確立しているのである.ゆえに,気候帯と植生帯という用語はほぼ同義であり,生物圏は植物群系の分布パターンとその基礎生産によって支えられていることがわかる.

d. 陸域生態系の純一次生産

地球の生物圏の潜在的な純一次生産力がどのくらいの大きさであるのか,ということについては古くからさまざまな推計がなされてきているが,本格的な定量化がはじまったのは1964年から10年間実施された国際生物学事業計画(IBP:International Biological Programme)以降のことである.各種植物群落の生産力のデータが蓄積された結果,さまざまな研究者によって陸域のNPP評価方法が開発された.

図1.4は,気候学的にNPPを評価する筑後モデルと最新の気候データや地理データを用いて描いたものである.陸域生態系の年間の全純生産量は乾物重量で109×10^9 tであり,IBPの成果による117×10^9 t(Whittaker and Likens, 1975)や衛星データを活用したモデルによる125×10^9 t(Saugier et al., 2001)などの評価値とほぼ同じ値を得た.

この図によると,$10 \, \mathrm{t \, ha^{-1}}$以上の高い生産力をもった地域は,全陸域の32.7%に相当する$45.8 \times 10^6 \, \mathrm{km^2}$しかない.ヨーロッパ諸国,東南アジア,オーストラリア東岸,北米大陸東側,南米大陸,中央アフリカなどである.これらの地域の多くには古くから人間活動が強く,農耕が盛んな場所であることがわかる.この高い生産力をもっていて農耕などによる土地利用が進んでいない場所は,中央アフリカ,アマゾン,インドネシアの三つの地域しかない.これらの地域は,比較

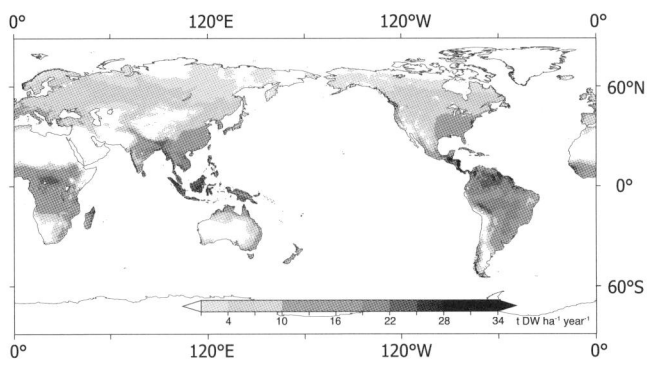

図 1.4 世界の陸上純一次生産力の地理的分布(Ohta, 2005 より作成)

的人口密度が低いこと，また豊かな熱帯林が存在していることも共通の特徴である．逆に，比較的高い生産力をもった地域には古くからたくさんの人間が住み，そのために農耕地を広げるため森林を伐採して土地利用変化を引き起こしてきたことも理解できよう．

e. 現在の植物群系分布—純一次生産と人間活動—

現在の地球上では人間による土地利用が進んでいるため，もとの植生分布とは違いがある．図 1.3 (a) と図 1.3 (b) の違いは人間活動によるものと考えてよいだろう．中でももっとも大きな変化は農耕地の拡大である．図 1.3 (b) はオルソンら (Olson et al., 1983) のまとめた 1970 年代後半の土地利用を含めた現存植生図である．ユーラシア大陸の落葉広葉樹林帯やステップの多くは牧草地に置き換わっている．また，ヨーロッパ，中国東南部，北米東部など NPP が 10 t ha^{-1} 以上の地域の多くを開墾して土地利用を進めていることがわかる．逆に，農耕に適さなかった土壌条件である中央アフリカ，アマゾン，インドネシアでは人口圧による土地利用が比較的進まなかったと言えるだろう．

農耕地の利用以外に人間は化石燃料を消費することで現在の経済活動を支えている．この量が年間 6.3 Gt C と見積もられている．図 1.5 は，人間活動による国単位の炭素放出量と人口密度データをもとにして 30 分格子（緯度×経度）の解像度の炭素放出マップを描いたものである．炭素放出量は北米と東アジアで顕著であり，全球放出量のおよそ半分，ヨーロッパを含めると 8 割以上になる．図 1.5 (a) によると，北緯 30 度〜60 度の中緯度帯の炭素放出量が多数の巨大都市の存在を背景としてもっとも多く，南アジア，東南アジアでは同じ緯度帯の南米，アフリカに比べて放出量が多い傾向にある．この炭素放出量と図 1.4 の炭素吸収との比を求めたのが図 1.5 (b) である．地域の炭素収支が 100% 以下であれば黒字，以上であれば赤字であることを意味している．地域別に炭素収支を見ると，西ヨーロッパの約 80% を最高に，東アジアでは約 40%，北米で約 35% である．ただし，人口の集中する都市部においては 200% 以上の地域が多く，同じ面積で固定できる炭素以上の放出をおこなっている．一方でアフリカ，南米の低緯度帯では多くの箇所で 1% 以下と地球全体の黒字化に大きく貢献している．

以上のように，陸上生態系による炭素固定である物質生産量と人間活動による炭素放出のバランスがとれない地域も多く，結果として本来陸域生態系の植物と土壌に蓄積されるはずの炭素は二酸化炭素の形で大気に放出されることになる．この量が年間に 1.6 Gt C と見積もられており，化石燃料の消費にともなう放出とともに，大気中の二酸化炭素濃度を毎年 1〜1.5 ppm ずつ上昇させている原因

1. 地球環境論

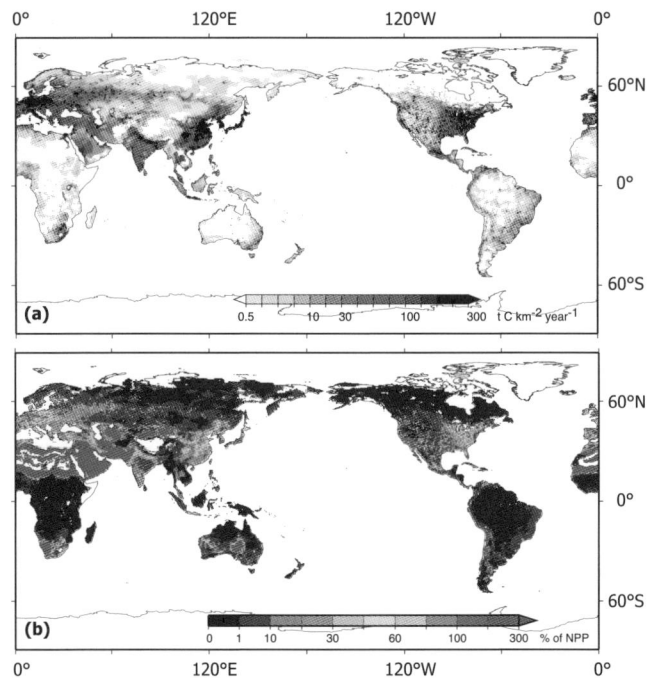

図 1.5 世界の陸域炭素放出・吸収の地理的分布（内藤，2004 より作成）
(a) 人間活動による年間炭素放出量, (b) 炭素放出量と炭素吸収量の比.

である．これが地球温暖化の原因であることは周知の事実である．つまり，植生の変化は気候を変える一因となっている．さらに，現在の気候と植物群系のよい対応関係をみると明らかなように，将来の地球気候の変化は植物群系の分布と生産に影響することも間違いない．地球環境システムの一部である植物群系とその生産力は気候システムに対して重要なフィードバック系をもっていることを忘れてはいけない．　　　　　　　　　　　　　　　　　　　　　　〔太田俊二〕

＜文　献＞

Holdridge, L. R.(1947)：Determination of world plant formations from simple climatic data. Science, 105, 367-368.
木村　愛（2004）：人口増加による森林面積の減少に伴って炭素固定量はいくら減少したか？　早稲田大学人間科学部卒業論文.
吉良竜夫（1945 a）：農業地理学の基礎としての東亜の新気候区分，京都帝国大学農学部園芸学教室.
吉良竜夫（1945 b）：東亜南方圏の新気候区分，京都帝国大学農学部園芸学教室.

内藤真理子 (2004): 陸上植物生産と人為的炭素放出の地理的分布. 早稲田大学人間科学部卒業論文.
Ohta, S., Uchijima, Z. and Oshima, Y.(1993): Probable effects of CO_2-induced climatic changes on net primary productivity of terrerstrial vegetation in East Asia. *Ecological Research*, **8**, 199-213.
Ohta, S.(2005): Global patterns of energy efficiency of terrestrial productivity. *Journal of Agricultural Meteorology*, **60**, 861-864.
Olson, J. S., Watts, J. A. and Allison, L. J.(1983): *Carbon in Living Vegetation of Major World Ecosystems,* Oak Ridge National Lab., TN, 151 p.
Saugier, B., Roy, J. and Mooney, H. A.(2001): Estimations of global terrestrial productivity: Converging toward a single number? In *Terrestrial Global Productivity* (J. Roy, B. Saugier and H. A. Mooney Eds.), Academic Press, San Diego, CA, pp.543-557.
Whittaker, R. H. and Likens, G. E.(1975): The biosphere and man. In *Productivity of the Biosphere* (H. Lieth and R. H. Whittaker Eds.), Springer-Verlag, New York, pp.305-328.

1.2 地球環境保全と資源管理

　日本の環境問題は戦前の足尾銅山鉱毒事件，別子銅山煙害事件などに端を発しているが，まだ一部の地域に限定されていた．日本全体を大気汚染，水質汚濁といった公害問題が覆ったのは高度成長期に入った1960年代からである．熊本県の水俣病，四日市の呼吸器系疾患，阿賀野川の水銀汚染といった公害病が全国各地に発生した．こうした問題を解決するために公害対策基本法の制定，環境庁（現環境省）の新設などがあり，それまでバラバラに実施されてきた環境行政が統合化され，各地の公害問題は解決に向かった．この時期は経済活動が世界規模で拡大していく時期でもあり，それにともなう人間活動量の指数的な増加が周囲の環境との軋轢を生み出し，環境劣化は工業国共通の問題となっていった．
　1980年代になると地球温暖化，生物多様性の減少，海洋汚染，森林減少，砂漠化，広域大気汚染（酸性雨），オゾン層の破壊などさまざまな環境破壊問題が広域的に表面化してきた．公害問題は原因の特定が可能であり被害者も限定されている具体的かつ地域的な環境問題であったのに対し，80年代に顕在化してきた環境問題は空間的には国境を越えた全球規模の問題であり，不特定多数の活動が原因となっている上にさまざまな要因が絡み合って影響し合っているため，加害者も特定できず簡単に原因物質の除去をすることができない．さらに，海洋汚染や生物多様性の減少，砂漠化，地球温暖化といったような環境問題は，いまの世代以上に将来の世代に影響を及ぼす．

a. 地球環境保全に人類が取り組む基本的戦略

さまざまな公害問題による環境劣化に国際的に取り組もうと 1972 年にストックホルムで国連人間環境会議が開催され，環境問題を専門に扱う国連環境計画（UNEP）が設立されることになった．もっとも，会議自体は公害問題よりも貧困問題の解決を途上国が強く主張したことから，工業国の環境問題と途上国の貧困問題の両論併記となる行動計画が採択された．当時の環境問題は地域に限定されていたため，各国独自の努力による問題解決が期待されていたが，80 年代後半になって一国の努力だけでは解決できない地球温暖化問題のような地球システムの根幹にかかわる環境問題が生じるようになった．

地球温暖化を引き起こす温室効果ガスは人類の日常的な経済活動により排出されている．こうした人為活動により排出される温室効果ガスが地球の浄化能力の範囲内であれば，温暖化は引き起こされない．例えば温室効果ガスの大半は二酸化炭素（CO_2）であるが，人類活動によって排出される二酸化炭素が海洋に吸収されるか陸上植物が光合成によって処理できる範囲を超えれば，バランスが崩れ大気中の温室効果ガス濃度が増加することにより地球が温暖化に向かって進むことになる．そこで，二酸化炭素の循環に関係する気候，陸域生態系，海域生態系，大気の化学組成といった自然環境システムと，人間活動に関する経済，社会，文化などの人間環境システムという二つのシステムの調和をはかる必要がある．さらに，貧困地域において森林減少や砂漠化といった環境劣化の進展が著しいことも明らかになり，貧困解決が環境保全には不可欠であることも認識されるようになった．このように，自然環境と人間活動の調和がとれた発展状態を，持続可能な開発（sustainable development）と表現している．これは 1987 年のブルントラント報告で確立された表現であり，「持続可能な開発とは，将来の世代がそのニーズを充足する能力を損なうことなしに，現在の世代のニーズを充たす開発のことである」と述べられている（WCED, 1987）．国際社会がさまざまな環境問題に対応するための基本的な概念は，すべてこの考え方にもとづいている．

b. 森林と温暖化の関係についての分析

地球環境問題の例として地球温暖化を解決するのに，森林資源をどのように管理することが求められているかについて考えてみる．人類は 1850 年から 1998 年までに約 2700 億 t の炭素を化石燃料の使用やセメント生産を通して大気中に放出してきた．一方，森林減少を主とした土地利用変化で 1360 億 t の炭素を放出してきた．大気中の炭素は海洋と陸域生態系に吸収されているが，排出量が吸収量を上回っているため，大気中の炭素はこのあいだに 1760 億 t 増加している．こ

表 1.1 1980–1989 年と 1989–1998 年の平均的な二酸化炭素収支（単位は億 t C）（IPCC, 2000）

	1980–1989	1989–1998
1. 化石燃料使用とセメント生産からの排出	55 ± 5	63 ± 6
2. 大気中の炭素蓄積増加量	33 ± 2	33 ± 2
3. 海洋への吸収	20 ± 8	23 ± 8
4. 陸域の純吸収量 = (1) − (2 + 3)	2 ± 10	7 ± 10
5. 土地利用変化による排出	17 ± 8	16 ± 8
6. 陸域の吸収 = (4) + (5)	19 ± 13	23 ± 13

れを大気中の炭素濃度で見ると 285 ppm から 366 ppm への増加となっている（IPCC, 2000）．

全地球の炭素収支を表 1.1 に示したが，陸域の炭素吸収量は地球規模では詳細が不明なため，一般には化石燃料や土地利用変化による炭素排出量から大気中の炭素蓄積増加量および海洋の炭素吸収量を差し引いたものを陸域の純吸収量としている．この算定方法によれば陸域の炭素吸収量は 23 億 t と推定される．土地利用変化による排出については 87% が森林地域での土地利用変化や伐採，森林火災，13% が草地での耕作によると推定されている（IPCC, 2000）．

このように陸域は大気中への化石燃料の使用などによる炭素排出量 63 億 t の約 1/3 を吸収していることから，地球温暖化を軽減するための重要な役割を担っている．次に 1980 年代と 90 年代の二酸化炭素収支の違いを表 1.1 で見ると，陸域，海域とも吸収量は増加しているが，化石燃料からの排出量の増加がそれを上回っており，温室効果ガスの大気中への蓄積が加速度的に増していることが読み取れる．

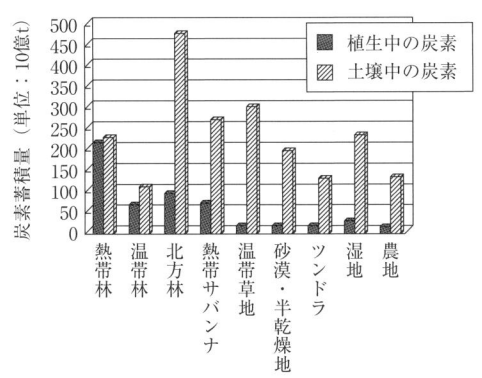

図 1.6 各生態系の炭素蓄積量

c. 陸域生態系の炭素吸収能力

　陸域に吸収される炭素の大部分が陸域生態系の働きによると見られ，現に陸域生態系にはバイオマス中に 4660 億 t, 土壌中に 2 兆 t の炭素が貯蔵されている．各生態系別の内訳は図 1.6 のようになっており，熱帯林ではバイオマスと土壌に含まれる炭素量が拮抗するほかは，すべて土壌中に含まれる炭素量のほうが圧倒的に多い．こうした陸域生態系に含まれる炭素は土地利用が変化したときに多くが大気中に排出される．このため，京都議定書では森林分野の土地利用変化による炭素の排出，吸収は必ず報告することになっている．ちなみに森林から農地への転換によるケースが最大の炭素排出源になっており，これまでに 1220 億 t の炭素が大気中に放出された (IPCC, 2000)．

　熱帯では 20 世紀後半から森林減少が増加し，最近は毎年 1200 万〜1500 万 ha の森林が減少し 16 億 t の炭素が放出されている (IPCC, 2000)．森林減少のメカニズムは複雑で場所により異なるが，主な原因はアフリカでは薪炭材の過剰採取と農耕地への転換，アジアは農耕地への転換，ラテンアメリカは家畜放牧地の増加だと推測されている．人口増加と貧困も森林減少に圧力を加える要素であるが，インドのように人口増加が進んでいるにもかかわらず，森林減少速度が低下している国もある．熱帯における森林回復という面で見ると，毎年 320 万 ha ずつ植林されており，すでに熱帯地域には 6130 万 ha の植林地が存在している (FAO, 2001)．

d. 温暖化軽減に向けた森林・木材分野の働き

　森林および木材部門で，温暖化軽減に向けてどのような試みが期待されているかについて紹介する．

　①熱帯林の減少速度を抑制する　前項に示したように，熱帯では 20 世紀後半から森林の減少が急速に増加しはじめたが，森林の減少は途上国の人口増加や貧困といった社会経済的要因によって引き起こされていることから，森林減少を防止するには途上国の経済発展，生活レベルの向上が不可欠と言われている．熱帯諸国からの木材，木製品の主要輸入国であるわが国は，国際協力機構，国際協力銀行のプロジェクトや熱帯木材機構 (ITTO)，NGO 支援を通して，熱帯林保全のためのさまざまな貧困撲滅活動をおこなっている．「IPCC 第二次評価報告書」(IPCC, 1996) では温暖化抑制のために熱帯林の減少面積を年間，250 万 ha 程度に抑えるべきだと提言している．一方，国連食糧農業機関 (FAO) の「世界森林資源評価 2000」によれば 90 年代には熱帯地域で毎年 80 万 ha ずつ植林されてきている．植林樹種の多くはユーカリ，アカシア，マツといった早生樹種で

あり，年あたりで北方林の数倍の炭素を吸収するという効率のよさから，先進国が途上国に投資をして，得られた炭素吸収量を自国の目標達成に使うことが可能な，京都議定書のクリーン開発メカニズムという制度での植林事業が期待されている．

②森林バイオマスおよび森林土壌として炭素を蓄積する　光合成によって大気中から吸収された炭素は，幹，枝，葉といった地上部バイオマスと，根からなる地下部バイオマスに蓄えられる．次に，枯死木や落葉落枝は分解途中の有機物として一時的に地上に蓄えられ，それらが腐朽菌や微生物により分解され，一部は大気中に戻るが一部は土壌中に有機炭素として貯蔵される．つまり，森林はバイオマスとして炭素を蓄積するとともに，大気中の炭素を光合成により吸収し森林土壌中に押し込むポンプの役割もはたしている．ただ，森林を伐採すれば土壌中に蓄えられた炭素の一部は，伐採によって地表が攪乱されることにより，分解されて二酸化炭素となり大気中に戻る．高蓄積で健全な森林を育成することにより，あるいは劣化した森林の再生，荒廃地への植林，伐採時に森林土壌を攪乱しないような施業の導入，伐期の延長などにより，2050年までに努力すれば600〜870億t程度の炭素を森林が吸収できると「IPCC第三次評価報告書」（IPCC，2001）では予想している．

③長期的に使用する木材製品を増加させる　森林を伐採しても即座にすべてのバイオマスが大気中に還元されるわけではなく，幹の部分に含まれる炭素はそのまま丸太として蓄えられる．丸太は加工されて木材製品として長く人類に使われ，最終的にこれが使えなくなると廃棄されて腐朽，あるいは燃やされて大気中に戻る．日本の木造建築は三十数年のサイクルで建て替えられているが，伐採さ

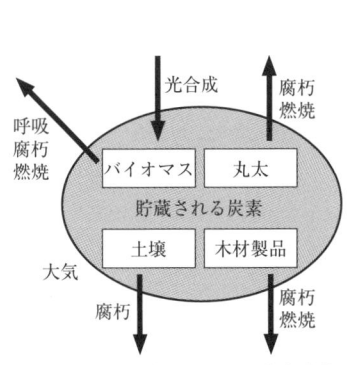

図 1.7　森林・住宅部門での炭素貯蔵

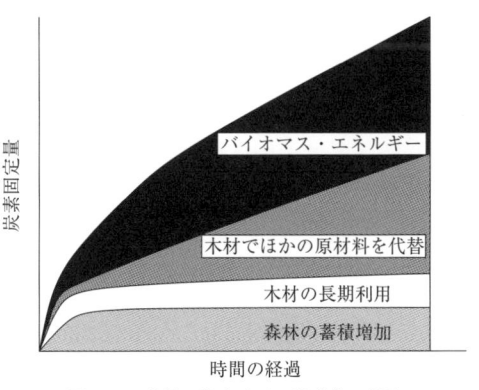

図 1.8　森林・住宅分野の軽減策の効果

れてからできるだけ長く木材を使うことが地球温暖化の軽減に役立つことになる．欧米の木造建築物は100年以上と日本の3倍近くの寿命がある．この②と③を合わせた模式図が図1.7である．

　④木材でほかの原料を代替し炭素の排出を削減する　　加工する際に大量のエネルギーを必要とする鉄，アルミ，セメントのような原材料を木材で代替しようという場合である．いま，天然乾燥された木材製品を考えると，丸太から木材製品に加工するときに1 m^3 あたり15 kgの炭素を出すが，1 m^3 の木材に250 kgの炭素が蓄えられている．つまり，住宅を建設するときに木材を使用すれば，木材1 m^3 ごと（木造住宅では1 m^2 あたり0.2 m^3 の木材を使用している）に235 kgのカーボンを蓄えることになる．化石燃料を使用し人工乾燥した木材を使用する場合は，乾燥時に排出した炭素を差し引いた222 kgの炭素が木材1 m^3 あたりに蓄えられる．それに対して鉄，アルミの場合は製造するときに非常にたくさんのエネルギーを用いることから，炭素の排出量も木材に比べ桁違いに大きくなる．鉄の場合は1 m^3 生産するのに5320 kgの炭素を排出し，しかも材料の中には炭素がまったく蓄えられない．アルミニウムの場合は鉄の4倍の炭素が放出される．このように鉄やアルミといった原材料を木材に置き換えることによって，炭素の放出を大幅に削減することができる．

　⑤森林バイオマスをエネルギーとして利用し，化石燃料の使用を節約する
炭素の排出を削減するためにエネルギー源としてバイオマスを導入するということが重要であり，各国とも温暖化抑制の政策として近代エネルギー源としてバイオマス・エネルギーの積極的な利用を考えている．とくに欧州諸国は熱心でありスウェーデンはすでにエネルギーの20%をバイオマスに依存している．IPCCの第二次評価報告書では温室効果ガスの排出を抑制するには，近代エネルギー源におけるバイオマス原料のシェアを30%に高める必要があるとしている．

　いま，②～⑤の軽減策を重ね合わせると模式図（図1.8）ができる．一番下の部分が森林のバイオマスとして蓄えられる炭素であり，成長した分だけ炭素が増える．しかし，永遠に成長するのではなく，放置すればいずれは成長分と枯死分の調和がとれ炭素収支は平衡状態になる．もちろん，土壌中の炭素は増加し続けるが，その増加速度はゆっくりしている．木材もある程度までは使用量の増加によって炭素の固定量が増えるものの，古くなった建造物は廃棄されるので森林の蓄積と同様に平衡状態になって落ち着く．一方，ほかの原材料を木材に置き換えた場合で，加工時に炭素排出量の多い原材料の代わりに木材を使用すれば，製造過程で消費されるはずであった化石燃料の使用を節約でき，その効果が順次累積

されていく．エネルギー源として用いる場合にもバイオマス燃料を使用した分だけ化石燃料を使わなくて済むということで，利用された温室効果ガスの排出削減効果が集積されていくかたちで評価できる．京都議定書では②の森林バイオマス，森林土壌については第一約束期間（2008〜2012）から適用し，③の木材については第二約束期間からの適用に向けて検討を開始している．また，⑤についてはエネルギー供給のためにバイオマスを燃焼させた場合は，排出された二酸化炭素が再び樹木に吸収されることから，バイオマス燃焼による二酸化炭素を京都議定書では排出としてカウントしないことになっている．

e. 気候変動枠組み条約の成立過程

2005年2月16日に京都議定書が発効し，日本政府は第一約束期間にあたる2008年4月〜2013年3月の年平均排出量を1990年よりも6%削減するため，本格的な取り組みを開始している．京都議定書は気候変動枠組み条約のもとで具体的な温室効果ガス排出削減方法について取り決めたものである．それでは気候変動枠組み条約がどのような経緯で成立したのかについて紹介する．

（1）トロント会議まで（〜1988） 温暖化に関する研究は米国が早くから積極的に進めており，大気中の二酸化炭素が増加しているのを科学的に明らかにしたのも米国の研究者であった．図1.9はキーリングという米国の研究者によるハワイ島マウナロア観測所における二酸化炭素のモニタリング結果である．年々，

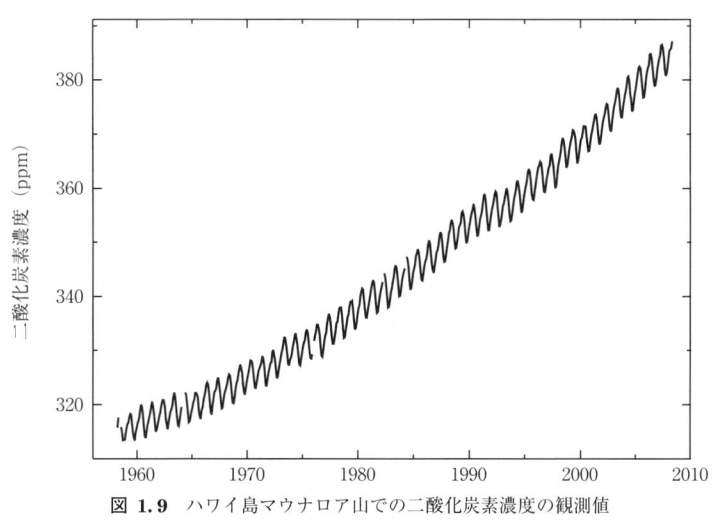

図 **1.9** ハワイ島マウナロア山での二酸化炭素濃度の観測値
1958〜1974年はSIO，1974〜2008年はNOAAによる．

二酸化炭素の濃度が増加しているのがわかる．ただし，夏にはいったん二酸化炭素の濃度が減少し，冬には増加するというパターンを繰り返している．これはハワイ島のある北半球が陸半球であることから，陸域の植生が光合成によって炭素濃度を季節的に減少させていることに起因する．

　70年代になると，自然科学者が産業革命以降の二酸化炭素排出量の増加を温暖化と結びつけだした．自然科学分野からの要請により1988年「変化しつつある大気，地球安全保障の意味に関する国際会議」（トロント会議）が開催された．これは，科学者，政治家，政府関係者が参加した初めての地球温暖化に関する国際会議である．同じく，「気候変動に関する政府間パネル」（IPCC：Intergovernmental Panel on Climate Change）を1988年秋にWMO（世界気象機関）とUNEPが共同で立ち上げ，10月に国連が支援する正式機関として承認された．IPCCは気候変動についての科学的なアセスメントを既存の発表論文にもとづいておこなうと同時に，政策担当者に気候変動の実態や影響，対応策について助言するための報告書を作成するのが主な任務である．最初の報告書は1990年8月に完成した．

　(2) 国連環境開発会議まで（～1992）　1989年にオランダのノルドウェイクで，大気汚染，気候変動に関する閣僚会議が開催されたが，二酸化炭素の排出量を一律に削減するのに賛成するグループ（オランダ，スウェーデンなど）と一律削減に反対するグループ（日本など）が対立した．米国は二酸化炭素以外の温室効果ガスも含め，排出削減だけでなく森林などの吸収源も含めた温暖化対策を考える包括的アプローチを提言した．

　また，温室効果ガスの増加は先進国の長年の化石燃料の消費が原因であり，先進国が責任をとって排出削減すべきとする発展途上国と，工業化によって温室効果ガスの排出量が急増している中国やインドなどにも何らかの制約が必要という先進国とのあいだで，意見の相違があった．

　こうした複雑な意見の対立から具体的な温暖化防止に関する国際的な取り組みを短期間で合意することは困難ということで，まず世界各国が地球温暖化の現状を認識しそれに取り組む姿勢を確認する枠組み条約をつくり，その枠組みのもとで時間をかけて具体的な取り組み内容を議定書として定める2段階での交渉形態をとることになった．これは，1985年に採択されたフロンガス規制のウィーン条約，その具体的な削減目標，削減手順を定めた1987年のモントリオール議定書が，フロンガス対策に有効に機能したことにならったものである．

　1992年にブラジルのリオデジャネイロで「持続可能な開発」をキーワードと

して国連環境開発会議が開催され，気候変動枠組み条約，生物多様性条約という二つの国際条約が採択された．森林に関しても条約の締結が意図されていたが，マレーシアなどが強く反対したため，森林原則声明という実行力のない宣言が採択されただけであった．この会議は103ヶ国の首脳が集まった史上最大の首脳会議となり，気候変動枠組み条約には153ヶ国が署名，発効には50ヶ国の批准が必要であったが，各国の関心が高く1993年12月には発効することができた．

(3) 気候変動枠組み条約のもつ意味　大気中の温室効果ガス濃度を安定させるため，温室効果ガスの人為的な排出量を2000年までに1990年のレベルに戻すという具体的な目標を設定した気候変動枠組み条約は，さまざまな面で画期的なものであった．主な点をあげると以下の通りである．

①自然科学分野の研究者が予測してきた地球温暖化の危機が政治の場で認められ，それをもとに世界規模で対策をはかろうという政治的な合意がされた．つまり，科学と政治が緊密に重なり合った初めての国際的取り組みであった．

②温室効果ガスはさまざまな分野，さまざまな地域から排出されているが，その影響は特定の地域だけでなく地球全体に及ぶ．このような問題を解決するには国際条約による取り決めが効果的であることを各国が認識した．

③温室効果ガスの影響が具体的に現れるのは将来の世代であるが，「持続可能な開発」という考え方から，将来世代に負担をかけずに現在の世代の幸福を追求しようと，環境に負荷を与えすぎない範囲で資源を利用することを決めた．

④現在，大気中に蓄積している二酸化炭素の大部分は産業革命以降に先進国が排出してきた．また，途上国が先進国並みの経済発展を遂げるためには，ある程度の温室効果ガスを排出せざるをえない．そこで，地球環境問題の責任は，先進国と開発途上国が共通に負うが，両者の責任の程度に差を認める「差異ある責任」という概念を取り入れた．

(4) 京都議定書の成立　1997年12月に京都で開催された第三回締約国会議での日本の方針は，先進国全体での温室効果ガス削減率を90年比で5%削減，2008～2012年を目標期間，排出抑制の対象ガスはCO_2，CH_4，N_2Oの3ガス，各国の削減量はGDPあたり，あるいはひとりあたり排出量および人口増加率を考慮して差異化すること，わが国の削減目標は2.5%とするというものであった．京都会議において米国とEU諸国のあいだの意見の隔たりが大きく一時は議定書の合意が危ぶまれたが，会議の終了段階において米国が柔軟な態度に変わり，温室効果ガスをCO_2，CH_4，N_2O，HFC，RFC，SF_6の6ガスとし，柔軟性措置（京都メカニズム）に加え，米国などが強く主張した森林を主とした吸

収源も削減目標達成手段として認められた．削減目標を達成する期間（第一約束期間）は2008～2012年となり，最大の懸案事項である各国の温室効果ガスの排出削減量については，日米欧の経済三極が6，7，8％と1％ずつ異なる目標に落ち着いた．その後，各国の批准により2005年2月に京都議定書が発効したのを受け，わが国も京都議定書目標達成計画を定めた．日本の削減目標は1990年の排出量より6％削減することであり，そのうち3.8％を森林の炭素吸収でまかなうこととした．

f. おわりに

京都議定書ではルールが決まる前に各国の削減目標が決まったため，その後の排出量，吸収量を算定するためのルールづくりの合意が大変であった．例えば，削減目標を設定している付属書Iの国のうち，ロシア，カナダ，米国，オーストラリアの4ヶ国に先進国の森林の8割が集中している．このため，森林資源国と森林資源の少ない国では利害が対立する．京都メカニズムについても，自国内で目標を達成できる国と国外から炭素クレジットを獲得する必要がある国では，利害が対立する．このため，2000年頃までに議定書を発効させる予定であったのが，2005年までずれ込んでしまった．こうした利害対立は環境問題と持続可能な開発の関係が各国政府に十分に理解されていないことによる．わが国も食糧や燃料，工業原料や木材などをブラックホールのように海外から持ち込んで，その利用や廃棄によって多くの温室効果ガスを排出している．単に価格が安いから輸送のための燃料が必要であっても海外から持ち込むというのではなく，「地球規模での環境劣化」や「持続可能な開発」という視点から経済活動のあり方を見直すべきである． 〔天野正博〕

＜文 献＞

FAO（2001）：*Global Forest Resources Assessment 2000,* FAO, 479 p.
IPCC（1996）：*Climate Change 1995 : Impacts, Adaptations and Mitigation of Climate Change : Scientific-Technical Analyses,* Cambridge Univ. Press, Cambridge, 775 p.
IPCC（2000）：*Land Use, Land-Use Change, and Forestry,* Cambridge Univ. Press, Cambridge, 303 p.
IPCC（2001）：*Climate Change 2001 : Mitigation,* Cambridge Univ. Press, Cambridge, 752 p.
WCED（1987）：*Our Common Future,* Oxford Univ. Press, Oxford, 43 p.

2 生態学的環境論

2.1 人間活動と環境変動

　私たちは環境問題で，よく"地球にやさしい"，"環境にやさしい"などと言っているが，実は"環境にやさしい"必要はない．太陽系の中で，地球は少なくともあと数十億年は存続し続けると言われているので，私たちが地球に対していくら悪さをしても地球が滅びることはないからである．

　大事なことは，環境ではなくて私たちが子，孫へと受け継いで，ヒトが地球上でこれからもずっと生きていくために"ヒトにやさしく"なくてはいけないことである．ヒトが滅んでも地球は残るということを知っておく必要がある．"環境にやさしい"という謳い文句で実は"ヒトにやさしくない"商品がある．そこのあたりをきちんと理解しておく必要がある．

　最近のいろいろな商品の中で，私たち日本人の潔癖症につけこみ，除菌○○，除菌△△，……などが無数に出回っている．それでは，数十年前の私たちを取り巻く商品は何だったのだろうか．とっくに，いろいろな雑菌で死んでしまっているはずである．極端なことを言うと，除菌ハンドル，雑菌もつかないようなハンドルは何かしらの化学物質を使っている，あるいは，ハンドルを握っていて，雑菌に対する抵抗性はなくなる，と考えてしまうほうが妥当ではないだろうか．

　21世紀がスタートした．それでは，ヒトが将来に向かって存続するためには，どうすればよいのだろうか．地球環境があやしくなって，六十数億の人々全員が将来，宇宙ステーションで暮らす，そんな夢の実現に向けて努力するのだろうか．宇宙での暮らしを謳歌する人々はきっと超裕福な一部の人々でしかないはずである．多くの人々は，やはり地球に残って生きていかなければならない．そのためにも，人々が生きていくための地球環境を自分たちで守っていかなければならない．宇宙ステーションの建設に向けて莫大な国家予算を使うのではなくて，その莫大な国家予算は私たちの環境を改善し，守るために使うべきである．一部の人の夢の実現ではなく，多くのヒトの現実に目を向けることを21世紀の基本施策とすべきである．飢餓と肥満，富みと貧困，これらは21世紀でも前世紀からつながっている私たちが解決しなければならない問題と再認識する必要がある．

a. 地球カレンダー

地球が誕生してから約46億年たつ．46億年といっても長すぎて見当がつかない．そこで，46億年という歴史を365日，つまり1年間のカレンダーにしてみよう．すると，いかに人類が一瞬の出来事のように誕生し，一瞬のうちに地球環境を変えようとしているかがわかる（表2.1）．

1月1日に地球が誕生し，生物が出てくるのが3月28日のことである．7月20日に光合成をおこなう藍藻類が出現するが，植物の基本的な営みである光合成は，理科の嫌いな人でもきちんと覚えよう．

$$6\,CO_2 + 12\,H_2O + 光エネルギー \longrightarrow C_6H_{12}O_6 + 6\,O_2 + 6\,H_2O$$

さて，これら藍藻類の光合成によって，水中に溶け込んだ大気中の二酸化炭素を有機物に変え，その結果，大量の酸素が大気中に放出された．この酸素は，太陽からの紫外線によって一部がオゾンとなった．そのおかげで11月27日頃にオゾン層ができあがった．オゾン層では，酸素がオゾンに，オゾンが酸素に変化している層で，太陽からの紫外線がこの反応を起こす結果，地表に到達する紫外線は著しく減少する．

表 2.1 地球カレンダー

1年単位に変換	実際の時間（年前）	事　　柄
1月 1日	46億年	地球誕生
3月28日	35	生物誕生
7月20日	20	藍藻類の出現（光合成→酸素発生）
9月 1日	15	真核生物の出現（有核，アメーバや緑藻類）
10月10日	10	動物の出現
11月27日	4.2	オゾン層の出現
12月 1日	3.8	魚類の出現
12月 2日	3.7	両生類の出現
12月 7日	3.0	昆虫の出現
12月 8日	2.9	爬虫類の出現
12月12日	2.2	中生代～（爬虫類の時代）
12月15日	2.0	恐竜，哺乳類の出現（恐竜の時代）
12月19日	1.6	鳥類の出現
12月26日	6500万年	恐竜の絶滅
12月27日	6000	サルの登場
12月31日		
16:00	400	猿人（アウストラロピテクス）
23:36	20	旧人（ネアンデルタール人）
23:54	5	現生人
23:59	8000年	農業・牧畜

大量の紫外線は水中では吸収されて大変少ないので，長いあいだ，生物は水の中で生活をしてきた．しかし，このオゾン層のおかげで，水の中にいた生物が陸に上がることができるようになった．

子どもたちの大好きな恐竜の出現は12月15日のことであり，やがて，体温調節機能を備えた生物，鳥類の出現が12月19日のこととなる．このように見ていくと，私たちの祖先である現生人が出てくるのが12月31日23時54分頃である．

そして，それ以降，人口が増えるにつれて環境問題の発端である農業，牧畜がはじまる．森林を壊し農地に切り替えていくわけだが，これが12月31日23時59分にはじまった．普通の時計では誤差のような時間帯に人類が繁栄しはじめたのである．

ヒトが環境問題をとやかく言うようになったのは地球の長い歴史から見ると，ほんのわずかな時間でしかない．このわずかな時間に人間は地球に大きな影響を与えていると認識すべきである．あと100年で地球が滅びるということはないから，今後私たちの責任として，この地球の中でどう生き延びていくのか，ということが大変に重要である．

b. エネルギーへの理解

現在の環境問題の中でも重要な，エネルギー消費がある．ところで，エネルギーとは何だろうか．ヒトも含めた動物は植物のつくった有機物をエネルギー源として生きている．ヒトは日光浴で太陽エネルギーを変換してエネルギーを得ることはできない．難しく言えば，植物が太陽エネルギーを化学エネルギーに変換し，その化学エネルギーをヒトが利用している．

ところが，動物の中で食糧以外のエネルギーを使うのはヒトだけである．すなわち，生活の煮炊き，明かり，住居の冷暖房，車などで，木材，石油，ガス，電力を消費し，これらの消費エネルギーは生物として生きていく上で必要なエネルギー（食糧）の数十倍と言われている．これらのエネルギーの大部分は，先進国ではもちろん石油である．しかし，石油は有限な資源で，この有限な資源を効率よく利用していくことが大切と言われている．

私たちが将来に向かっての責任としてエネルギーをどうするか．大切なことの一つは，まずエネルギーを理解することである．エネルギー，エネルギーと言うが，エネルギーとは何だろうか．目に見えない物理法則など苦手と言わず，まずエネルギーから考えてみよう．

（1）エネルギーとは熱と仕事　　熱はエネルギーである．薪を焚いて暖をとる，煮物をする，肉を焼く，松明を燃やして明かりをとる（光は物が燃焼する結

図 2.1 エネルギーは力と距離 (瀬戸ほか, 1998)

果として生じる)，これらは，ヒトが経験的に得たエネルギーである．

エネルギー＝熱

ところで，仕事もエネルギーである．まず，機械的なエネルギーを考えてみよう．ピラミッドをつくることを考えてみると，石を積み上げていくためには，石を持ち上げて (力) 一定の距離を移動しなければならない．この移動に必要なのがエネルギーで，この場合のエネルギーは力と距離の積となる．すなわち，同じ力でも遠くに運ぶほどエネルギーを必要とする (図2.1)．

エネルギー＝力×距離

ヒトの歴史の中で，熱を得るエネルギー源は木材，薪，落ち葉，藁などの生物資源であった．家畜の排泄物なども有用な燃料で現在でも遊牧民に使われている．仕事は明らかに家畜，ヒトの農作業，家屋や防護柵 (壁) などの構築作業で，やはり生物由来と考えてよいだろう．

ヒトはこの機械的なエネルギーを使うにあたって，最小限の力で最大の効果を得ようと努力してきた．道具の発達である．釘抜き，ペンチ，滑車などがこれに相当する．図2.1のエネルギーバランスは，(支点の左側の人の力)×(下げた距離)＝(支点の右側の力：重さ)×(上がった距離) で，支点からの距離を長くとるほど小さな力で重い石を持ち上げることができる．しかし，押し下げる距離は長くなる．もちろん機械的なエネルギーとして，風 (風車や帆船)，水 (水車) なども利用された．ここで重要なのが，機械的なエネルギーは熱エネルギーとしても取り出されていたことである．火打ち石など (摩擦エネルギーの利用) がよい例であろう．

(2) 熱を力に変える—産業革命— 1700年代に入って，熱エネルギーが仕事 (機械的なエネルギー) に利用されるようになった．例えば蒸気エンジンの発明である (産業革命)．この産業革命以降のエネルギー問題を考える上で必要な原理が熱力学である．

二つのエネルギー，熱と仕事に対する基本的な視点は，同じことを別々に表していることである．この両者は互いに変えることができる，すなわち熱は動きに，動きは熱に変えることができる．このことが，産業革命の革命たるゆえんなので

ある．

熱 ⟷ 仕事

　蒸気エンジンとは変換炉であり，熱としてエネルギーがつぎ込まれ機械エネルギー（あるいは運動エネルギー）に変換される．蒸気機関車を思い浮かべてみよう．

　ここで，熱と仕事が同じという熱力学の基本法則を理解しておく必要がある．

　エントロピー，エンタルピー，ギブスの自由エネルギー，このような熱力学の基本要素は目に見えない．目に見えないものを理解する，これは至難の業であるから，せめてどんなものなのかを知っておこう．

　熱力学の第一法則：　エネルギーはつくられもしないし壊されもしない．私たちは食糧から生きるためのエネルギーを得ているが，それ以上のエネルギーをつくることはできない．100 あったエネルギーを 120 にはできないのである．

　熱力学の第二法則：　エネルギーを変換するとき，変換効率は決して 100% にはならない．エネルギーを仕事に変換するとき，仕事のエネルギーを得ると同時に熱として損失がある．

エネルギー ⟶ (変換) ⟶ 仕事 + 熱

　車を動かすのにガソリンを使う．ガソリンがもっている化学エネルギーを燃焼（爆発）させて仕事（車が走る）に変えている．しかし，エンジンと排気ガスは熱く，またホイールベアリングやタイヤも熱く（摩擦熱）なるなど，熱として浪費されている．すなわち，当初もっていたエネルギーを仕事に使う（仕事エネルギーに変換）とき，効率は 100% ではないということである．この効率上昇への努力が省エネルギー，省資源，二酸化炭素排出削減につながることは言うまでもない．

　もちろん，仕事エネルギーに変えるもとのエネルギーにはいろいろなものがある．熱（⟷仕事）のほかに，重力，電気，化学反応，音，光などがあるがこれらはいずれも相互に変換可能ということである．

　高いところにある水（重力エネルギーあるいは位置エネルギー）を落とすことによって水力発電をおこなう，あるいは化学反応を利用して電池をつくり，電気エネルギーを得ている．ここでもくどいようだが，変換するとき，

投入エネルギー ⟶ 仕事エネルギー + 損失エネルギー

である（図 2.2）．そこで，エネルギーを使っていくと損失エネルギーが消費分だから，かたちを変え，時間をかけ，移動させるほど効率は下がっていく．

　このようなことから効率としてガソリンを考えてみよう．当初埋蔵されていた

図 2.2 エネルギーを仕事に使うと必ず損失エネルギーがある（瀬戸ほか，1998 より改変）.

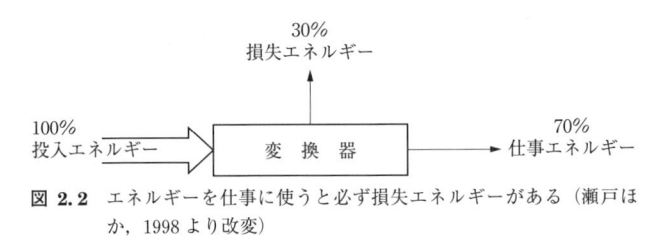

石油エネルギーを 100% とする．汲み上げるのにロスをともなう（ポンプを使うので，例えば得られる石油エネルギーは 95%），精製する，タンカーで運ぶ，さらに国内で精製する，タンクローリーで運ぶ，貯蔵する，給油する，エンジンを動かす，と各段階でロスがあるので，当初 100% あったエネルギーは最終エネルギーとして，各段階の効率の積（例えば $0.95 \times 0.90 \times 0.70 \times 0.95 \times 0.85 \times 0.2 = 0.097$）分，約 10% しか使えないことになるという（Gonik and Outwater, 1996）．このようなエネルギーの変換効率を考慮しながらエネルギー問題を考えていこう．

鉄，アルミニウムなどの資源は再利用可能であるが再利用過程でエネルギーが消費されることを忘れないようにしたいものである．省資源と省エネルギーは場合によっては矛盾することにも注意しておく必要がある．

c. コモンズの悲劇

環境問題を考えるときに，わかりやすく基本的な考え方として「コモンズ」というものがある．コモンズはイギリスで起きた囲い込み運動の対象地のことで，共有地のことをいう．環境問題を考える上で，このコモンズがよく引用され，「コモンズの悲劇」として環境問題の原点を説明している．

では「コモンズ」がなぜ悲劇なのだろうか．例えば，ある大きさの共有の草地があって，ここにウシ 100 頭を飼っているとする．100 頭を飼っていればこの草地は永続的に使える．これを「環境容量の中で使っている」という．モンゴルの大草原が何千年ものあいだ維持できたのはこの環境容量の中で草地を共有して使っていたということである．これで永続的に続いていけば何も問題は生じない．

しかし必ず問題は生じる．10 人の共有地利用者がいて，ひとりが 10 頭飼うとする．10 人で 10 頭ずつなので 100 頭となり，これで維持される．ところが人間の性(さが)で，ひとり誰かが甘い汁を吸いたいと考え，11 頭飼うとすると，共有地のウシは，合計で 101 頭になる．すると環境容量を 1 頭オーバーすることになる．その結果どうなるのかというと，この共有地は，土壌劣化を起こし，生産性がど

んどん低下して，環境容量がほぼゼロの荒廃地となってしまう．ウシの食糧となる草の量は，100頭のウシを支えることで一定の資源を供給していたが，1頭増えたことで，草の再生産の能力の限界を超えた餌をウシが食べるので，土地の生産力はどんどん低下していく．雨が降れば土砂が流れ，肥沃な土壌はどんどんなくなっていくことになる．荒廃地となれば環境容量は100頭以下，1頭ですら飼うことができなくなる．

一度荒廃地化してしまうと，この共有地は使えないので飼育している人々に不利益が生じる．11頭飼ったひとりはほかの人より1頭分余計の利益を得るが，土地が荒れてしまうという不利益は1頭余分に飼った人も含めて10人全員が負うことになる．ひとりの利益，利用者全員の不利益となる．

実は環境問題はすべてこういうことが原因で起きている．例えば，かつてチッソ水俣が有機水銀を川に垂れ流した．垂れ流したということは，有機水銀の除去装置をつけなかったので，その設備投資をしなかった分，チッソ水俣という会社は儲けた．そうすると，会社は儲けたが有機水銀を垂れ流したことによって地域住民全員が公害という不利益を被った．

かつての公害すべてにこういうことが言える．四日市ぜん息しかり，イタイイタイ病しかり，「特定の利益，全員の不利益」の構図である．いまで言えばディーゼル車の排ガス規制・NO_x規制だが，トラック業界は除去装置をつけない分だけ儲ける．しかしNO_xによって大気汚染が生じる．そうすると地域住民全員が大気汚染という問題を抱えることになり，トラック業界の「特定の利益」，地域住民「全員の不利益」になる．

歴史の中に出てくる「コモンズ」は利用者が分割，私有地化したりすることによってある程度解決された．私有地であれば環境容量内で使う，当たり前だからである．でも，現在の環境問題ではそうはいきそうにない．大気，海洋といった共有地は分割できない．だから，国家間の取り決めであるとか地域住民の相互理解によってでしか解決されない．

d. 自然のシステムへの理解

太陽系の中で，地球に唯一生命が存在する理由は大気と水である．地表から10kmくらいまでを対流圏と呼んでいる．対流圏ということは，この圏内で，海面などの水面からの蒸発，大気の水蒸気が雨となって地表に戻される，などの動きが太陽エネルギーによって生み出され，気候が形成され，気象変化などを起こしている．世界の最高峰，エベレストが8848m，この上を飛ぶ渡り鳥がいることなどから，この対流圏内と，土壌，そして同じく海水面下約10kmに生物が存

在している．これらを含めた層を，生物圏（バイオスフェア）と呼んでいる．対流圏が10 kmと言っても，地球の直径（約1万2700 km）からすれば大変薄いもので，地球の直径を1 mとするとこの層は1.6 mmにしかすぎない．

　生物圏には森林，草原，湖，海洋など異なる外観がある．このようなそれぞれの外観を生態系（エコシステム）と呼んでいる．これらの自然の生態系では外観が異なっていてもそのシステムはほとんど同じである．植物があり，微生物も含めた動物が存在する．これら生物の営みはその生態系を構成する環境と深くかかわっている．

　生物が生きていくには，エネルギーが必要である．そのエネルギーの源は生態系に共通して太陽エネルギーである（もちろん，特殊な例として光のない深海などで別のエネルギーを使っているものもあるが，ここでは省略する）．生態系では，植物が太陽からの光エネルギーを有機物（化学エネルギー）に変換している．この過程が光合成で，有機物を生産していることから植物を生産者と呼んでいる．動物はこの有機物に依存しているので，動物を消費者と呼んでいる．生態系を構成する生物の基本はこの生産者と消費者である．中学校，高校では，生態系にさらに分解者がいると教わる．その場合の分解者は，落ち葉や生物遺体を分解する微生物である．しかし，落ち葉や遺体はもとをたどれば植物の生産した有機物だから，分解者も消費者も基本的には同じと考えてよい．基本的には，生態系は生産者と消費者によって構成されている，と言ってさしつかえない．

　自然の生態系では，温帯，熱帯などの気候や沿岸，外洋といった環境下で，生産者と消費者のバランスの上に成り立っている．それぞれの系で完結したシステムを形成していると言ってよいだろう．

　農耕地も外観からすれば一つのまとまった系と考えられる．しかし，自然の生態系と著しく異なっている．それは，植物が生産した有機物の一部を食糧として系外に持ち出していることである．害虫など作物に依存する動物を除けば，消費者（ヒト）が生産物を系外に持ち出している．牧草地では，消費者（動物）を系外に持ち出している．したがって，農耕地も牧草地も完結したシステムとは言えない．食糧に含まれる窒素，リンなどの微量成分も同時に系外に持ち出されている．

　微量要素は土地の生産性に影響するから，微量要素がどんどん持ち出されれば，土地はやせていく．そのため，生産性を維持するために肥料が必要となる．

　現在では，農耕地，牧草地に化学肥料を与える．すなわち，これら農耕地生態系では，系外から物質が投入されている生態系となっている．食糧生産に邪魔な害虫などの駆除にやはり系外から殺虫剤などの化学物質を投入している．した

がって，外観から農耕地生態系といっても，独立した生態系ではなく，ヒトが維持し続けなければ成立しない生態系となっている．

外観からすれば都市も一つのまとまった系である．しかし，生態系の出発点である生産者（植物）が不在で，消費者（ヒト）だけである．ヒトは系外の農耕地からの食糧に依存している．そこで生活するヒトは，やはり系外から石油エネルギーや鉱物資源を持ち込んでいる．その結果，都市環境は大気汚染，ヒートアイランドに悩まされ，また汚染物質を系外に放出してほかの生態系に多大の影響を及ぼしている．

e. 量で考えよう

入り組んだ環境問題を考える上で，量で考えることが基本である．ところが，植物と動物，動物と人間などどう比べればよいのか．例えば，ネズミとゾウ，1匹と1頭，確かに数では同じだが，何やら違いそうである．例えば，食べる量が違う．そこで，同じ基準で比較する，が基本となる．

生物のからだの基本を考えると，水と有機物である．有機物は代謝過程を通じてからだを構成しているが，水はどうだろうか．ごく少量の水を除いて，代謝過程で作り出しているものではない．植物では吸水，動物では口からの補給である．したがって，生物が生活の中で有機物（化学エネルギー）をどれだけ蓄積しているかが，重要な比較のポイントとなる．水を取り除いた生物量，すなわち乾燥重量で比べればその比較が可能となる．この量をとくにことわらない限り，バイオマス（生物量）と言っている．

それでは人間というものをどう評価するか．まず人間も動物だから植物がなくては生きていけない．私たちは日光浴をしていても栄養を得られない．植物が作り出す栄養（有機物）を使って動物は生きている．では，このような植物と動物を比較するとき，どのようにすればよいのだろうか．それがすでに述べたバイオマスによる比較である．

ヒトが生活する陸上だけを見ると，緑の植物は地球上に約1兆6000億t存在する．そしてそれに依存している動物が約10億t存在している．

この膨大な植物が存在し，この植物に依存した動物がいるという二つの関係で自然界はずっと進んできた．10億tの動物のほんの一部として，原始の人間が存在していたが，これがどんどん増え，ついに人口でいえば60億人を突破している．すなわち，10億tの動物のほんの一部であったヒトがいまでは約1億t存在している．この1億tのヒトがやはり動物のほんの一部であった家畜を飼っている．その家畜は現在約4億t存在する（瀬戸，1992）．

地球の陸上のシステムを考えると植物1兆6000億tと動物10億tでできていたのに，まず人間1億tがオーバーしている．さらにその1億tが4億tの家畜を飼うので合計5億tも動物のバイオマスはオーバーになっている．このように量で比較すると明らかなように，自然のシステムから5億tを超えた人間と家畜が地球環境の自然のシステムに影響を与えていることは明白である．

f. 生態系のしくみの基本

生態系を考える上で，具体的にどのように考えればよいだろうか．森林，草原などの外観はわかるがそれぞれの生態系では大きさが違う．大きさの違うものを比べるには基準が必要である．例えば，小さな子どもと大人，食べる量はどっち，それは大人，確かにそのレベルではかまわないが食べて体重が増える効率は？など細かなことはわからない．そのため，例えば体重1kgあたりの摂食量として比較すると，代謝機能の違いなどがわかってくる．

生態系でも基準を，と言ったときには同じ面積にしたとき（面積あたり）どれくらい，が重要となる．

まず，生態系の生産者である植物はどれくらいの生産をしているのだろうか．ある期間内に一定面積（この場合ha）で植物が光合成によって有機物を生産する速度を総生産速度（P_g：rate of gross production）と呼んでいる．家計で言えば総収入と同じである．さて，植物も夜間など自分自身で生産した有機物を呼吸で消費している．これを呼吸速度（R：rate of respiration）と呼んでいる．家計でいえば維持費に相当する．長い目でみれば維持費はほかにもまだある．温帯では秋になると落葉する．根でも一部は枯死している．これを枯死脱落速度（L：litter）と呼んでいる．したがって，総収入から維持費を引いた純収入を生態系では植物の純生産速度（P_n：rate of net production）と呼んでいる．

$$P_n = P_g - R - L$$

純生産物は植物体自身の増加に回されるか，あるいは動物の被食に回される．

それでは植物に依存する昆虫や草食動物ではどうだろうか．総収入は植物が作り出した有機物の摂食量に相当する．したがって，動物でも植物と同様に，この摂食速度を総生産速度と呼ぶことができる．動物では，やはり植物と同様に維持費，すなわち呼吸による消費と枯死脱落（垢など）があるから総収入からこれらを引いた残りを純生産速度と呼ぶことができる．あとも植物と同様で，純生産物を自分自身の成長に回し，一部は次の肉食動物の餌となる．

重要な考え方—エネルギーの流れ—：　生態系では太陽からの光エネルギーを植物が有機物（化学エネルギー）に変換し，動物がこの有機物をエネルギー源に

して生活している．この移り変わりは，食物連鎖といって，植物を昆虫が食べ，昆虫をカエルが食べ，カエルをヘビが食べ，ヘビをタカが食べというようにエネルギーが受け継がれていく．このことを生態系におけるエネルギーの流れと呼んでいる．

エネルギーのところで述べたように，エネルギーを変換して利用していく流れは一方通行で逆流はありえない．運動をして使ったエネルギーは再利用不可能だから補給する必要がある．使ったエネルギーが再利用可能であれば，1回食事をすれば死ぬまで不要，なんてことになってしまう．

まず植物は太陽からの光エネルギーをどれくらい有機物（化学エネルギー）に変換しているのだろうか．

太陽からくる光は短い波長から長い波長まである．波長とは，海で言えば，沿岸に打ち寄せる波の山から山までの長さと同じである．短い波長は生物の遺伝子を損傷するなど生物にとって危険である．紫外線が皮膚がんの原因となると言われるゆえんである．水中では紫外線が吸収されて生物に危険でなかったので，紫外線を吸収するオゾン層ができるまで，生物は長いあいだ水の中で生活していた．オゾン層が形成された結果，生物は陸に上がることができたのである（表2.1）．

紫外線より長い紫の波長から赤までの波長（400～700 nm）を可視光領域と呼んでいる．ヒトが知覚できる波長域で，例の7色の虹の範囲である．これ以上長い波長の部分は赤外線で，もっと長くなると熱線となる．ここで，不思議なことがある．植物が光合成に利用できる光エネルギーはこの可視光領域の光だけである．植物では光合成有効波長域と呼んでいる．こんなところで植物とヒトが同じ光環境に適応している．

全波長域の一部しか光合成に利用していないことから，光合成によって光エネルギーを有機物（化学エネルギー）に変える効率は，太陽からの全光エネルギーの1%程度と言われている．生態系ではこの植物が変換した化学エネルギー（有機物）を動物が利用している．

この場合，動物ではすでに有機物となったものの利用だから効率はよくなって10%程度と言われている．

このように太陽からの光エネルギーは変換，利用されていくので，自然の生態系でトータルにすると，太陽エネルギーを変換したエネルギーは全部消えてなくなってしまう．

さて，ここで私たちの食糧問題を考えてみよう．多くの温帯の農耕地生態系では年間に1 haでおよそ6500 kg（乾燥重量）の作物を生産している．ヒトは1人

1年におよそ250 kg（乾燥重量）の食糧を消費しているから，1 haの農耕地は26人分の食糧を供給していることになる．さて，現在，畜産では農耕飼料といってヒトが食べられるムギやトウモロコシなどを与えて飼育している．先ほどの6500 kgの作物をウシに与えたとする．すると先ほどの変換効率を10％とすると，650 kgのウシが生産されることになる．これをヒトが食べるとすると，2.6人分となる．ヒトと食糧を考える基本がここにある．1 haの農地の作物をヒトが食べれば26人のヒトが生活できるが，ウシに食べさせてヒトが肉食をすると2.6人のヒトしか生活できない（瀬戸，1992）．

g. 森林のもつさまざまな機能

森が与えてくれるものは何だろうか．多くの答えが返ってくる．清らかな水，豊かな土壌，澄みきった空気，森は私たちが生きていく上で大切な「環境」を与えてくれる．豊富な木材，燃料などの「資源」も与えてくれる．ところが，この「環境」と「資源」が同じ森からの贈り物でありながら，受け取る人々はどちらかを大事にしようとしている．文明の歴史は「資源」偏重で，その結果「環境」が消えていき，不毛の大地となって「資源」も得られないようになった．資源を求めて侵略があった．それは皆さんが歴史をひもといていただければわかることである．

さて，近年，地球環境問題への理解が深まるにつれて，森林の環境形成機能を大切にしよう，が脚光を浴び，木材などの資源利用が槍玉になりつつある．熱帯林を守ろう，は日本ばかりでなく，世界中でスローガンとなっている．

しかし，「環境」と「資源」は二者択一的なものではなく，同じ森からの贈り物を同等に大事にしていかなければならない．これが，1992年のリオデジャネイロで開かれた国連環境開発会議（UNCED，第一回地球サミット）で提起された「持続可能な開発」の精神である．

では，森からの贈り物を考えてみよう．

巨大なガス交換器： 樹木が成長を続けて森林となるのは，1枚1枚の葉の光合成による有機物の生産があるからである．したがって，森林は，成長を続けながら巨大なガス交換器の役割も演じている．それでは日本の森林はどうだろうか．1994年で，年間二酸化炭素吸収量はおよそ9080万tである．この吸収によって出される酸素量はおよそ6600万tで，これはヒトが年間に呼吸として必要な酸素の2億4000万人分に相当する．したがって，日本の人々（1億2500万人）に必要な酸素の2倍も日本の森林が酸素を放出していることになる．

ところが，酸素は大気中におよそ20.9％も含まれていて，森林がなければ酸

素が不足するというような事態は起こりそうにもないのが現実である．地球の植物の光合成機能を全部停止させて，地球の化石燃料全部を燃やしたとしても，大気中の酸素は20.4%ぐらいに保たれると言われているからである．

　問題は，森林が吸収して固定する二酸化炭素のほうにある．二酸化炭素は大気中に0.035%しか含まれていない．太陽放射で暖められた地球からの放熱を遮断するいわゆる温室効果によって地球の温度調節に重要な役割をはたしている．二酸化炭素濃度が上昇すると温室効果が増加し，地球の気温が上昇する．これにともなって地球の気候が変わり，砂漠化の進行などが懸念されている．

　二酸化炭素濃度が産業革命（当時はおよそ0.028%）以降急速に上昇を続けている原因は，私たちの生活が石炭，石油などの化石燃料に依存し続けているからである．この化石燃料消費による日本の二酸化炭素排出量はおよそ11億4400万tという（1990年時点）．日本の森林の二酸化炭素吸収量は3540万t（京都議定書の規定による，2005年度日本政府発表）だから，産業活動による排出量のおよそ3%しか吸収できていない．京都会議（COP 3）で明らかなように，産業活動からの二酸化炭素排出量をどう抑制するかが私たちの将来への責任である．2005年で二酸化炭素排出量は1990年の7.8%増である．したがって，2008～2012年の約束年に1990年の6%削減を実行するためには，13.8%削減する必要がある．

　林業，林産業は，森林が成長過程にある途中で木材を取り出すが，残された林地では，再びおう盛な光合成生産によって大気中の二酸化炭素を固定し，蓄積を増やしていく．林業と大気中の二酸化炭素問題にとって重要なことは，木材が建築材として利用されることにある．すなわち，林業生産の場，森林以外に木材を取り出し，家屋などに炭素として貯留し，二酸化炭素の倉庫を多くつくることに意味がある（図2.3）．

h．経済効率を考えよう

　工業化を進めた日本は，経済効率（＝生産物の価値（利益）/投入費用）を上げることで発展してきた．効率を上げるには二つの方法がある．その一つは投入費用をできるだけ少なくすることである．投入費用を少なくするため，生産過程で生じる廃棄物，排気ガスの処理をおこったのが公害問題のはじまりであった．もう一つの方法は，多様性をできる限り排除し，単純化させる，工業で言えば地域社会を飲み込む巨大な工場・工業団地，農業で言えば緑一面の水田，広大な牧場である．こうしたヒトの活動がヒトと自然の共生を可能にする地域社会の持続性を壊してきた．

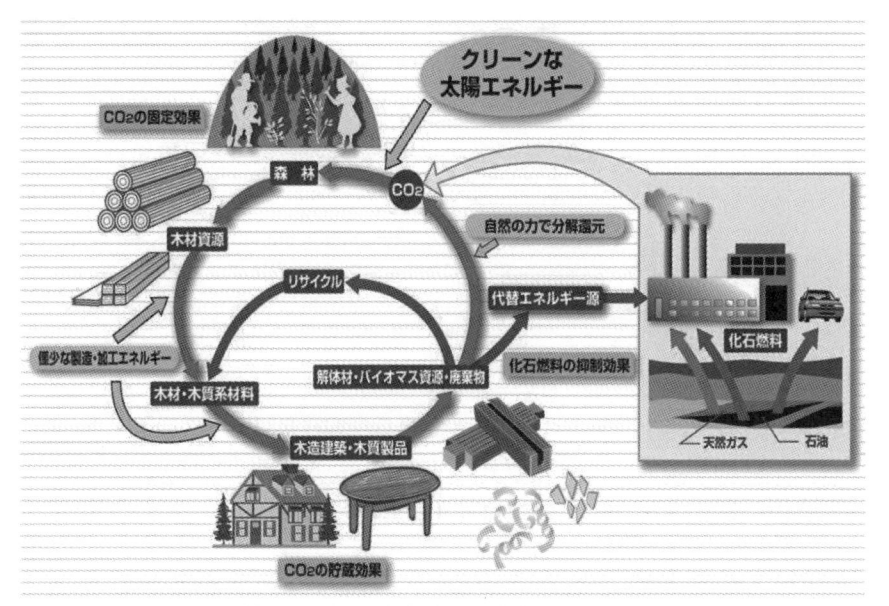

図 2.3　木材利用と循環型社会（提供：(財)国際緑化推進センター）

　では，森林を管理し，水源涵養，国土保全を担う林業はどうだろうか．植林，枝打ち（無節の材をつくるため），間伐（抜き切り）などの作業をしてやっと木材生産にこぎつけるが，植林してから40～60年と長い年月がかかる．これらの維持管理費を考慮すれば，明らかに，産業（木材生産）としての林業の経済効率は低い．

　しかし，現在の経済効率の考え方の利益に水源涵養，国土保全などのお金で計算できない環境保全機能（公益的機能）が計上されていない．このような機能を理解してもらうため，2001年，日本学術会議は日本の森林は年間70兆2638億円に相当する環境保全機能があると計上した（表2.2）．経済効率にこれらの機能（利益）を計上すれば，森林管理を担う林業の経済効率は飛躍的に向上する．この額を目安に森林交付税創設促進連盟（1996年）は，現在の林業を維持し環境を保全していくには年間5500億円から1兆9000億円が必要と試算している．下流の都市住民は，豊かな水の恩恵をただで受けていると言って過言ではないだろう．上流の森林，環境保全に重要な森林の保全をどのようなかたちで都市が責任をはたすかが今後の大きな課題である．

表 2.2 森林の多面的機能の評価

二酸化炭素吸収	1兆2391億円/年
洪水緩和	6兆4686
化石燃料代替	2261
水資源貯留	8兆7404
表面侵食防止	28兆2565
水質浄化	14兆6391
表層破壊防止	8兆4421
保健・レクリエーション	2兆2546
合　計	70兆2638億円/年

(「地球環境・人間生活にかかわる農業及び森林の多面的な機能の評価について」答申, 日本学術会議, 平成13年11月)

i. 先入観は禁物

　たとえはよくないが, 道路にネコが死んでいたとする. 車にはねられた, と思うのが常識である. これが危険なのである. ひょっとして, 老衰, 脳卒中, 心臓発作などかもしれないのである. 環境問題を考えることも同じである. 環境問題は原因があり結果がある. しかし, 本当に原因と結果(因果関係)なのか, ひょっとして並行関係ではないのか, ということである. 交通量が多い, ネコの死体が多い, 因果関係であれば車にはねられたのであろうが, 因果関係がなければ, 交通量が多いとネコの死体が多いは並行関係である.

　筆者が学生実習で日光に行ったときのことがよい例であろう. 学生を連れて自然の森の成り立ちなどを, 登山をしながら講義をしていた. ちょうど, 子ども連れの若いお母さんが山道から見える中禅寺湖畔の林を指差して「ほら, よく見てごらん, 木が枯れているのが見えるでしょう, 酸性雨で枯れているのよ」と言っていた. 残念ながら, 酸性雨で枯れているわけではない. 木が枯れて見えているのは, シカがウラジロモミの樹皮をはいで甘皮部分を食べてしまったために起こる食害なのである. きっと, 教科書にあった「酸性雨で森が枯れる」を思い浮かべたのであろう. これは, 若いお母さんに問題があるのではなくて, 教科書が「酸性雨→木が枯れる」を記載しているからである. 学校教育では教科書がバイブルである. 間違っているはずがないからである.

　木が枯れている, 枯れている姿は, 原因はともかくほとんど同じである. 枯れている姿から原因はわからない. すなわち, 環境問題を考える基本は思い込みの排除にある. 因果関係をはっきりさせるためには, 科学的な根拠が必要である.

j. 生物の多様性を考える

　いま，環境問題でよく言われるのが生物の多様性保全であるが，簡単に言ってしまうと「大切な生物を守りましょう」ということであろう．しかし生物の多様性保全というものは意外と難しく，例えば熱帯のマラリア蚊や沖縄のハブまで大事にするのかという問題がある．そこにはどうしても人間側のエゴが存在する．生物の多様性保全の中身は大きな意味では景観保全や生態系保全であり，小さな意味では種の保全と遺伝子の保全である．この種あるいは遺伝子の保全は，将来人間の役に立つかもしれない遺伝子を残すという目的でおこなっている部分もある．だから，この保全は人間から考えてどう守るかということになってしまう．

　この生物多様性を考える場合，環境問題において心の多様性を育むべきだ，と考えている．例えば幼稚園の子どもにイチゴがいつ取れるのかを聞いたら，クリスマスのショートケーキの関係で12月と答える子どもが多いと思う．このことは食に対する季節感，感動がなくなっていると言える．それから極端なことを言うと，日本国中でみんなが同じ物を食べている．例えばマクドナルドなどがそれにあたる．地域差がどんどんなくなり，地域差がなくなることによって心の多様性が失われている．この心の多様性をなくしていることが実は生物の多様性をなくしていると思われる．

　私たちは，いかに多様性を受け入れるかが重要である．いじめの問題にも言えると思われるが，多様であれば異質なものを受け入れるであろう．みんなが同じになっていくと異質なものを排除しようとするであろう．やはり大事なことは，生物の多様性保全というのであれば，私たち自身の心の多様性も守っていかなければならない，が重要である．

　現在の社会では，目的の生産物を効率よく生産するために，単純化，集中化が基本である．農業でも同じで，品質がよく消費者に好まれるものをつくるには，大面積，単一作物の栽培である．このことをモノカルチャーと言い，農業の工業化と言われるゆえんである．

　かつて，緑の革命と言われた超多収品種の開発はアジアの開発途上地域の救世主とまで言われた．しかし，本当に緑の革命だったのだろうか．人間が生産性を上げ品種を改良し，どんどんもとの姿から変えられた植物は，人間が管理しなければ生きていけない植物となったのである．自然界に放り出して，放っておけば死んでしまう，ヒトが管理するからこそ高い収量を得られるのである．管理するということは何か．当然ながら化学肥料を与える，農薬を与える，除草剤を与える，灌漑施設をつくるということで，さまざまな投資をしてはじめて収量が高い

と言えるのである.

　投資可能な農民とは誰だろうか．金持ちの大農家だけである．金持ちはこの品種の導入でますます富を得た．結果は貧富の差をさらに大きくしたのである．コモンズの悲劇，一部の利益，多数の不利益とよく似た現象である．さらに，このヒトの管理による農耕地への肥料や農薬の投入の結果，大気汚染や土壌悪化，砂漠化などの環境問題を引き起こしている．したがって高収量を得るという目的だけの植物の改変は大きな問題である．

　単純化から多様性への移行は，しばしばとり違えられる原始に帰れといった過去への回帰ではない．シヴァ（1997）の主張は環境問題の解決に向けて説得力のあるものである．「われわれが多様性の中で生きることに対する主要な脅威は，モノカルチャーを基準とした思考様式，すなわち私が『精神のモノカルチャー』(monocultures of mind) と呼んだものに由来する．精神のモノカルチャーは『多様性』を認識の世界から追放し，その結果として現実世界からも多様性を消滅させる．多様性の消失もまた，代替的な選択肢の消失でもある．近代においては，いかにしばしば，自然，技術，地域社会，文明全体の根こそぎの破壊が，『他に方法はない』という口実で正当化されてきたことだろうか．代替案は存在するのだが，排除されているのである．思考様式，行為の脈絡としての多様性に移行することは，多数の選択肢の出現を可能にしてくれる」．

　環境問題の中で生物多様性の保全が多くの人の共通認識となっているが，誰がどこで，どのように，となると難題である．重要なことはシヴァの主張，精神の多様性，地域社会の多様性を地域環境下で守り，育てていくことである．多様であること，それは，こんな例でどうだろうか．私たちは「コロンブスがアメリカ大陸を発見した」と教えられ常識となっている．しかし，「その年，アメリカインディアンが初めて西洋人を見た」と考えるべき時代であると，マレーシアのマハティール前首相は見事に言ってのけた．米国の西部開拓というが，米国の西部侵略と教える時代にきていると思う．単純化から効率を求め，結果として生じた西洋文明の見直しを見事に表している．　　　　　　　　　　　　　　〔森川　靖〕

＜文　献＞

Gonic, L. and Outwater, A.(1996)：*The Cartoon Guide to the Environment,* Harper Perennial, NY, p.229.

瀬戸昌之（1992）：生態系―人間生存を支える生物システム―, 有斐閣, 東京, p.184.

瀬戸昌之・森川　靖・山沢徳太郎（1998）：文科系のための環境論入門, 有斐閣, 東京, p.198.

シヴァ, V.；高橋由紀・戸田　清訳（1997）：生物多様性の危機―精神のモノカルチャー―, 三

一書房，東京，p.186. [Shiva, V.(1993): *Monoculture of Mind* : Biodiversity, Biotechnology and Agriculture, Zed Press, London.]

2.2 生態系と物質循環

　生態系とは，生物群集とそれを取り巻く環境が物質によってつながれた相互作用系として形成されている，という自然認識の一つである．「生態系（ecosystem)」という用語自体はタンズリー（Tansley, 1935）によって提案され，現在では一般的にも定着しているが，同様な意図からタンズリーの提案前後にもいくつかの用語の提案があった．また，タンズリーの生態系概念の基礎となった重要な研究示唆がフォーブス（Forbes, 1887）とフォーレル（Forel, 1891）によっておこなわれているのでまずはその辺の事柄から述べることにする．

a. 生態系概念に至る道

　タンズリーによる生態系という概念の提起に先立っていくつかの類似した概念が提出されている．門司による『生態学総論』（門司，1976）ではそのあいだの事情を以下のように記している．群集を扱う生態学ではそれぞれの生物の生活を解析する上で植物群集と動物群集を分離して考えることは困難であり，両者を一つの集団として生物群集（biotic community）として認識したほうがよい．そのような概念として提案されたのがメービス（Mobius, 1877）によるBiocoeosis，フォーブスやフォーレルによるmicrocosmであろう．タンズリーのecosystem提唱後も，フリーデリヒス（Friederichs, 1937）はHolocoenを，クレメンツとシェルフォード（Clements and Shelford, 1939）およびフリーデリヒスのHolocoenをさらに全体論的に拡張したチーネマン（Thienemann, 1939）はともにbiomeを提案している．しかし，それぞれに対象とする自然界のくくり方には若干の違いが認められる．その後，タンズリーのecosystemがもっとも全体的な自然の姿を表現しやすいことから，1950年代以降はecosystemが多く使われるようになっている．

　生態系の概念には環境と生物群集が一つのシステムを形成しており，生物群集を物質的につなぐ重要な内部的関係として食物連鎖があげられている．食物連鎖はエルトンが動物集団の個体数を調節する際の動物群集間の主要な構成原理の一つとしてあげたものである（Elton, 1927）．当初は個体数についての動物群集間の関係が草食動物を基点として小型肉食動物群集，さらには大型肉食動物群集へと食物連鎖の終端に近づくにしたがい個体数を減らす傾向にあること，その個体数をもとにして各階層の動物群集を積み上げるとピラミッド状になることを指摘

し，個体数のピラミッドと称した．エルトンはこの食物連鎖系のピラミッド構造的な関係は個体数のみならず物質的な量としての生産量にも当てはまるはずであると指摘したが，当時は物質量に換算するだけの数量的資料が不足しており，証明するには至らなかった．これを数量的に証明したのが陸水生態系を研究したジュディー (Juday, 1942) とリンデマン (Lindeman, 1942) である．なぜ動物生態学でのエルトンの提案が湖沼の研究で証明されたかについては，湖沼生態学と当時呼ばれていた陸水の研究経過を解説しておく必要がある．

　前述のフォーブスとフォーレルが発想した「湖は一つの小宇宙 (microcosm)」は，その後タンズリーにより提唱された，環境と生物群集が一つのシステムとして構成され，そのシステムは物質系として成り立っているという生態系の概念と相通じるものであった．フォーブスとフォーレルの時代には生態系という概念はいまだ提案されていなかったが，フォーブスとフォーレルは湖沼を総体として理解するには湖沼を物質系として認識し，その物質系における生物群集の機能的役割を解明することが重要であると指摘している．そこでフォーブスは，その指摘した内容を「湖は一つの小宇宙であり，物質的に自足の世界である」と簡潔に表現している．

　フォーレルは『淡水の生物学概論』の中で，湖の閉鎖系的性格をもとにして，湖内の環境と生物群集によって構成されているシステムが物質の循環により維持され，その関係をつなぐものは生物の生理作用であると解説している．フォーレルが指摘した湖内の物質循環にとって重要な生理作用過程とは次の三つ，①物質の有機物化，すなわち植物による光合成過程，②物質の植物，動物相互間の移動，つまり食物関係，③物質の生物体からの解放，つまり生物体の分解過程である．

　これらの過程を現在の生態学上の用語で言えば，それぞれに，生産過程，消費過程，分解過程に相当し，生態系の物質循環機能においてもっとも基本的な物質移動過程と考えられている生物の生理過程そのものである．

　フォーレルのもう一つの提言は湖沼の開放的性格にもとづくものである．湖沼は閉鎖的性格が強いとは言え，流入，流出水の存在，それに付随する物質の流入，流出を考えれば開放的性格も有している．結果として，湖沼の性格はその集水域の状況に大きく左右されることになる．つまり，湖沼は湖沼だけで存在しているのではなく，その集水域と湖沼は物質的につながり，湖沼の性格は集水域からの物質負荷に大きく依存している，という指摘である．この性格が現在の人間活動の活発化による湖沼の水質汚濁と富栄養化現象を招くことになり，その防止対策には湖沼を含む集水域を一つの生態系として認識することが必要になる．

タンズリーによる生態系の概念とエルトンの食物連鎖，生態ピラミッドの概念を受けて，湖沼での物質系を初めて量的に明らかにしたのはリンデマン（Lindeman, 1942）による泥炭湖（米国，ミネソタ州の泥炭地の小湖）での研究である．湖内の植物群集を生物群集全体の基礎生産者として位置づけ，「食う-食われる」の関係で植物食動物，動物食動物，大型動物食動物の現存量を上位へと積み上げるとピラミッド状になることを量的に証明し，ピラミッドの各段を栄養段階と称した．その後，ジュディー（Juday, 1942）をはじめとする各地湖沼での研究により生態ピラミッド各段の利用効率は10〜20％程度であることが確認された．

　わが国での湖沼生態系の物質循環研究は宝月らによる諏訪湖でおこなわれた「内水面の生産および物質循環に関する基礎的研究」（宝月ほか，1952）が初めてである．この研究はリンデマンと同様に諏訪湖を一つの生態系としてとらえ，湖内の物質循環を主軸として，生産者，消費者といった各栄養段階に所属する生物群集の現存量を把握し，その現存量が季節的にどのように変化するか，植物プランクトンによる基礎生産力が年間にどの程度かを実測している．当時の諏訪湖では1年間に太陽から到達する輻射エネルギーの0.24％が植物プランクトンによって固定され，炭素量にして，1年間に1 m^2 あたり260 gの基礎生産力となることが報告された．しかし，ほかの栄養段階の動物群集については現存量の測定のみで，生産力算定にまでは至らなかった．しかし，生態系という概念に物質的裏づけとしての量的な肉づけができる見通しが得られ，生態系概念が確立されたと言ってよいであろう．

　1968年からはじまった国際共同研究「国際生物学事業計画（通称IBP）」では各種生態系での生物生産力測定が主要な課題として取り上げられ，陸域では，森林，草地，耕地，水域としては海洋，湖沼，河川といった代表的な生態系での物質循環研究が世界各地で本格的に始動した．しかし，生態系内の食物網が複雑に入り組んでいることから，ここでも生物群集を栄養段階で区分けする域を出ることはなかった．取り上げられた主な物質は生体を構成する主要元素である炭素，窒素，リンであり，乾燥重量といった生体の総体からは一歩踏み込んだ元素レベルでの循環に焦点が当てられている．

　陸域生態系の場合には複雑な食物連鎖系を物質的に解析することが当時の主要な目的であり，現存量を中心とした研究が展開された．一方，水域の生態系解析ではジュディーやリンデマンの研究を発展させて，栄養塩類としての窒素とリンを取り上げ，研究の初期には窒素，リンと植物プランクトンによる基礎生産力の関係を数量的につなぐきわめて単純な湖内循環系モデルの構築がおこなわれた．

その後，これらの研究は湖沼の富栄養化対策，環境問題への対処など，社会的な課題解決の糸口を探る基礎研究として位置づけられ，生態系解析を目的とした，環境と生産者，消費者，分解者をつなぐ食物連鎖系を含めたより複雑な物質循環系の模式化へと展開されている．

b. 生態系の構造と機能

オダムは生態学の定義を「生態系の構造と機能の解明を主目的とする自然科学」としている（Odum, 1971）．これが生態学全体の定義とすることには異論があろうが，生態学の主要な課題として生態系の構造と機能の解明があることは確かである．タンズリーが提案した生態系の基本的な構造を，現在の知識を加えて模式化すると図2.4のようになる．当初の図式は基礎生産から有機物分解に至る一方向的な生食連鎖系として記載されていたが，現在では微生物ループと呼ばれる逆流系，いわゆる腐食連鎖系が含まれた，複合物質系として理解されるようになっている．

生態系は生物群集とそれを取り巻く環境との相互作用系である．基本的には非生物的要素である環境（無機環境）と生産，消費，分解を役割とする三つの機能集団である生物群集で構成されている．生産者は無機的環境から無機物を取り込み，太陽からの光エネルギーを利用して有機物を合成する生物群集，主には植物群集を指している．量的には少ないが化学合成細菌も生産者に含めて，両者を生物群集全体の物質的基礎生産をおこなう集団として基礎生産者とも称している．消費者は生産者が生産した物質，有機物を基礎として自己の生物体を生産する生物群集，つまり動物群集を指している．分解者は生物体としての有機物を分解し，

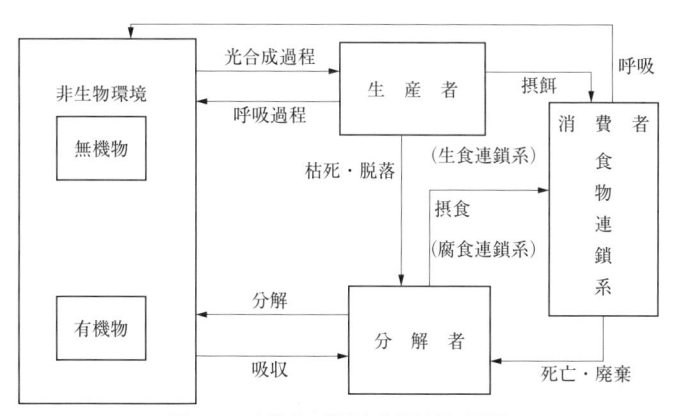

図 2.4 生態系の構造と物質循環の関係

環境に物質を戻す役割の生物群集で,細菌類,真菌類などを指している.
 しかし,植物を主体とする生産者といえども自己の生命を維持するために生産した有機物を分解し,エネルギーを得ており,当然分解機能を有している.また,動物群集も生命維持のために分解機能を有している.これらの機能は呼吸作用にあたり,分解者のみが分解機能を有しているわけではない.そのことは生態系の構造図で生産者,消費者から直接環境へ還流する矢印が示されていることからも理解されよう.一方,分解者の場合も同様に分解機能と同時に自己の体を生産する機能もあり,その生産物が消費者に還流される経路,すなわち微生物ループが存在している.生物群集はそれぞれに生産と分解機能を有し,全体の系の中で,系の維持のための主要な機能を取り上げて表現すると生産者,消費者,分解者として位置づけられると理解しておくことが必要である.
 基本的な生態系の構造は変わらないが,対象とする空間的広がりによって,小はミクロな水たまり,あるいは土壌粒子などの生態系から,大は地球を一つの系とした地球生態系まで生態系の規模は大小さまざまである.そして,規模と環境の違いに応じて,それぞれの生態系の機能集団を支える主な生物群集にも違いが認められる.
 地球上の生態系を類型化すると大きくは陸域生態系と水域生態系に分けることができる.両者はさらに陸域であれば群集単位に,森林生態系,草地生態系,湿地生態系,荒地生態系,耕地生態系など,景観的な相違や,海浜生態系などのような立地環境による区分,土壌生態系,樹冠生態系など位置的な区分も存在する.水域生態系の場合も海洋生態系,湖沼生態系,河川生態系,あるいは一つの生態系を地域的に区分した形での沖合生態系,沿岸生態系,内湾生態系などがあり,生態系を構成する環境と生物群集にもそれぞれに特性がある.その違いを主な生態系について比較すると表2.3のようになる.

c. 生態系のモデル化と物質循環

 物質循環には元素レベルでの地球化学的な大循環があるが,ここでは生態系の機能としての生態学的な物質循環について述べることとする.生態系を物質系としてモデル化するわが国での試みとしては篠崎(1969)による森林生態系での炭素,窒素および栄養塩類の循環モデルをあげることができる.篠崎は森林生態系での炭素循環について,生態系の構成要素を外界(O),同化器官(F),非同化器官(T),分解系(L)の4要素に分けて模式化し,それぞれの要素間の移動速度をもとにした物質収支式により数式モデルを作成した.そして,外界を除く3要素についての連立方程式を解くことによって森林生態系での物質動態を明らか

表 2.3　各種生態系を構成する生物群集の特性

生態系の種類		環境特性		主な生物群集		
		土壌／地形条件	生産者	消費者	分解者	
陸域	森林生態系		良好	木本，草本	各種動物群集	土壌微生物，菌類
	草地生態系		貧	草本	同上	同上
	荒地生態系		極貧	草本	同上	地衣類
	湿地生態系		水分多	草本，藻類	同上	細菌類
水域	湖沼生態系	沿岸	浅い	水生植物，付着藻類	付着微生物，魚類，鳥類	付着細菌類
		沖合	深い	浮遊藻類	浮遊動物，魚類	浮遊細菌類
	河川生態系	上流	急流	付着藻類	魚類，両生類，爬虫類	付着細菌類
		中・下流	緩流	付着藻類，水生植物	魚類，両生類，爬虫類，鳥類	付着細菌類，浮遊細菌類
	海洋生態系	沿岸	浅い	付着藻類，海草類	魚介類，哺乳類，鳥類	付着細菌類，浮遊細菌類
		沖合	深い	浮遊藻類	魚類，哺乳類，鳥類	付着細菌類，浮遊細菌類

にすることが可能であり，そのために明らかにすべき量として何が必要かを示している（図2.5）．各要素間の移動速度は光，温度，炭酸ガス濃度，栄養塩類濃度と関数関係にあり，それぞれに実験的研究が必要であることから，一朝一夕に解が得られるわけではないが，生態系解析の概要と方向性は得られたことになる．その後，生態系の数式解析に必要な要素，あるいは移動速度に関する研究は個々に進展し，とくに湖沼生態系の解析に応用されるようになった．

湖沼生態系を一つの物質系として詳細に模式化しようとする試みは，1950年代から世界各地の湖沼で進行しはじめた富栄養化現象の機構解析を目的としておこなわれ，同時に進行していたコンピュータの開発により加速されていくことになる．ディトロらはエリー湖の富栄養化現象解析に栄養塩とプランクトンを結ぶ生態系モデルを提案した（DiToro et al., 1975）．チェンとオルロブも同様な解析をおこない，栄養物質についての物質収支を一般式として提示し，ワシントン湖の富栄養化防止には集水域からの栄養塩類の負荷を削減すること，処理水はバイパス的に湖沼から流出する下流河川に放流することが必要なことを物質循環の面から提言し，富栄養化防止に成功している（Chen and Orlob, 1975）．それらの結果により，湖沼生態系内の物質循環系が湖外からの栄養塩負荷により基礎生産力を増進することが湖内生態系の物質循環をゆがめ，植物プランクトンによる水の華現象を引き起こす原因となっていることを物質循環の視点から明らかにして

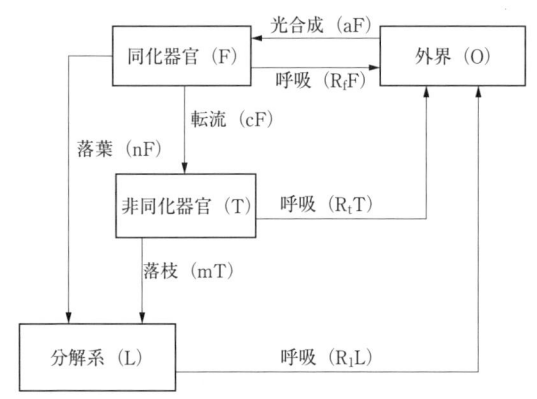

図 2.5 森林生態系での炭素循環モデル（篠崎，1969 より改変）
物質収支式：(1) $dF/dt = aF - R_fF - nF - cF$
(2) $dT/dt = cF - R_tT - mT$
(3) $dT/dt = nF + mT - R_lL$

いった．湖外からの負荷と湖内の生態系との関係については前述したようにフォーレルがすでに指摘していた湖沼の開放的性格に起因するものであるが，集水域での人間活動が物質負荷を通して湖内生態系に影響を与えうることを数量的に証明するまでには，100年にわたる湖内の物質循環に関する基礎研究の積み重ねがあって，初めて手をつけることが可能になったわけである．

わが国でも1960年代から湖沼の富栄養化現象が各地で社会問題となるにつれて湖沼生態系の物質循環に注目が集まり，湖沼生態系のモデル化の試みがおこなわれるようになった．その最初が池田（池田，1976）により土木学会で報告された琵琶湖モデルである．琵琶湖は貧栄養湖であり，京都，大阪地方の上水源でもある．その琵琶湖の南湖が富栄養化し，水道水にカビ臭が発生することが頻発したことが研究の発端である．琵琶湖モデルは湖沼の富栄養化防止対策に湖沼生態系の物質循環モデルを適用したわが国最初のモデルとして意味がある．内容は栄養塩類-生態系モデルで，ディトロらのモデルと大きく変わらないが，湖沼の形態的構造と生態系としての構成を意識したモデルで，以後の物質循環を基礎とした湖沼生態系モデルの基本となり，負荷栄養塩類の回転率（平均滞留時間）を基礎としたボーレンバイダー・モデルとともに湖沼の富栄養化防止対策に実用的な役割を果たしている．

サルモンセンは湖沼生態系での物質循環と湖外からの負荷との関係を，栄養塩と植物プランクトンという二つのパラメーターで結ぶ単純なモデルから，生態系

を構成する生物群集全体を含めた複雑なモデルへと展開する過程を図2.6のように示した（Salomonsen, 1994）．この図は無機物から光合成によって有機物が合成され，その有機物が生物群集内の食物連鎖系に乗って，やがて分解され，無機物に還元されるという，いわゆる生食連鎖系によって構成されている．しかし，人間影響の強い外来性有機物の流入が多い現在の湖沼では，負荷された有機物の分解を基点とする細菌類や原生動物を経ての腐食連鎖系が，湖内の物質循環系にとって量的にも，質的にも重要な要因となっている場合が多い．

本来，湖沼生態系には生食連鎖系と腐食連鎖系が共存しており，外来性の有機物負荷が少ない場合には生食連鎖系が主体となった物質循環系が優先し，外来性の有機物や湖内基礎生産力が高くなると次第に腐食連鎖系が量的に拡大し，両者のバランスが逆転するようになると考えられる．このような微生物ループと呼ばれる物質循環系が湖沼生態系を維持する上で重要な役割を担っているとする理解がアザムらの提案（Azam *et al.*, 1983）をもとに受け入れられるようになった．

物質循環系解析の基礎となる食物連鎖系の研究は古くからおこなわれ，その方法は観察や消化管内容物から推測し，それぞれの生物を「食う-食われる」の関係で結び，その関係が網目状になることを示してきたが，量的には栄養段階でま

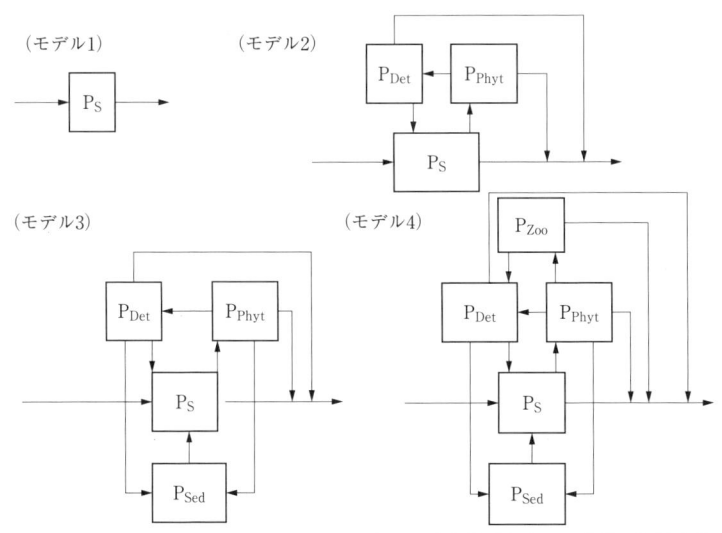

図 2.6 サルモンセンにより示されたリン（P）を中心物質とする四段階の湖沼内物質循環系のモデル図
P_S：溶存態リン，P_{Det}：デトライタスリン，P_{Phyt}：植物プランクトンリン，P_{Sed}：沈殿物リン，P_{Zoo}：動物プランクトンリン．

とめて，重ねる方法でおこなわれてきた．吉岡らはこの食物関係をそれぞれの生物の炭素と窒素の安定同位体比を測定することで追跡し，現実の富栄養化した湖沼（諏訪湖）での食物連鎖系の季節的な変遷を明らかにすることに成功している（Yoshioka et al., 1994）.

以上の湖沼での物質循環系の研究の多くは比較的均質な分布をしている生物群集を擁している沖合のプランクトンを主体とする生態系についておこなわれてきた．しかし，湖沼生態系はもともと沿岸域に多様な生物群集を抱えており，沖合の均質な生物群集と沿岸域の生物群集とが物質的にもつながる複合生態系として理解することが重要であるという認識がもたれるようになった．そのきっかけは湖沼沿岸域が人為的に利用されることが多く，湖沼の水質回復にとっても沿岸域の人工化が障害となってきたことがあげられる．湖沼沿岸域の破壊の原因の一つは沿岸域の生態学的な研究の遅れにより，科学的な評価が遅れていたことにもある．沿岸域が陸域と水域を結ぶエコトーン（緩衝域）として生態学的に重要であるとは指摘されても，その数量的評価には至らず，沿岸域の保全に歯止めをかけられないという現状を打開することも含めて，沿岸域生態系の物質循環面からの研究が進められるようになったのは1990年前後からのことでしかない．

沿岸域の生態系の生物群集の主体は水生植物である．しかし，水生植物と動物群集とのあいだでの食物連鎖的なつながりはあまりなく，動物群集の生活場としての質的な機能が強調されてきた．しかし，水生植物の存在は付着藻類をはじめとする微生物群集を通して物質的にもつながっていることが次第に明らかにされ，腐食連鎖系をも考えればさらに物質的につながりのある系であることが理解されるようになっている．日本水産資源保護協会が中心で進められた沿岸域の物質循環系に関係する諏訪湖の結果では，エビモを中心とする沈水植物群落が優占する沿岸域での単位面積あたりの物質移動速度は沖合の移動速度に比べて，炭素では1.6倍，窒素では1.4倍，リンでは2.6倍高いと算出されている（日本水産資源保護協会，1995）．しかし，これは個々のデータを組み合わせた沿岸域生態系モデルの上での数値実験の結果にすぎない．

また，分解の場としても沖合と沿岸では異なった役割をもち，その場の特性に合わせて物質の循環を円滑におこない，湖沼全体の安定化に寄与していることが示唆されている．例えば，滝井・福井（1988）は，諏訪湖と手賀沼で沖合と沿岸での脱窒活性を比較し，両湖ともに沿岸域の方が脱窒活性が高いこと，逆に沖合はメタン生成活性が沿岸より高いことを報告している．このように一つの湖の中でも物質によって主となる移動位置が異なり，湖全体として物質循環が環境特性

に合わせておこなわれていることが理解できよう.

湖沼の富栄養化現象解析には集水域での物質収支を知る必要があり，その要請にこたえて森林，耕地での物質動態を明らかにする試みが諏訪湖集水域でおこなわれた．諏訪湖集水域の代表的な森林植生は人工林としてのミズナラ林とカラマツ林，自然林としてはシラビソ林である．それぞれの林分について伊野・大島

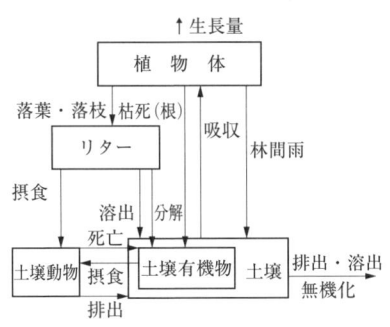

図 2.7 伊野・大島による森林系の物質循環モデル

(1981) は図 2.7 のようなモデルをもとにして，3 年間の継続調査結果からそれぞれの物質循環を解析している．森林に関してのこの種の試みはすでに伊藤ら (1964)，丸山ら (1965)，岩坪ら (1967, 1968)，西村 (1973) によって京都や滋賀の森林を，またライケンズら (Likens et al., 1970) によって米国の実験流域を対象として各種元素レベルでおこなわれ，これらの結果をまとめて西村 (1974) が報告しているが，伊野らの研究は諏訪湖集水域という場での物質循環研究の一部として貴重な成果を得ている．

d. 人類生存のための循環型社会への適用

生態系での物質循環の解析は人間社会での環境保全にも適用が可能である．現在の地球環境問題は人間社会での物質の流れが一方向的であり，循環が軽視されたことによって起こっている部分が多い．一方向的な物質の流れは人間社会の外界となる環境に一方的に負荷を与え，物質が一部に滞る原因となっている．人間社会を一つの系として考えるならば，自然生態系のように人間社会を取り巻く環境と生物としての人間社会とのあいだ，それに加えて人間社会内部に適切な循環系を構築することが必要である．

地球上で人間によって使われている資源が枯渇の危機にあることはメドウズ夫妻ら (Meadows et al., 1969) のローマ・クラブ報告「成長の限界」で指摘され，人類の生存を維持していくためには資源の循環利用と廃棄物の排出を極力ゼロに近づける方策，ゼロ・エミッションが必要であるということは多くの人にとっての共通した認識であろう．

そのために人間社会でできることとしてあげられているのが 3 R（reduce, reuse, recycle）であると指摘されている．この 3 R と自然界での循環機能を加えて人間社会での適切な物質の流れと自然界との物質循環系を模式化したのが図

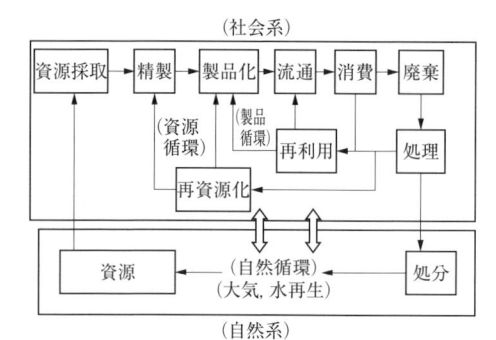

図 2.8 物質循環型社会での三つの物質循環系（製品循環，資源循環，自然循環）（沖野，1991 より改変）

2.8である．たとえ循環型社会が形成されても，使う資源量が増加してはシステムそのものが破綻しかねない．リデュースは，その意味では自然界から人間社会へ流入する物質量のコントロール・バルブに相当するもので，物質の流れを示すほかの2Rとは性質が異なる．基本的な物質の流れは，人間社会内での製品循環（リユーズ）と資源循環（狭い意味でのリサイクル）という二つの流れに，環境内での植物による炭酸ガス吸収や水質の自浄作用など，自然浄化に相当する自然循環が加わった三つの循環系で構成されている．これらの循環系が量的，質的に，適切に機能できるには何が必要かを知ることが循環型社会形成にとっての大きな検討課題であろう．しかし，この物質の流れには当然エネルギー消費も関与しているので，エネルギーの流れとの関係も整理する必要があることは言うまでもないが，ここでは触れる余裕はない．いずれにしても，自然界での生態系の主要な機能である物質循環，エネルギーの流れ，そして自己調節機能と，それら三つの機能のかかわり方から，人類生存のためのヒントを読み取り，人間社会にその機能を適切に取り込むことが人間科学としての大きな課題の一つと言えよう．

〔沖野外輝夫〕

<文　献>

Azam, F. et al. (1983)：The role of water-column microbes in the sea. *Marine Ecol. Progress Series*, **10**, 257-263.
Chen, C. W. and Orlob, G. T. (1975)：Ecological simulation for aquatic environments. In *System Analysis and Simulation in Ecology*, Vol. Ⅲ (B. C. Ptteh Ed.), Academic Press, NY.
Clements, F. E. and Shelford, V. E. (1939)：*Bio-ecology*, Willey, NY.
DiToro, D. M. et al. (1975)：Phytoplankton-zooplankton-nutrient interaction model for Western Lake Erie. In *System Analysis and Simulation in Ecology*, Vol. Ⅲ (B. C. Ptteh Ed.), Academic Press, NY.
Elton, C. (1927)：*Animal Ecology*, Sidgwick & Jackson, London.
Forbes, S. A. (1887)：The lake as a microcosm. *Bull. Peoria Sci. Assoc. Bull.*, No.1887 (*State Illinois Nat. Hist. Surv. Bull.*, **15**, art. 9, 1-10, Urbana, 111).
Forel, F. A. (1891)：Freshwater biology. In *Die Tier- und Pflanzenwelt des Susswassers*：

Einfuhrubg in das Studium derselben, 2 Bde（O. Zackarias Ed.), Verlag J. J. Weber, Leipzig.

Friedrichs, U.(1937)：Okologie als Wissenschaft von der Natur oder biologische Raumforschung. *Bios,* **7**, 1-108.

宝月欣二ほか（1952)：内水面の生産および物質循環に関する基礎的研究．水産研究会報，**4**, 41-127.

池田三郎（1976)：水質汚濁および水系の富栄養化のモデリングとシミュレーション．環境技術，**5**, 519-531.

伊藤悦男・稲川悟一・佐敷　修（1964)：林内雨の養分循環に果たす役割．静岡大学農研報，**14**, 182-202.

伊野良夫・大島康行（1981)：諏訪湖集水域にある三つの森林の物質動態．諏訪湖集水域生態系研究，**6**, 80-120.

岩坪五郎・堤　利夫（1967)：森林内外の降水中の養分量について（第2報)．京都大学演習林報告，**39**, 110-124.

岩坪五郎・堤　利夫（1968)：森林内外の降水中の養分量について（第3報)―流亡水中の養分量について―．京都大学演習林報告，**40**, 140-156.

Juday, C.(1942)：The summer standing crop of plants and animals in four Wisconsin lakes. Trans. *Wisconsin Acad. Sci.,* **34**, 103-135.

Likens, E. *et al.*(1970)：Effects of forest cutting and herbicide treatment on nutrient budgets in the Hubbard Brook watershed-ecosystem. *Ecological Monograps,* **40**, 23-47.

Lindeman, R. L.(1942)：The trophic-dynamic aspect of ecology. *Ecology,* **23**, 399-418.

丸山明雄・岩坪五郎・堤　利夫（1965)：森林内外の降水中の養分量について（第1報)．京都大学演習林報告，**36**, 25-39.

Meadows, D. L. *et al.*(1972)：*The Limits to Growth,* Universe Books, NY.

Mobius, K. A.(1877)：Die Auster und die Austernwirtschaft. *Trans., Rept. U.S. Fish Comm.* **1880**, 683-751.

門司正三（1976)：生態学総論（生態学講座1)，共立出版，東京．

日本水産資源保護協会（1995)：湖沼沿岸帯浄化機能改善技術開発．平成6年度赤潮対策技術開発試験報告書，p.140.

西村武二（1973)：山地小流域における養分物質の動き．日本林学会誌，**55**, 323-333.

西村武二（1974)：森林と水．森―そのしくみとはたらき―（只木良也・赤井龍男編著)，共立出版，東京，pp.179-194.

Odum, E. P.(1971)：*Fundamentals of Ecology.* 3 rd ed., W. B. Saunders, Philadelphia.

沖野外輝夫（1991)：生活と廃棄物．地球環境変動の科学―かけがいのない地球を守るために―（第5回「大学と科学」公開シンポジウム編集委員会編)，pp.51-64.

Salomonsen, J.(1994)：A lake modelling software. In *Fundamentals of Ecological Modelling* (S. E. Jorgensen Ed.), Elsevire, pp.589-593.

篠崎吉郎（1969)：土壌・植生系における物質循環モデルⅡ―Cの循環モデル―．*JIBP-PT-F,* **43**, 79-82.

滝井　進・福井　学（1988)：閉鎖性水域の浄化容量―沿岸帯底泥における有機物分解活性―．環境科学研究報告書B-341-R 02-2, pp.38-65.

Tansley, A. G.(1935)：The use and abuse of vegetational concepts and terms. *Ecology,* **16**, 284-307.

Thienemann, A.(1939) : Grundzuge einer allgemeinen Okologie. *Arch. Hydrobiol.,* **35**, 267-285.

Yoshioka, T., Wada, E. and Hayashi, H.(1994) : A stable isotope study on seasonal food web dynamics in s eutrophic lake. *Ecology,* **75**(3), 835-846.

3 人間の内的環境

3.1 「神経内分泌」環境論

a. 地球の変化と化学反応

地球の上には人間の考えの及ぶ範囲で言うところの生物がいる．生物は無生物と区別され，生きているという現象をもつものとして位置づけられているが，核酸のつかさどる遺伝とタンパク質のつかさどる代謝の関与する増殖を生物のもっとも基本的な属性とすることが有力説である（岩波生物学辞典第4版）ことから，生物は増殖する化学物体であることになる．生物はさらに行動する動物と土に植わっていて動かない植物に区分され，もう一つ，新たな分類として菌類が加わっているが，その分類の基準もどうも明瞭ではない．生物と無生物，動物と植物など，線引きは必ずしも容易ではないようである．

生物も無生物も地球という天体に存在している．宇宙にもその分類を適用し，生物のいる星を想定した論述はいろいろなところで見かけるが，そのような確証はいまだにない．さて，地球という天体を考えると，地球そのものがもつエネルギーと太陽の光の多大な影響下で地球に存在する物質同士の化学反応が進み，至るところで変化が起きている．それは，無生物の変化であり，生物がいようがいまいが生じている地球の環境の変化である．

しかし，地球という天体は人間が感知することのできる宇宙では見られない（または少ない）特殊なものである．地球には生物がいる．生物は地球の物質をからだの中に取り込み化学反応を起こさせて新たな物質を作り出すしくみをもっている．地球のもっている酸素を使い，水を使い，アミノ酸やら脂質やら，無機塩類を使って，遺伝子の情報をもとに，からだをつくる．動物も植物も菌類も同じである．しかし，利用する物質は必ずしも同じではなく，作り出す（排出する）物質も異なるところがある．単純な図式では動物は二酸化炭素を排出し，植物はそのうえ，酸素を送り出す．それだけではない，地球にある物質を自在に変化させてしまう技術を編み出す脳の発達をともなった人間の出現は，地球が本来もっている，ゆっくりとした，化学反応によって生じる環境変化を急速なものに変えていったのである．地球の環境の変化は生物の存在によって宇宙の中では異質なも

のとなっているのであろう．

b. 宇宙と生物の連続性―感覚装置と神経系―

それでは生物のほうから見てみよう．化学反応のしかたの情報をしまう DNA，すなわち遺伝子の変化は生き物を変えていった．動物のからだは，「変えることのできない地球の環境」を前提に，より環境に適した，効率のよいからだを作り出すしくみをもつに至った．地球環境の急変は適応できない種を滅ぼしていく．からだは地球の環境と連続していなければならないのである．それは宇宙の環境にもつながり，宇宙と連続するためにはからだの中に外環境からくる情報を受けるしくみがなければならない．

35億年前に細菌が現れて以来地球の環境のもとに生物のからだの構造は機能をはたすのにもっとも適したかたちで発達してきた．からだの機能は生きるためと子孫を残すためにあり，動物のからだの機能は一定に保たれもっともよい状態で働くように調節されている．それは地球の変化にも対応できるようなしくみになっている．具体的には哺乳類は四季の変化にからだを合わせていく能力をもつ．それには地球の環境，それに太陽や他の宇宙からのシグナルを敏感に感じ取り，からだの中の機能を一定に保つメカニズム（恒常性：ホメオスタシス）が必要である．からだの温度を調節できる霊長類にはより高度な調節機構があることは言うまでもなく，哺乳類の系統発生的（進化的）に下位に位置するネズミも同様である．

しかし，人間にはからだの自動的な調節に外から補助を加えることで，より気持ちよく生活ができるように環境を変えたり，薬物を開発したりすることのできる能力が発達した．それは，「変えることのできない地球の環境」を「変えることのできる地球の環境」にし，地球を人間に適応させようとしてきたのである．快適で寿命を永らえることを実行するために，他の動物の生活空間を占領し，例えば，人間と差の少ないからだのメカニズムをもつネズミなどを実験動物として開発してきた．ネズミがいかに人間のからだと脳の働きの解明に役立ってきたかは，生物学，医学において得られているからだの機能の説明の多くがネズミの実験結果をもとにしていることからもわかるであろう．

恒温動物であるネズミや人間は外部環境の情報を感覚装置で得る．それをもとに，体温をはじめからだの中の環境を調えるような指令が神経機構や液性情報伝達機構により発せられる．顕著な感覚装置は首より上に集中して存在しているが，からだを覆うすべての皮下に感覚装置があり，まわりの情報を得ることで，地球の環境とつながりながら動物は存在している．人間のもっとも頼りとする視覚情

報を感受する視覚器である目，聴覚器である耳，嗅覚器である鼻，味覚器である舌と口腔周辺の粘膜はみな頭部にある．それらは外部環境の物理的な情報を神経情報に置き換え（感覚），脳に運ぶと脳はその意味を理解する（知覚）．それらの機能が地球と人間の連続性をもたらしている．

からだの中の環境を一定に保つのにもっとも必要な情報は体性感覚である．温冷覚，痛覚，かゆみ，触覚，圧覚である．からだの温度を一定に保たなければならない哺乳類にとって，温度の情報は重要である．体性感覚は皮膚にきている神経終末そのものが感覚装置であったり，神経終末と特有の組織よりなる感覚器であったりする．首より上は基本的には脳神経である三叉神経，首より下は脊髄神経で体性感覚情報が脳に運ばれる．外部環境ばかりではなく内臓の温度，痛みなどの感覚を脳に伝える感覚装置−自律神経系の発達も忘れてはならない．感覚情報は脳に入り知覚情報になり，それをもとに脳は環境にもっとも適したからだの

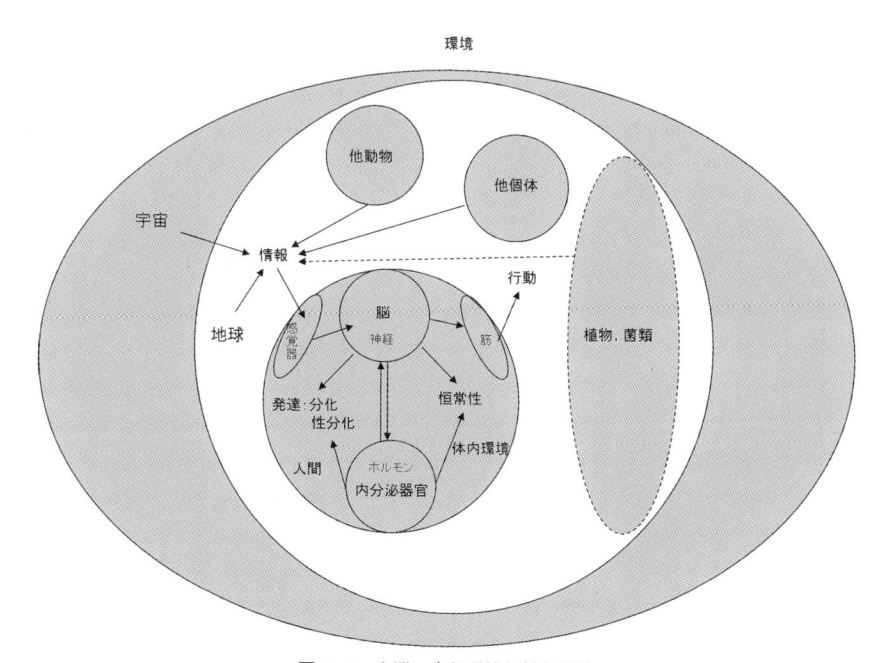

図 3.1 人間の内部環境と外部環境

外部からの情報は感覚系を介して脳に伝わり，神経機構と内分泌機構を働かせる．からだの恒常性は神経系と内分泌系の相互作用すなわち，神経とホルモンによる神経内分泌機構により保たれる．したがって，外部環境からの情報は神経内分泌機構により体内情報になる．からだの発達，分化，性分化にも神経とホルモンは強く影響を及ぼす．

機能を維持するように指令することになる．神経細胞から出た電気情報はからだの中をミリ秒の単位で駆け抜ける．この迅速な情報伝達システムはからだを瞬時に環境に適応させるには欠かせないものである．

　神経突起のまわりに絶縁体であるミエリン鞘を発達させ，伝導速度を早めるようになった神経細胞の進化は情報伝達の高度化に必要であったと思われるが，神経情報伝達が電気的信号だけではなく化学信号もともなっているところに複雑な制御系を構成できるしくみがある．それは，神経末端から放出される100種を超える神経伝達物質である．神経線維の末端のシナプスから神経伝達物質が放出されることで電気情報は伝わっていく．神経細胞はその物質をつくる遺伝子をもっているが，その物質はからだの中では別の働きをもつものであったりする．例えば，腸で分泌される消化にかかわるホルモンが脳の中の神経細胞で神経伝達物質として作り出されているのである．神経細胞は物質を作り出す遺伝子をフル活動させ，より複雑な環境にも適応できるような多様な神経制御網をつくることができたわけである．

c．からだの中の環境情報―液性情報としての内分泌―

　からだの器官を適正に動かすには自律神経が重要であるが，それだけでは臓器群の複雑な機能をはたすのには不十分である．からだの中には血管が縦横無尽に走っており，細胞の働きを維持する栄養，酸素，それに体温を運ぶ．それだけではなく，血液の中に含まれる物質の量は細胞で感じ取られ，細胞の働きの情報となる．例えば血液の中の糖分が多くなれば，糖分の調節にかかわっている器官の細胞がそれを感知し，血液中の糖分を減らすように腸での吸収を減らしたり，肝臓で糖分を蓄えたり，脳の食欲抑制センターの神経細胞を働かせ食欲を減らしたり，生理作用から行動まで変化する．それは血液中の物質の変化を細胞が感知することでおこなわれる．血液中の物質が何らかの調節にかかわることになり，非常に複雑な調節機構を作り上げている．

　血液中に流れる物質の中には情報を伝達することを目的としたものがある．からだの状態に応じて血液や体液に分泌され，器官の働きをコントロールする物質である．それはホルモンである．ホルモンはいわゆる内分泌器官と呼ばれる器官から分泌されるが，それだけではなく，脳，腸管，心臓，肝臓，腎臓からも分泌され，生きるため，子どもをつくるための機能を一定に保つのに中心的な役割を担っている．そのうえ，ホルモンは成長をコントロールし，性分化（からだや脳を男にするか女にするか）の決定因子でもある．

　ホルモンは化学物質である．内分泌器官から毛細血管に分泌されると，静脈に

いき，心臓に入り，肺から心臓に戻って動脈を通って臓器にいく．心臓に出た血液が戻ってくるのが5分ほどであるから，分泌されてから臓器に作用するのに5分以上かかることになる．神経情報の速さにはとてもかなわないが，いろいろな臓器に異なった反応をゆっくりと生じさせ，必要に応じた調節をしている．ホルモンがすべての臓器に作用しないのは，作用する臓器（標的器官）の細胞にそのホルモン特有の受容体があるためである．ホルモンは大別するとアミノ酸の集まったペプチドでできているものと，コレステロールからつくられるステロイドのものがある．細胞膜は脂質を中心としてできているので，水溶性であるペプチドホルモンは細胞内には入れずに，細胞膜にあるそのホルモン特有の受容体に働いて影響を及ぼす．ステロイドホルモンは脂質であるので細胞膜を通過し中に入るが，細胞に影響を与えるには細胞の核の中にある受容体に結合しなければならない．どちらの受容体もタンパク質でできており，その発現情報はそれぞれの細胞の遺伝子に組み込まれている．

　細胞膜にあるホルモン受容体のシステムは，さかのぼるとアメーバなどの単細胞生物の機能にいきつく．単細胞生物が外部環境から情報を得るのは，水に溶けている物質からであり，細胞膜にあるその物質の受容体によるものである．アメーバが死んだ細胞から出される物質に反応してそれが存在する方向に偽足を延ばしていく際のメカニズムである．外部環境から細胞が受けるシステムは多細胞生物になるにしたがって，分化した細胞がからだの中の環境からくる情報を受けるしくみとして発達してきたのである．からだの水に含まれるものに対する情報システムと言ってよいのであろう．それは，神経細胞が存在する前から生物に存在した，外界とつながる情報システムである．化学物質と受容体を基本とするため，それらの量も情報の強弱として利用できる．ファジーであるが，生物のからだには適したしくみである．

d. 生きるための神経内分泌機構

　動物は生をまっとうするために，水，酸素，アミノ酸，脂質，糖，無機塩類を取り入れ，それらをからだの隅々にまでいきわたらせて細胞の働きを維持している．それらの物質は，からだが外部環境に合うように神経情報と液性情報により，効率よく使用される．

　一つの細胞の死は必ずしも個体の死につながらない．脳などのほんの少しの例外を除けばからだ中で細胞は絶えず死に，新しいものに置き換えられている．新しく生まれた細胞はその部位の目的に沿った活動を絶えずおこなっている．皮膚の細胞は死んで垢となり捨てられていくが，新しくできた皮膚の細胞はからだを

守るべくその機能をはたす．からだの中で生じる細胞の更新は部位により速度が違う．そのためにも栄養素をうまく配分するのは重要なことである．

　さらに，細胞の代謝の速さや強さはからだの具合で変わってくる．必要に応じて細胞が作り出すものや消費するものの量が変わるわけである．しかも，臓器によって異なったものを作り出すし，異なったものを多く取り込むことになる．からだの調子を一定に保つには，機能の違う臓器を形成する細胞の要求をかなえ，もっともよい状態にしなければならないわけである．

　それらのからだの細胞の要求をコントロールしている一つがホルモンである．甲状腺ホルモンは細胞の代謝を維持し高める働きがあり，とくに神経細胞の働きには影響が強い．甲状腺の機能低下症である橋本病になれば神経細胞の代謝が低下し，機能も低下することで，やる気はなくなり，からだは太り気味になる．反対に甲状腺ホルモン過多のバセドウ病では神経細胞は過敏になり，エネルギーの消耗が激しくやせてくる．成長過程に必須の下垂体前葉から分泌される成長ホルモンは，細胞の代謝を高め，とくに骨端軟骨の発達には影響が強く，下垂体の機能不全は身長の伸びが止まってしまう障害をきたす．逆に多量の分泌は巨大症を引き起こす．

　甲状腺ホルモンは熱を作り出すホルモンでもある．からだの 70% が水であり，細胞内の活動の中心である酵素はタンパク質でできている．0℃ になれば凍ってしまうし，43℃ になるとタンパク質が変性して機能をはたさなくなる．そうならないように，環境の温度変化があっても酵素の働きに適した 37℃ ほどを保とうとするしくみは脳とホルモンがおこなっている．

　細胞の働きはナトリウムやカリウム，リン，カルシウムなどの無機イオンが欠かせない．血液中のナトリウムやカリウムの恒常性は腎臓での排出量の調節と，腸での吸収，汗腺や唾液腺での取り込みなどによるものである．血液中のナトリウムが欠乏すると，副腎皮質ホルモンであるミネラルコルチコイドが分泌され，そのホルモンが腎臓の尿細管で原尿からナトリウムの再吸収をうながすことで血液中のナトリウム量が維持される．血液中のカルシウムが低下すると，副甲状腺からパラトルモンが分泌され，パラトルモンは骨からカルシウムを遊離させる．一方，血中カルシウムが増えると，甲状腺の傍濾胞細胞からカルシトニンが分泌され，骨からのカルシウム遊離が阻害され，腸での吸収が抑えられる．そのようにしてカルシウム量が一定になる．

　糖分はエネルギー源として欠かせないが，腸で吸収すること，肝臓に蓄えること，かつ新しい糖を作り出すことなどによって血液中に必要な糖を供給調節して

いる．そこに関与するのは膵臓のランゲルハンス島から分泌されるホルモンである．血糖値が低下するとランゲルハンス島からグルカゴンが分泌され細胞に蓄えられていた脂肪などを分解し，糖材料として血液に放出させ，肝臓で新しい糖をつくらせる．一方，血液中に糖分が多くなると，ランゲルハンス島からインシュリンが分泌される．インシュリンは肝臓をはじめいろいろな細胞に働き糖を取り込むように作用する．その結果血液中の糖は低下することになる．血糖値のコントロールは副腎皮質ホルモンであるグルココルチコイドも肝臓などに働いて糖の量をコントロールしているし，腸管から分泌されるホルモン，甲状腺ホルモン，成長ホルモン，副腎髄質ホルモンもかかわって複雑な調節をおこなっている．

　酸素，栄養素，体温，そしてホルモンを運ぶ血液の主成分は水である．その流れが途絶えれば細胞は死に至る．血液の水分量は大腸での吸収と腎臓での排出のバランスである．腎臓での水分調節には下垂体後葉から分泌されるバソプレシンが働く．バソプレシンは抗利尿ホルモンと呼ばれ，腎臓の尿細管に作用して原尿から水分を再吸収する．その結果尿の量は減り，血管中の水分が保持される．また，からだにいく血液の量は心臓の動きに負うところが大きく，心臓をコントロールすることは血液の流れの速さと強さを調節していることになる．それは血圧に反映される．血圧は心臓と血管をコントロールする自律神経系の働きもあるが，腎臓から分泌されるレニンというホルモン（酵素でもある）が重要な働きをもつ．血液量が減少すると，腎臓からレニンが分泌され，血液中にアンギオテンシンⅡを作り出す．アンギオテンシンⅡの働きは多岐にわたり，末梢血管の収縮，腎臓尿細管でのナトリウムの再吸収，副腎皮質のミネラルコルチコイド分泌促進などの作用をもつ．ミネラルコルチコイドは腎臓尿細管に働いてナトリウムの再吸収もうながす．その一連の作用は血圧を上げることになる．

　このようなからだの生きるための機構における甲状腺や副腎の働きは，下垂体から分泌されるホルモンによってコントロールされており，下垂体のホルモンは脳でつくられる視床下部ホルモンによって調節されている．脳は自らホルモン分泌し，下垂体を介してからだの中の液性情報の担い手である内分泌器官をコントロールしているのである．脳と内分泌現象との関係，言うなれば神経系と内分泌系の相互作用，その部分を解析するところが神経内分泌学である．

　宇宙からの物理的情報を神経系が処理し，それがからだや内分泌機能のある臓器に伝えられ，自律神経系とともにホルモンによってからだの中の生きるという環境が調えられることになる．それは神経内分泌機能によりおこなわれているといってよいのである．

e. 子どもをつくるための神経内分泌機構

地球上には数え切れないほどの動物と植物が生きている．動物は単細胞のものから複雑な哺乳類まで，細菌がよくこのように多様に変化してきたものである．46億年前に地球ができたときは，言うなれば無生物のみの世界であった．無生物の世界では宇宙の物理の法則にのっとって化学反応が起き変化をしていたわけであるが，そのような中で，偶然がもたらしたのは，増えていくことのできる化学物質を作り出してしまったことである．それが生物を作り出すことになったわけである．無生物が生物を作り出したのである．

増えることのできる化学物質であるDNAは情報を蓄え，その子孫を残すべく，すべての生物に子どもをつくる機能を付加していった．単純な単細胞生物であるアメーバはくびれて二つの個体になるしくみをもつが，細胞の中でDNAが二つに分かれ増殖するしくみは哺乳類のからだが成長していくしくみの原点，子どもをつくるしくみの原点である．動物のからだは細胞分裂という方法でDNAが増殖し細胞が増えることで維持されている．

多細胞生物では新たな個体を作り出すしくみが複雑化してくる．多細胞生物になるということはからだの中の細胞に役割分担が生じ，それが組み合わさってからだの働きを調節するしくみができたということである．海綿動物では，異なった役割をもつ細胞の出現の中に配偶子をつくる細胞が生まれた．卵子と精子をつくる細胞である．細胞レベルで女と男ができたわけである．卵子と精子をつくるための組織を誘導する遺伝子に違いが生じ，すなわち，性の遺伝子が生まれていたことになる．X（W）とY（Z）の性染色体である．

多細胞生物も複雑になると細胞の集まり（組織）が一定の機能をもつことになる．組織が集まり器官となる．神経細胞と筋細胞が現れると移動が可能になる．扁形動物になると明らかに行動においても雌雄の違いが生じた．行動は神経組織と，内分泌系の発達が進むと，卵子と精子の合一に必要な雌と雄の出会いを強めるようなしくみが発達してくる．行動をつかさどる神経機構の複雑化と生殖器官の働きを調節する内分泌系の複雑化，さらに生殖器官の機能と行動をつなげるしくみである神経内分泌系の発達である．

卵巣の卵の成熟を下垂体から出る生殖腺刺激ホルモンが制御し，卵巣から女性ホルモンが多量に分泌されると脳に作用し，脳の性行動制御機構に働いて発情状態にする．それと同時に視床下部ホルモンである性腺刺激ホルモン放出ホルモンの分泌をうながし，それは下垂体から生殖腺刺激ホルモンを一過性に大量に分泌させる．その結果，卵巣から卵の放出（排卵）が生じる．脳-下垂体-卵巣（精巣）-

3.1 「神経内分泌」環境論

脳というつながりは神経内分泌機構の代表的なものである.

生殖器官が生を維持することに直接関係しないことは,卵巣や精巣などの除去をしても生きていくには支障がないことから言える.しかし,大脳の発達した人間の場合には性の果たす役割が子どもをつくるだけではなく,精神的なものに多大な影響を与える.性同一性障害などは性にまつわる精神的な疾患である.生殖器がないこと,またはあること,さらにからだの形態の性差は人間の生活に大きな影響をもっている.

生殖機能をコントロールしているのはホルモンであり,脳であるということは,おのずから,脳や内分泌器官に雌雄差が存在していることを意味する.動物は血液の中の生殖腺ホルモンが増えると生殖が可能になる.人間も生殖腺ホルモン(性ホルモン)が多いと性欲は高まり,性衝動を感じるようになる.ヒトは思春期を迎えると,生殖腺が働きだすと同時に,異性を意識し,性的行為を欲するようになる.言うなれば,性衝動,性欲が生じる.抑えがたい気持ちとなる.思春期というのは性ホルモンの分泌形態や量が,大人になり,生殖腺が成熟して,女性では周期的排卵がはじまり,男性では精子が形成されはじめる時期である.生殖腺刺激ホルモンの分泌が女性では周期的で男性では非周期的である.これは脳が性分化し,機能に雌雄差が生じた結果である.

性ホルモンは本能の一つである性的欲求を高め,ヒト以外の動物では,発情という状態を生じさせる.それは性ホルモンが脳に作用して引き起こすことである.雌であれば雄を受け入れ交尾行動をするようになる.雄は発情している雌がいれば性行動をしようとする.それは,雌では卵巣から出るエストロゲンが脳の性行動を制御する神経回路に働いて,発情状態をつくり,雄では精巣から出るアンドロゲンが脳と脊髄の性行動や勃起を制御する神経回路に働いて発情状態を生じさせる.

雌ラットの発情をうながす脳のしくみには促進をする神経系と抑制をする神経系があり,4日に1度排卵をする前日に卵巣から分泌される多量のエストロゲンが,脳の抑制力を解除し,促進機構を働かせることで雄を受け入れる状態にする.それと同時にエストロゲンは4日に1度生じる排卵をつかさどる脳のメカニズムを働かせる.雄では絶えずアンドロゲンが精巣に働いて精子がいつもつくられ蓄えられている状態で,さらにアンドロゲンは脳に作用し発情した雌ラットがいればすぐに交尾行動ができる状態にさせている.女性は30日に1度排卵するが,排卵と性欲との関係は動物のように明確ではない.オルガズムという性的報奨機構が脳に発達しているヒトの場合には,性行為と子どもをつくる行動は必ずしも密

につながっているわけではない．

　このように性ホルモンは雌雄とも生殖腺の働きをうながし，配偶子を成熟させ，それとタイミングを合わせて発情状態を作り出す役割をもっている．先にも述べたが，脳は脳の底についている下垂体（内分泌腺）の働きを視床下部ホルモンを分泌することで調節し，下垂体の生殖腺刺激ホルモンは生殖腺の機能を制御している．生殖腺から出る性ホルモンは脳に作用しそれらの機能を調節する．生殖機能はこのような脳-下垂体-生殖腺の調節機構においてホルモンと神経，すなわち神経内分泌系を介して調節されている．からだの内外環境からくる情報は神経系と内分泌系により脳-下垂体-生殖腺の働きを微調整し，子どもをつくる機能をもっともよい状態に保つようにしているわけである．時に，大きな環境の変化はストレスとして神経内分泌系を乱し，生殖機能を阻害してしまうこととなる．

f. 胎内環境と性の決定—性ホルモンの役割—

　妊娠すると，腹部は大きく膨らみ，からだの具合はいつもとは違ったものになってくる．羊水に入った子どもを抱えて歩くことになる．子宮の中に新たな個体が育つわけであり，子どもに胎盤を通して栄養を与え，子どものいらないものを受け取り処理する母親のからだは寛容にできている．それでも妊娠するとからだが変調をきたすのは当たり前である．体内環境の大きな変化にも耐えうるからだをもつのが女性である．それは外部環境に対しての強さをもつことを示すものであり，宇宙へとつながりやすいのは女性と言えるのではないだろうか．

　妊娠の維持は卵巣の黄体からでるプロゲステロン（黄体ホルモン）によるもので，妊娠4ヶ月をすぎると，プロゲステロンは胎盤の絨毛から分泌される．妊娠3ヶ月までのプロゲステロン分泌は胎盤絨毛から出る絨毛性生殖腺刺激ホルモンによって黄体が刺激されることで生じる．胎盤絨毛はプロゲステロンばかりではなく，エストロゲンや乳汁分泌ホルモンに類する胎盤ホルモンと総称されるホルモン類を分泌し，胎盤そのものや母親の乳腺の発達をうながしている．胎盤は母親の子宮の組織と胎児の組織からなるが，胎盤絨毛は子どもの組織であり，子どもからホルモンが分泌され母親の妊娠維持機構を働かせるという異なった個体にまたがったホルモン調節がおこなわれていることになる．母親は胎児という異なった生物体と共生する能力をもっていることになる．

　そのような胎内の環境に守られ，胎児は成長していくことになる．一つの受精卵が細胞分裂を繰り返し，細胞は役割が付加され増えていく．手足ができ，脳がつくられ，心臓ができていく．これらの細胞はもとに戻ることはなく，これが分化という現象である．細胞における遺伝子の発現が限定されていくことになる．

母親のお腹の中にいるときに，男と女の機能がいろいろなレベルで決定されていく．その分化が性分化である．性分化が完了した成人は異性になることはできない．

　3～4週齢の胎児のからだの中で将来生殖細胞になる始原生殖細胞が生じる．4週齢のころ異なった部位で生殖腺になる構造（生殖隆起）が生じる．始原生殖細胞は5～6週目に分裂を繰り返し増殖しながらからだの中を移動をして生殖隆起にたどりつく．そこまでは遺伝子の発現に沿っておこなわれていく出来事である．始原生殖細胞の性染色体の構成がXXであれば，生殖隆起は卵巣になりその中の始原生殖細胞は卵細胞を作り出す細胞となる．一方，始原生殖細胞にY染色体があると，Y染色体の短腕の先端近くにある遺伝子であるSRY(sex determining region of Y gene)の働きにより生殖隆起は精巣となり中の始原生殖細胞は精子形成細胞となる．精巣は6～7週で完成する．このようにして，性染色体遺伝子のもとに生殖腺に性差が生じることになる．

　その先はからだの中の生殖にかかわる部分の性分化であり性ホルモンがかかわっていくことになる．8週の男子胎児の精巣はもうアンドロゲンを分泌しはじめ，12～20週にかけて大量のアンドロゲンが分泌される．妊娠3～5ヶ月の胎児のからだの中で生じる性分化のはじまりはこのアンドロゲンによって生じるものであるとネズミやサルの実験結果から推測されている．男性の生殖輸管原器であるウォルフ管はアンドロゲンによって精巣上体，精管，射精管などに分化する．一方，女性の生殖輸管になるミュラー管は精巣から分泌される抗ミュラー管物質によって退化していく．精巣がない女児の胎児のミュラー管は卵管，子宮，膣の上部に分化し，ウォルフ管は消失していく．外性器の原器の一部はアンドロゲンで亀頭と陰茎になり，ホルモンがないと陰核になる．また，大陰唇になる部分はアンドロゲンの作用で左右が合わさり陰嚢になるなど，アンドロゲンによる外陰部の男性化が生じる．

　さらに，アンドロゲンは脳にいくと，視床下部ホルモンである生殖腺刺激ホルモンの周期的な分泌，言い換えると排卵周期を形成するメカニズムの発達を抑え，非周期的な分泌形態にしてしまう．また，動物では性行動の制御神経回路になる部分に作用し，雌の性行動を抑えて雄の性行動を強める．このように脳の働きにもアンドロゲンは作用し，男性化を生じさせる．アンドロゲンによる胎児の脳への影響がどこまで及ぶのかほとんど未解決であるが，性同一性障害などの精神的なものへの影響も考える必要があるかもしれない．

　このようにして，胎児の体内の物質によって性機能の性差が生じることになる．

それは母親から胎盤を通して入る物質によっても影響を受けることを意味する．性分化ばかりではなく，成長，すなわち体細胞の分化に母親が環境から摂取した物質が影響を与えることはサリドマイド事件，カネミ油症事件が証明している．

性ホルモンが脳の性分化をどのように引き起こすのかが，筆者らの研究の大きなテーマである．生まれたての雌ネズミにアンドロゲンを投与すると，性周期が消失し，雌型性行動も低下する．母ネズミにアンドロゲンを投与し，生まれてきた雌ネズミにさらにアンドロゲンを投与すると，生殖機能が雄型になるだけではなく，ペニスが発達する．脳とからだと神経内分泌機能の性差はこのように性ホルモンによって形成されることになる．

g. おわりに─宇宙との融合─

われわれのからだは宇宙環境とつながって維持されている．単細胞から多細胞へそして人間への進化へ至るのには，動物はからだの働きの恒常性を保ったより複雑なしくみをからだの中に構築してきた．また，新たな個体を生み出すしくみもそれに劣らず複雑化してきた．それはいままで述べてきた神経とホルモンによる微細な調節機構である敏感なしくみの神経内分泌現象の複雑化でもある．環境の変化から受け取る物理的な刺激情報がからだに入ると，神経内分泌機構が働き，からだを宇宙の環境に合わせていく．このしくみは人間がさらに違った種へ変化するときにより複雑になり，新たな脳の機能と液性情報のしくみを獲得し，宇宙とからだを融合させていくことになるのであろう． 〔山内兄人〕

<文　献>

Yamanouchi, K. (1997)：Brain mechanisms inhibiting the expression of heterotypical sexual behavior in rats. In *Neural Control of Reproduction-Physiology and Behavior* (K. Maeda, H. Tsukamura and A. Yokoyama Eds.), Karger Japan Sci. Soci. Press, Tokyo, pp. 219-235.

山内兄人（1999）：脳が子どもを産む，平凡社，東京．
山内兄人・新井康允編著（2001）：性を司る脳とホルモン，コロナ社，東京．
山内兄人（2003）：脳の人間科学，コロナ社，東京．
山内兄人編著（2004）：女と男の人間科学，コロナ社，東京．
山内兄人（2006）：ホルモンの人間科学，コロナ社，東京．
山内兄人・新井康允編著（2006）：脳の性分化，裳華房，東京．
山内兄人（2008）：性差の人間科学，コロナ社，東京．

4 環境と行動

4.1 環境とヒトの行動

　21世紀の人類が抱える深刻な問題として，人口爆発と食糧問題，環境汚染，貧困，戦争，過密や脱身体化，疎外によるストレスなどがあげられる．これらは個々バラバラに存在するのでなく相互に関連し合っており，ヒトと環境のかかわりのバランスが崩れることと多分に相関している．

　環境とヒトの行動というのはとてつもなく壮大なテーマであるが，ここでは生きるということに直結するような両者の関連性の原点とも言うべき問題を，いま述べたような人類における危機との関連を意識しながらいくつかの切り口から考えてみたい．

　行動と環境ということを議論するにあたって，私たちが現に身を置いているリアルな空間での生活に注目してみよう．ヒトの生活を行動学的に資源との関連で考える場合，環境には巨視的レベルから微視的レベルまで，少なくとも三つの層があるように思われる．どんな空間条件に適応して生存するか（生息圏），どんな場所で日常活動するか（生活圏），どんなモノと接するか（身辺環境）である．以下，それぞれについて見ていこう．

a. 生息圏と人口・環境問題

　環境問題の背景には，人口の爆発的増加と，それにともなう環境汚染，食糧難，過密などがある．その問題は，ヒトがどういう場所にどう住み，何を食べるかなどと直結している．

　すべての生命体は地球の歴史の中で生まれ，変化し，そしてあるものは滅んでいった．その舞台が環境であり，そこは正負の資源が不均質に偏在する場である．ひとくちに環境と言っても，地上や水中，空中，地中など，そこにはさまざまな多様性があって，当然ながら何が正負の資源であるかもまたさまざまである．そのように異なる環境で異なる資源を利用したり回避したりするのであるから，生物の形態と行動もまた千差万別ということになる．その一方で，同じ地球に住む生物として，同じ行動原理に支配されているという側面ももっている．

　(1) 霊長類の生息圏　　ヒトの行動と環境との関連を考える上で，近縁の仲

間である霊長類が地球上にどのように生息しているかを概観することには,具体的な意味があろう.霊長類は現在世界に約200種ほど生息していると言われるが,ヒトを除く霊長類は,熱帯から温帯までの地球上の限られた場所にしか住んでいない(図4.1).その中でニホンザルは,世界最北に住むサルとして知られている.

また霊長類は元来,哺乳類の中では樹上生活に適応したものたちである.樹上は,強い日差しや風雨が直接届きにくい,捕食者から守られている,食べ物が手近に豊富にあるなど,いくつもの利点をもつ場所である.一方で,落下の危険性があり,行動の自由が制約されるという不利もある.樹上性は両眼視という視覚の特徴とも関連しており,昼行性ともつながっている.

(2) ヒトと生息圏 これらのことは,環境と私たちの行動の関係を考える上でも重要な基盤を構成している.私たちヒトも主に視覚に依存して生活しているし,緑陰や眺望のよさを求めるというように,私たちにとって快適な環境の原点がそこにあるだろう.

霊長類の各種はそれぞれ限定的な地域に住んでいるのに対し,ヒトは圧倒的に広範な地域を占めている.これはヒトのきわだった特徴である.単に身体的適応能力の高さがそれを可能にしているのではない.ヒトはその本来の生態学的環境に縛られるのではなく,快適な環境条件を自らの手で人工的に作り出すことで,生息圏の生態学的拘束から自由になった.それを可能にしたのが衣服であり,家であり,冷暖房であり,運輸通信手段である.他の生物であれば進化によって身体の形態や習性が変わったりすることでゆっくりと適応するところを,ヒトはその知恵でそれを急速に成し遂げた.それは直立二足歩行と,それにともなう手の開放と新脳化という特徴によってもたらされたものである.

このヒトの特性こそが,地球規模の人口爆発とそれにまつわる環境問題に関係しているのである.逆に言えば,ヒトの環境問題を考える場合,ヒト本来の生息環境の生態学的条件という側面と,身体的制約を超えた人為的な環境改変能力という側面の両方をふまえつつ,それがもたらす調和と不調和を論じなければならない.

環境汚染の原因は,そういうヒトの出すごみや廃棄物である.環境保全という社会的大義のためにどれほど自制的な生活ができるかは,相互の信頼と不信の構造の問題としてこれからの社会心理学の重要なテーマである(山岸,1990).最近は「バイオスフェア2」と言って,巨大な閉鎖空間にさまざまな生物を封じ込めて人工的な生態系をつくり,そこでヒトに長期間自給自足の生活をさせる試み

4.1 環境とヒトの行動　77

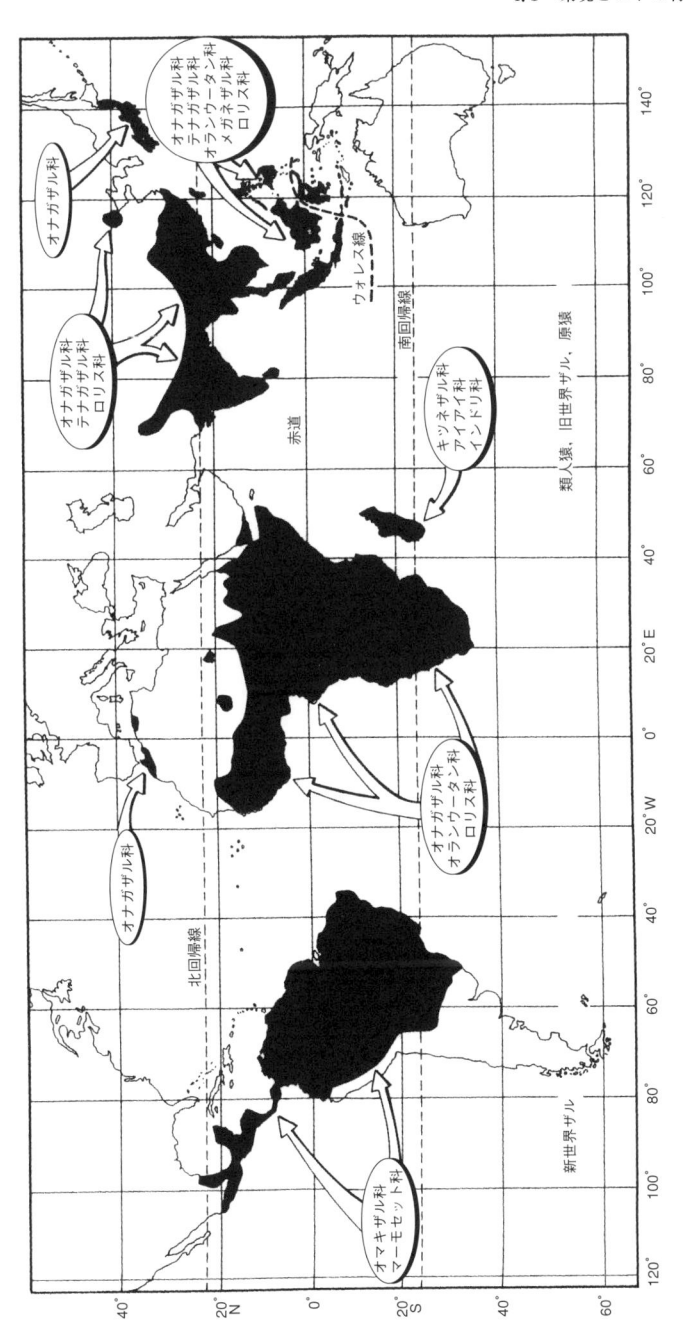

図 4.1　地球上に生息するヒト以外の霊長類（Napier and Napier, 1985）

がはじまっている（新田，1996）．これは，自らの環境改変の結果，これほどまでに周囲との不協和を生み出したヒトの,英知と存亡をかけた反省的模索である．

b. 生活圏と対人距離・ストレス

ここで，環境のもつリアルな意味を生活との関係で考えるもう一つの切り口として，実際に個々のヒトが生活する上での通常の行動範囲にあたる「生活圏」に注目しよう．これは地域や近隣と類似したことばであって，そこには複数の家や生活の物資を調達する店舗もあれば，学校や病院などもあるし，それをつなぐ道路も交通機関もある．そして何よりも，そこには隣人や友人，職場の同僚などを含むさまざまな「人」が存在する．

生活圏の中で人が複数存在するとき，個体と個体のあいだの隔たりが必ず成立する．その隔たりは偶然の産物ではなく，親疎や役割などに応じた相互的な距離調節の結果として成立しているのである．

対人的状況において成立する空間は，また私たちの対人行動のあり方を規定する重要な要素でもある．私たちは見方によっては，空間に社会的資源としての意味を与え，個体関係の調整のために，それを相手に与えたり相手から奪ったりしているとも言える．私たちの生活にとって，人と人との隔たりの程度が，その人たちの人間関係，ひいては社会的交渉の質を大きく規定しているということを明らかにしたのは，米国の文化人類学者ホール（Hall, 1966）であった．彼はその隔たりを，大きく密接距離，個体距離，社会・用談距離，公衆距離の4種類に分類し，とくに密接距離と個体距離という隔たり内に人を入れる場合は，親しさにせよ憎しみにせよ，特別な私的関係にあることを指摘した．この空間は，手を伸ばせば相手に届き得るという意味で，身体性に強く規定された空間と言える．

その逆に，他者とあまりにも隔たりすぎると相手から届く社会的刺激が減退し，そのため「孤立」を感じてしまう場合もある．それを避けるために人は，さまざまな社会的刺激を求めて集まる．距離が増えると孤独と自由が，反対に距離が縮まるとふれあいと拘束が，それぞれ増す．それは「ヤマアラシのジレンマ」として，どちらの極に振れてもストレスがかかることとなる．人口が増えたり住宅事情が劣悪化して都市が過密になったり，逆に地方が過疎化したりというより大きな変動の影響を受け，このような対人関係をめぐる状況も変動する．近隣の対人関係は，家族関係とともにこのジレンマの起こりがちな場であって，騒音やごみ処理などをめぐる隣近所のもめごとは日常茶飯事である．近隣者が平和共存的に住み分けるための環境研究が求められる．

（1）生活圏の焦点としての家　　生活圏の中核には，家がある．これは動物

のテリトリーや巣とも関係する重要な場である．2004年10月に新潟県中越地方を襲った地震は，当時10万を超える人々から住宅を奪い，避難所生活を強いた．テントで生活する人，自家用車内で寝泊まりする人，体育館で生活する人，とさまざまな「すまい」が出現した．そしてその後仮設住宅へと居を移したり，自宅に戻ったり，親類のもとに身を寄せたりした．この様子は，人がどのように住み，その場所を誰と共有し，また他者とどう隔たろうとするのかなど，人が生活する基盤としての土地や家といったものの重要性を改めて教えてくれることとなった．

多くの霊長類は安定的な巣をもたないが，ヒトは家という構築物を建てて住むという，霊長類としてはかなり特異な性質をもつ．チンパンジーやゴリラなどの大型類人猿は，恒常的な住まいのための巣はつくらないが，毎日寝るために樹上に「ベッド」づくりをする習性がある（図4.2）．そのような習性は主に座ったまま眠るニホンザル（図4.3）などにはなく，類人猿は「ふかふかした」場所に「横になって」寝るのである．このような安定した睡眠への類人猿のこだわりは，ヒトの居住とその根底でつながるものであろう．

直立二足歩行が進化した結果として，赤ん坊の行動的未熟化とそれにともなう親の養育行動の長期化がヒトの大きな特徴であるとされる．家という空間が安全な場所の確保とつながっているとすれば，子どもを安心して養育するための空間を確保することが家づくりの原動力の一つであったという可能性も否定できない．

図 4.2 「巣」に横たわるチンパンジー（Goodall, 1986）

図 4.3 8月，寝場所で夜眠りにつこうとするニホンザルの母子

　私たちが家に対して求めるものは，決して雨露をしのぐ機能のみではなく，テリトリーとして一定の空間を占有し，他人の侵入を排除することも家の重要な機能である．それは他人を物理的に侵入させないという以外にも，他人から見たり聞いたりされないということを含む．ひとことで言えばプライバシーの確保である．

　都会で生活するホームレスの人たちも，何らかの構築物をつくってその中に身を置く．その構築物によって，自分の身をカバーするスペースを確保している（Santos, 2000）．立ったり動き回ったりすることができるというスペースの広さは，その必要条件ではない．家の機能の原点とは活動よりも休息にあるのである．それも人ひとり分のシェルターであって，共同生活は二の次とされる．これは，ホロウィッツらの言う身体緩衝帯（Horowitz et al., 1964）の確保と言えよう．

　しかし，それは個人が身を横たえるためだけの空間かと言うとそうではなく，中や周辺にはしばしば人形や花が置かれていたりする．何らかの安らぎや潤いの対象，愛着物を配して「自分の居場所」にすることもまたとても重要なことなのだろう．このことは長期入院患者や老人ホームの居住者などが，ベッドのまわりに自分の関係のものを置きたがるのと同根の行動である．

　石毛（1971）は，アフリカやオセアニアのさまざまな部族の家を現地調査し，その内部構造を比較した．そして，家には共通してある機能が指摘できるという

ことを明らかにした．彼によればそれは，睡眠休息，炊事食事，家財管理，育児教育，接客，家族成員の隔離などだという．

家の構造には地域差，文化差がある．それは和辻（1963）の言うような風土との関係もあろうし，生業や食形態との関係もあろう．狩猟採集型か農耕牧畜型かの別が家の構造と大いに関係することは，疑う余地がない．

吉田兼好は『徒然草』の中で「家のつくりやうは夏をむねとすべし．冬はいかなる所にも住まる．暑き頃わろき住居（すまひ）は堪へがたきことなり」（第五十五段）と述べている．夏の高温多湿に対する備えを最優先させるべきことを主張したものであって，日本人の多くには共感できるが，この主張は極寒の地では通用しない．このような風土的拘束要因を背景に家の構造が定まり，そこに家族が生活するのである．この家族の共有スペースという点が，人の家のもつもう一つの大きな特徴である．

(2) 家と家族 家は「ウチ」として家族（「家」の「族」）が住まう場である．家族は本来繁殖集団としての意味があり，遺伝子を共有する「身内」であると同時に，財産を共有し継承する共同体でもある．

ヒトの行動環境としての家は，他の動物の巣と比べて，同居メンバーの隔離と部外者の招来，接待という二つの機能において著しく異なっている．それは家を空間的に分節化させ，その小分けされた空間に異なる機能を付与することによって可能になっている．それはひとことで言い換えると，家を個体間の距離調節の道具として重層的に利用しているということである．

ヒトの霊長類としての特徴の一つは，拡大化した個の自由度だろう．そのような特徴は，すでに類人猿の中に指摘できる（伊谷，1987）．集団に対する個の自律性を求めれば，個体は個化する．そのことは家族といえども例外でない．しかし家族は，個化しつつも接触を求め合うアンビバレントな関係にあり，家はプライバシーと交流を実現する舞台となる．

家は「空間化された家族規範」であるというとらえ方がある．もともとは建築家の山本理顕の提唱する考え方とされる（上野，2002）．それは単に人の静的な布置というにとどまらず，子どもの発達を含む家族の時間的変容にともなうダイナミックな離合集散をも包含するものである．この典型的な例をあげれば，どこで誰が誰と同室で寝，食事をし，入浴し，排泄するか，あるいはいつからそれらをほかの家族としなくなるか，子ども部屋はいつからどのように与えるか（小川，1991），といったことである．あるいはまた，日常的にどんな活動は同じ空間でおこない，どんな活動は場所を異にするか，その流儀に大人と子どもで違いがあ

るか否か,といったことも関係する(根ヶ山,1997).

　また部外者との関係で言えば,外から家に入るときの履き物の扱い,縁側,土間や玄関といった内と外のいずれともつかない「緩衝空間」の存在(多田,1988)などの側面に,家族・親族間,ひいては近隣や知己をも含み込んだ人間関係の空間的反映が見られる.つまり,家の構造がそういった対人的な相互作用の舞台として,心理・社会学的にもきわめて重要かつ有効な場面となる.それはすぐれて文化的な問題である.そして赤ん坊がそこに生まれ,家庭での子育てを通じてそういう対人関係の枠組が親から子へと世代間を転写されていく.

　家族はもともとウチの仲間であるが,距離が近いだけに時として煩わしい関係にもなりかねない.一昔前ならば,冷暖房や調理機器をはじめとする道具立てが貧弱なために,たとえ煩わしくとも家族として求心的に共同生活の歩調を合わせなくてはならなかった.そのつきあいの中で対人関係の調整能力が否応なく鍛えられていったのであるが,今日はテレビ,ラジオ,電話,冷蔵庫,電子レンジなどのさまざまな文明の利器が普及したおかげで,個人が家族や近隣とのつきあいの煩わしさを回避しつつ生活することがはるかに容易になった.

　「引きこもり」は,そのような時代背景のなかで起こりやすくなっている現象であろう.それは家,部屋の隔たり機能を利用して他者との対人的な接触を避ける行為であるが,逆説的には,そのようにしながらもテレビや電話などの手段で,バーチャルで一方通行的ではあるが,人とのつながりをもち続けることができている.そのために,かえってその状態から脱却しにくくなっているという側面がある.

c. 身辺環境と事故

　環境には,接近の対象になるような正資源とともに,逃走,拒否,対抗といった行動の対象となる負の資源が存在している.身辺を取り巻く個々のモノやヒトは,そのような正負の資源として私たちに働きかける.これをレヴィンは場における「誘発性」と呼んだ(レヴィン,1957).これは,フィールドにおいてヒトとモノの関係を理解する重要な枠組みである.ここではそれがもたらす問題を,モノとの接触に起因して身体に生ずる危害と,その回避の不全としての「事故」の問題として考えてみたい.それは環境とヒトの行動をめぐる,生に直結したもう一つの切実な話題である.

　ヒトはさまざまなモノと不整合を起こし,ケガをしたりやけどをしたり溺れたりして,最悪の場合には命を落としすらしている.子どもがその犠牲になることが多いが,高齢者を含めあらゆる年齢のヒトが事故の脅威にさらされている.年

4.1 環境とヒトの行動

表 4.1 危害をうむモノ・コト・場所

	0~2歳	3~5歳	6~9歳	10歳代	20歳代	30歳代	40歳代	50歳代	60歳代	70歳代	80歳代
階段	●	●							●	●	●
風呂場		●							●	●	●
ドア		●	●								
茶碗	●										
タバコ	●										
遊具			●								
包丁					●	●	●	●	●		
コップ					●	●					
いす	●	●									
脚立									●	●	
床または玄関										●	●
道路							●	●	●	●	●
自転車または自動車		●	●	●	●	●	●			●	●
スポーツ (スキー, 野球など)			●	●							

「消費生活年報」(国民生活センター) 1994~2001 年版のすべてにおいて, 危害原因の上位 10 位以内に登場した項目を年代別に表示.

齢ごとの事故内容の統計を見ると, それはさながら行動の生涯発達の写し絵のようである (表 4.1). これは「消費生活年報」(国民生活センター) 1994~2001 年版の 8 年間の情報をもとに, そのすべての年度において年代別の危害原因の上位 10 位以内に登場した項目をリストアップしたものである.

この統計は, 交通事故などの危険性がある屋外とともに, 安全を提供するはずの家が意外にも相当危ない場所であることを教えてくれる. その意味では, 身辺環境内で個々の事物と身体の不適切な接触としての事故は, 生活圏の中で入れ子的に発生している.

幼い段階の子どもは大人が見守り, また積極的に特定のモノを与えたり隠したりしながら, 発達をうながしたり, 危害を未然に防いでやったりしている (川野・根ヶ山, 2001). 発達とともにその防衛が薄れ, それにしたがって子どもが家の内外で事故や迷子に遭遇する危険性が高まる. それは子どもの自立をおびやかすものであるが, 同時に自立の過渡的段階でもあると言える. 客観的に見れば子どもにとって危険な負資源が, 子どもからは好奇心の対象としての正資源である, などということがしばしば起こり, それが思わぬ事故につながったりする. しかしそういう子どもの環境に対する楽天性, 積極性が彼らの自立発達の大きな推力となっていることは疑いなく, 一概に安全のみを志向すればよいと言い切れないところにこの問題の難しさがある. 周囲の困難に果敢に立ち向かっていく楽観性

は，子どもがおそらく生得的に備えている身辺環境下の行動能力なのである（Plumert, 1995）．

　身辺環境の問題を考えるとき，子どもに限らず，高齢者を含めいかなる年齢の人であっても，そういった「安全性」「快適性」「チャレンジ」「生活の張り」といった諸側面のバランスへの配慮は欠くことができない．まぎれもなく，工学と心理学が関係するヒト-モノ関係の問題である．

d．おわりに

　このように「環境とヒトの行動」とひとくちに言っても，それを人の生活と結びつけてとらえてみれば，多様で重層的な問題であることがわかる．動物学，生態学，人類学，心理学，社会学，医学，保育学，工学などを巻き込んだ，まさに学際性を目指す人間科学の課題であると言えよう．

　環境は私たちの容れ物でありながら，同時に私たちをつくり，私たちの存在や行動を成立させる基盤であり，自己認識の準拠枠でもある．またこれまでの議論で明らかなように，ヒトには積極的に環境に働きかけてそれを改変するという側面が強くある．そしてヒトは，その自ら作り出した人為的環境によって自身が大きく規定され影響を受けるという因果の円環の中にいるのであり，環境と私たちとはこのように相互規定的なものである．またここで主として取り上げてきたモノ環境のみならず，ヒトそのもの，あるいはそれが作り出したメディアなども重要な環境としてヒトの行動を規定している．これからこういった問題が，人間科学的見地から領域横断的に議論されることを期待したい．　　　〔根ヶ山光一〕

＜文　献＞

グドール，J.；杉山幸丸・松沢哲郎訳（1990）：野生チンパンジーの世界，ミネルヴァ書房，京都．［Goodall, J.(1986)：*The Chimpanzees of Gombe*：*Patterns of Behavior,* Harvard Univ. Press, Cambridge.］

ホール，E. T.；日高敏隆・佐藤信行訳（1970）：かくれた次元，みすず書房，東京．［Hall, E. T.(1966)：*The Hidden Dimension,* Doubleday, NY.］

Horowitz, M. J., Duff, D. F. and Stratton, L. O.(1964)：Body-buffer zone：Exploration of personal space. *Archives of General Psychiatry*, **11**, 651-656.

石毛直道（1971）：住居空間の人類学，鹿島出版会，東京．

伊谷純一郎（1987）：霊長類社会の進化，平凡社，東京．

川野健治・根ヶ山光一（2001）：子どもがモノに接触する際の母親による調整．ヒューマンサイエンス，**13**, 23-36.

国民生活センター編（1994-2001）：消費生活年報，国民生活センター，東京．

レヴィン，K.；相良守次・小川　隆訳(1957)：パーソナリティの力学説，岩波書店，東京．［Levin, K.(1935)：*A Dynamic Theory of Personality*：*Selected Papers,* McGraw-Hill, NY.］

ネイピア，J. R.・ネイピア，P. H.；伊沢紘生訳（1987）：世界の霊長類，どうぶつ社，東京．

[Napier, J. R. and Napier, P. H.(1985): *The Natural History of the Primates,* MIT Press, Cambridge.]

根ヶ山光一（1997）：親子関係と自立―日英比較を中心に―．文化心理学―理論と実証―（柏木惠子・北山　忍・東　洋編），東京大学出版会，東京，pp.160-179.

新田慶治（1996）：生活空間の自然/人工，岩波書店，東京.

小川信子編（1991）：子どもと住まい―生活文化としての都市環境―，勁草書房，東京.

Plumert, J. M.(1995): Relations between children's overestimation of their physical abilities and accident proneness. *Developmental Psychology,* **31**, 866-876.

dos Santos, M. C. L.(2000): Spontaneous design, informal recycling and everyday life in postindustrial metropolis. In *Design Plus Research* (S. Pizzocara, A. Arruda, and D. de Moraes Eds.), Proceedings of the politecnico di Milano conference, pp.459-466.

多田道太郎（1988）：身辺の日本文化，講談社，東京.

上野千鶴子（2002）：家族を容れるハコ 家族を超えるハコ，平凡社，東京.

和辻哲郎（1963）：風土―人間学的考察―，岩波書店，東京.

山岸俊男（1990）：社会的ジレンマのしくみ―「自分1人ぐらいの心理」の招くもの―，サイエンス社，東京.

4.2 空間環境の心理学

a. 空間の経験

人は自分の周囲の対象や他者や事象を直接に経験（知覚，認知）し，理解できる．人は知覚し行動する．また，定位し移動する．「ヒューマンスケール」の空間であるこの「物理的空間」は，粒子や天体が運動する「物理学的空間」ではない．また，人の空間利用は，他者によって抑制，促進，あるいは社会的に制御される．したがって，この空間は「社会的空間」でもある．人はまた，空間に「好み（プレファランス）」を感じる．人は好ましい環境を求める．ある意味で，進んで一体となるのである．テレビや新聞などのメディアは，人の空間を拡大した．メディアは現実と人の中間にあるが，いま，現実ではない空間をヴァーチャルリアリティ（VR：virtual reality）として提示する技術が出現した．インターネットは，人の知覚器官と運動器官をマシンやシステムによって補完し新たな世界をもたらした．以下，これらの空間環境の諸側面を議論する．

b. 物理的空間

（1）空間知覚　　空間知覚は，従来「カメラ・オブスキュラ（原理的ピンホールカメラ）」と「遠近法」で説明されてきた．しかし，人は網膜の中心窩という非常に狭い領域からの情報獲得と，絶え間ない眼球・頭部・身体運動の補正から，安定した知覚世界を構成する．すなわち，カメラのような眼と遠近法の手がかりだけで知覚が成立するのではない．

ギブソンの「生態学的光学」(ギブソン, 1985) の重要性は, 光が対象から反射して眼に至る幾何学と, その普遍性 (誰もが同一の光の構造に遭遇すること) を理論化したことにある. 人は個別に異なる空間を知覚し, 相互に理解できない知覚をもつのではなく, 一定の視点をとると誰もが同じ空間構造を知覚することを証明したのである.

(2) 認知地図　人は空間の中を移動する. 移動には現在地と目的地の関係の知識が必要である. すなわち, 空間定位を必要とする.

トールマンは「ネズミの迷路学習」の実験から認知とともに, 環境の重要性も指摘した (Tolman, 1949). ネズミの行動原理をヒトに一般化することは非合理だろうか. しかし, ネズミには算数の文章題より, 環境探索行動こそふさわしい. トールマンは, 目標に至る通路上に, 手段・目的関係の認知が統合的に形成され, それが「交通管制室」のように機能してネズミを移動させると考えた. これが「認知地図」である. 行動は刺激の知覚からはじまるが, 行動はそれを支持する環境的実在 (例えば, 走行のための通路) を必要とする. これらを「行動サポート」という. サポートには感覚的と運動的があり, 前者をディスクリミナンダ, 後者をマニピュランダと呼んで, 明確に環境のものだと述べた.

リンチは人が都市の中を移動する方法を調査して, イメージの重要性を指摘した (Lynch, 1960). 彼は, 言語報告とスケッチ・マップのデータからイメージ要素を抽出した. パス (経路:ルート, 道路など), エッジ (縁:塀やフリーウェイ, 乗り越えられないもの), ディストリクト(区画:公園や商業地域など), ノード (結節点:交差点やロータリなど, パスの集合点), そしてランドマーク (陸標:外部から見える目立つもの) である. 要素を組織化するのが「関係枠」である. 都市においては, 主要なルートやランドマークがその役割を担うが, 彼は多様な文化的実例を取り上げ, 人々が移動のために工夫した洗練された関係枠を多数紹介している. 現代の空間環境研究の出発点である.

ナイサーは, 認知地図の理論を発展させた (Neisser, 1976). 彼は環境知覚と行動をリンクする「図式」の概念を用いた. それは「人を活発にさせている神経系の活動」で, 多様な活動に対応して多くの図式がある. 空間移動を可能にするのが認知地図という図式である. 環境世界から現在環境を切り取り, 受容した情報にしたがって現在環境の図式を修正し, 行動を方向づける. 移動は新たな現在環境を出現させ, 探索による情報抽出がなされるという循環システムを提案した. 彼はリンチを引用したが, 受容される環境情報はリンチのイメージ要素の形式をとると考えたのである.

ギブソンは，環境の直接知覚論を展開して「認知論」に反対した（ギブソン，1985）．見られた環境をヴィスタと言う．移動とともにヴィスタは変わる．空間知覚は表面の重なりの知覚なので，面は何かを現し何かを隠す．面の縁はしたがって遮蔽縁である．それは移動とともにヴィスタを開閉する．ヴィスタを連結するものをトランジションと言って，ヴィスタが大きく変化する場所である．したがって，ヴィスタとトランジションの系列がパースペクティブの構造をもたらす．すなわち定位が成立する．環境の散乱の中を移動してルートを学習すると，散乱の下の面が見える．環境に潜在する「不変の構造」が「直接知覚」できる．この発見学習は「アフォーダンス（環境が許容する行動の可能性）」の学習でもある．ギブソンの立場では認知地図は不要である．なぜなら，環境から構造を抽出する知覚過程は常に機能しているからである．

(3) 空間能力　人の移動には個人差がある．構成失行症（constructional apraxia）と呼ばれる脳機能の障害は「行為の企図の空間的障害」で，「定位の障害も含む」と言われる（Byrne, 1982）．認知技能が正常でも，ナビゲーション技能が機能しないのである．「道に迷った」状態が継続しているのである．その原因は，空間記憶の欠損か，刺激（空間情報）を一貫した関係枠に統合する能力の障害と推測される．

定位は既知の事物や事象に対するものだが，自らの身体方向が，既知の対象との定位と「非整列（ミスアラインメント）」となることがある．「地図読み」もそうだが，これが定位を混乱させる（Levine et al., 1982）．空間能力のほかの側面である．

(4) 空間知識　人は空間をことばで記述できる．上下，前後，左右は，人体の非対称性に起源をもつ．左右は見かけは対称であるが，利き手や利き目があり，機能的には非対称である．空間的指示伝達にとって，空間命題は必須である．「AはBの右にある」のような表現は一般的に，「述語（指示項，関係項）」と記述できる（Bialystok and Olson, 1987）．しかし，空間命題は対象の空間関係を一義的に定義しない．人や人工物（例えば自動車）には左右があるが，樹木や山川にはない．河川管理のための「右岸，左岸」は下流に向かって定義されている．左右の識別の困難は，移動による対象の相対的位置の変化によるが，移動による左右の変化は一時的で，人は常に前進することも原因であろう．空間の方向は，環境の事物や事象にもとづいて客観的に決定される．「方位」がそうである．

「距離」は，人間尺度から客観尺度へ展開された（戸沼，1978）．「尺貫法」や「ヤード・ポンド法」から「メートル法」へと変化した．前者は人体各部のサイズ（尺

やフット）や歩行機能（里やマイル）に起源がある．後者のメートルは地球の赤道から北極までの大円距離の 1000 万分の 1 と決められた．製品を規格化し，大量に供給するには尺度の共有化，客観化が不可欠だったのである．

移動には方位と距離だけではなく，時間の測定も必要である．速度や加速度は単位時間の変化量だからである．航海術の発達は，地図や測定技術の進歩に支えられた（茂在, 1967）．航法支援施設は古代アレキサンドリアのファロス島の灯台から，人工衛星による GPS にまで発達したが，現在地の確認はあくまでも移動の主体による．自動車の運転者も港湾の水先案内人も，古代ギリシャのオデッセウスも，そうである．また，古代の迷宮や現代都市の迷路の中の人も，実験室の迷路を走行するネズミもどこか似ている．しかし，ヒトのナビゲーションの特徴は学習によるフレキシビリティにある（佐古, 1992）．

c. 社会的空間

(1) 施設のデザイン　ソマーは，精神病院，教室，酒場，学生寮などの施設を考察して，利用者の空間要求と，デザインの適合性について議論した（Sommer, 1969）．例えば，利用者間の社会的相互作用を抑制する「離社会的（ソシオ・フーガル）」デザインと，促進する「集社会的（ソシオ・ペタル）」デザインを対比した．家具の可動的デザインの可能性や，空間利用のための感受性訓練や知識を議論した．彼はハードとソフト，すなわち「デザイン」と「人の要求」の「相克」や，環境の文脈に対する「内閉的態度」に警告を発した．

(2) 空間行動　社会的空間はどこからはじまるか．人体は 3.5 km から，動作は 200 m，顔は 150 m，表情は 50 m になってから知覚されるという（高橋研究室, 1983）．遠くの人物は近づくか，離れるかで意味が異なる．いずれにしても，3.5 km は社会距離の切れ目である．しかし，日常の対人行動は，もっと近い距離でなされる．

人々のあいだの距離と，それに応じた相互作用はホールによってカテゴリー化された（Hall, 1966）．すなわち，①密接距離：近接相（身体の接触）と遠隔相（一方の片手の長さの中），②個体距離：近接相（相互に伸ばした手の接触）と遠隔相（相手を「手の長さ」に止める），③社会距離：近接相（明瞭な顔の知覚，ビジネスの距離）と遠隔相（全体の姿の知覚，社会的な会話の限界），④公衆距離：近接相（注意深い会話，フォーマルなスタイル）と遠隔相（重要人物を取り巻く距離）である．

距離は引用していないが，音声の伝達，感覚の作用，手の運動による支配の重視がわかる．彼は，対人距離と社会的相互作用の分析を「プロクセミクス」と呼

んだ．

　人は集合して生活しているので，距離だけではなく，パーソナルスペース，クラウディング，テリトリー，プライバシーが不可分に取り上げられる（例えば小林，1992）．

　パーソナルスペースは，他者の侵入を拒否する個人の周囲の空間である．「それ以上近寄らないで」という「停止距離」を測度とする．この対人距離は方向軸や文脈によって変化し，互いに視線を逸らし，（特別な場合を除いて）接触のないふりをする．

　クラウディングは密度の体験で，主として「不快な混雑」である．それは「過剰な感覚的負荷」や「対処の困難」などで説明されるが，他方で「楽しい混雑」もある．それは「刺激希求」のせいにされる．正でも負でも，密度は「感情の増幅装置」とみなされる．

　テリトリアリティの定義は，「空間の所有と防衛」である．占有には優先権がある．自室や自宅，仕事や学習の場，公共的な場所がある．権利の主張に程度の差があり，自分の場所を印づけ（マーク）して「個人化」を表現できるが，「私物化」は批判される．

　プライバシーは，一般に（法律的にも）「個人情報の保護，管理」とみなされるが，定着した概念とは言えない．環境心理学では「個人の社会的相互作用の制御」も含まれる．「交際の無理強い」すなわち「ストーキング」はプライバシーの侵害である．プライバシーのカテゴリーとして，孤独，親密，匿名，制限，隠とん，隔離などがあげられる．

(3) 生態学的心理学　カンザス大学の「ミッドウエスト心理学フィールドステーション」の研究にもとづいて，バーカー（Barker, 1968）は「生態学的心理学」を著した．子どもたちの行動観察記録を日常的な言葉で記述することによって，「行動の流れ」から，その分節化単位である「行動エピソード」が得られた．この匿名の町の子どもたちの膨大なエピソードの集積を分析した結果，「行動の原因は直接の周囲にはない」「行動は場所で分類できる」ことが明らかになった．場所は例えばドラッグストアのように，一定の連続する行動エピソードを統合する「力」をもつ．それは「環境の深部へ少しだけ後退したところ」に見出される環境単位である．彼は，これを「行動場面（セッティング）」と呼んだ．行動場面は，われわれのモル行動（日常的に意味のあるオーダーの行動）の環境として存在するので，行動場面の定義は行動エピソードの集積としての「優勢な行動パタン」に基盤を置く．場面に参入する個々人の行動は全体の行動パタンに埋め込

まれるので，そのパタンを支持する．

　生態学的心理学の応用は，バーカーとガンプの『大きな学校，小さな学校』(Barker and Gump, 1964) で示された「人員供給の理論」で有名である．また，その調査法の実際は，ウィッカー（Wicker, 1979）に詳しい．

　行動に影響を与える社会的環境はどこまで考慮されるべきか．ブロンフェンブレンナーは子どもの生態学的環境を議論した（Bronfenbrenner, 1979）．彼の「マイクロシステム」は家庭や学校の行動場面のように子どもが直接，社会的に相互作用する人々やもののシステムである．子どもが直接かかわる複数のマイクロシステムを含む「メゾシステム」とともに，子どもが直接かかわらないが，子どもに影響をもたらすマイクロシステム（例えば，親の職場）を含む「エクソシステム」が提案されている．最後に，ある文化に共通の制度やイデオロギーに関係する「マクロシステム」に言及して環境を拡張した．子どもに直接的というよりもむしろ間接的な影響を及ぼすシステム的因果の発見を課題としている．

d. 環境の好み

(1) 新実験美学　バーラインは「刺激源の興味深さ」と「探索動機」を関係づけた（Berlyne, 1974）．現在の刺激野の異質な要素が，現在と過去の刺激野を照合する探索を動機づける．神経系の活性化水準の上昇とともに「快」が増大するが，他方では「不快」が増大して，やがて不快が快を超えるという逆U字型の関数を提案した．快は情動なので「快情動」と呼ばれた．刺激野の照合変数は，複雑，不一致，曖昧，不確定，葛藤，驚愕，新奇などで，「適度」が快を，「過剰」が不快をもたらす．この理論は景観や空間の評価に応用された．

(2) 環境美学　カプランとカプラン（Kaplan and Kaplan, 1982）は「人は情報処理を好む（その状態は快適である）」を基本的仮定とした．彼らのプレファランス（選好）のモデルは，理解-関与，現在-将来を基軸とする．前者は環境の「意義」を，後者は「期待」を代表する．この2×2の行列要素には，景観の情報要素（あるいは変数）が配置されている．「一貫性」「複雑性」「明瞭性」「神秘性」である．彼らの変数は，バーラインと異なり，それらの情報要素を多く含む景観ほど好まれる．とくに重要なのは「将来」のモードで，「明瞭性」を補完するには「地図」が，また「神秘性（危険）」に対処するには「安全なデザイン」が必要である（佐古, 2004）．

e. VRとサイバースペース

(1) 環境シミュレーション　VRは「仮想現実」と訳される．「事実上の」(効果的には)という意味である．したがって，広義には，テレビのようなメディ

アも含まれる．一般的には，ウィルソン（Wilson, 1997）が記述しているような「人と機械からなるシステム」で，機械が人に感覚・知覚入力を与え，それを処理した人が運動出力を機械に送り込み，機械はまた人に感覚入力を与えるという循環的システムである．伝統的なシステムは，「遠隔作業」で，機械はテレビカメラとマニピュレータをもち，「遠い現場」の情報を人に伝達し，人の反応を中継して現場の作業を中継する．現場は本物の「爆発物処理」でも，練習用の「航空機の操縦席」でも，あるいはゲームの架空世界でも同様である．これを徹底すると，彼が言うように，究極の VR は「スタートレックのホロデッキ」（SF 作品）であろう．

空間研究としては，種々の理由で現実化できない「現場」の代理物としての利用で，シミュレーション技術である．多数の事例がウィルソンや，ヘティンガーとハス（Hettinger and Haas, 2003）にある．

(2) インターネット　インターネットは多様なサービスを提供する．例えば，ジョインソンは，email, chat, file sharing, discussion groups, MUD, virtual worlds, video/voice communication, www などの分類を採用している（Joinson, 2003）．インターネットは，人の知覚器官と運動器官をコンピュータ端末のモニタ画面とキーボードを介在して，空間的に分散している人々を接続するので，「サイバースペース」と呼ばれる．インターネットはワイアとケーブル，ラジオとエアでつながる世界であり，現実の空間ではないが，ボード，ルーム，モール，ワールド，ナビゲーションなど，空間的比喩があふれている．

ネットの教育利用の発展は著しい．ジョインソンは教育工学における CMC（computer-mediated communication）を，ウォレス（Wallece, 2004）は e-learning を，パロフとプラット（Palloff and Platt, 2001）は cyberspace classroom を取り上げた．いずれも新たな伝達手段が提供する，対面的(face-to-face：FtF)な集団というより，ヴァーチャルな「共同体（communities）」の形成とその性質について議論している．

ブランチャードは，生態学的心理学の応用である「ヴァーチャル行動場面」を考察した(Blanchard, 2004)．客観的に存在するのは，共同体に接続する「人々」，モニタ画面に現れるテキストや画像などの「ヴァーチャルオブジェクト」，人々が従事する行動の集合である「場面のプログラム」である．人々はオブジェクトを操作して，あるいは直接に，プログラムを実行する．「時間の境界」は，人々とプログラムを包含するように知覚される．またオブジェクトは現在知覚される時間的境界の外にあるが，人々はそれにアクセスできる．「ヴァーチャルプレイ

ス」は，これら三者を包含する「場所」として知覚される．現実の FtF 行動場面は，時間と空間の明確な境界を所有しているが，ヴァーチャル行動場面は人々の知覚に依存する部分が大きいというのである．

f. おわりに

本節では，人の空間適応の諸相を取り上げた．諸研究は，日常生活活動の環境的文脈に注意を向けるようにうながしている．したがって，空間利用や空間の好みが前面に出た．しかし，空間は資源であり，当然に限界はある．消費と保全のバランスは今日的課題である．空間利用の質的向上と，空間の精神的価値の保全は重要な目標である． 〔佐古順彦〕

＜文　献＞

Barker, R.(1968)：*Ecological Psychology：Concepts and Methods for Studying the Environment of Human Behavior,* Stanford Univ. Press, CA.

バーカー，G.・ガンプ，P. V.；安藤延男監訳 (1982)：大きな学校，小さな学校―学校規模の生態学的心理学―，新曜社，東京．[Barker, R. and Gump, P. V.(1964)：*Big School, Small School：High School Size and Student Behavior,* Stanford Univ. Press, CA.]

Berlyne, D. E.(1974)：*Studies in the New Experimental Aesthetics,* Halsted Press, NY.

Bialystok, E. and Olson, D. R.(1987)：Spatial categories：The perception and conceptualization of spatial relations. In *Categorical Perception：The Groundwork of Cognition* (S. Harnad Ed.), Cambridge Univ. Press, NY.

Blanchard, A.(2004)：*Virtual Behavior Settings：An Application of Behavior Setting Theories to Virtual Communities* (http://www.ascusc.org/jcmc/vol 9/issue 2/blanchard.html (2004 年 6 月 26 日アクセス)).

ブロンフェンブレンナー，E.；磯貝芳郎・福富　護訳 (1996)：人間発達の生態学―発達心理学への挑戦―，川島書店，東京．[Bronfenbrenner, U.(1979)：*The Ecology of Human Development：Experiments by Nature and Design,* Harvard Univ. Press, MA.]

Byrne, R. W.(1982)：Geographical knowledge and orientation. In *Normality and Pathology in Cognitive Functions* (E. W. Ellis Ed.), Academic Press, NY.

ギブソン，J. J.；古崎　敬・古崎愛子・辻　敬一郎・村瀬　旻訳 (1985)：生態学的視覚論―ヒトの知覚世界を探る―，サイエンス社，東京．[Gibson, J. J.(1979)：*The Ecological Approach to Visual Perception,* Houghton Mifflin, Boston.]

ホール，E. T.；日高敏隆・佐藤信行訳 (1970)：かくれた次元，みすず書房，東京．[Hall, E. T.(1966)：*The Hidden Dimension,* Doubleday, NY.]

Hettinger, L. J. and Haas, M. W.(2003)：*Virtual and Adaptive Environments：Applications, Implications, and Human Performance issues,* Lawrence Erlbaum Associates, NJ.

Joinson, A. N.(2003)：*Understanding the Psychology of Internet Behavior,* Palgrave Macmillan, UK.

Kaplan, S. and Kaplan, R.(1982)：*Cognition and Environment：Functioning in an Uncertain World,* Praeger, NY.

小林秀樹 (1992)：集住のなわばり学，彰国社，東京．

Levine, M., Jankovic, I. N. and Palij, M.(1982)：Principles of spatial problem solving. *Journal of Experimental Psychology：General*, **111**(2), 157-175.
リンチ，K.；丹下健三・富田玲子訳（1968）：都市のイメージ，岩波書店，東京．［Lynch, K. (1960)：*The Image of the City,* The M. I. T. Press, MA.］
茂在寅男（1967）：航海術，中央公論新社，東京．
ナイサー，U.；古崎　敬・村瀬　旻訳（1978）：認知の構図—人間は現実をどのようにとらえるか—，サイエンス社，東京．［Neisser, U.(1976)：*Cognition and Reality：Principles and Implications of Cognitive Psychology,* W. H. Freeman and Company, SF.］
Palloff, R. M. and Pratt, K.(2001)：*Lessons from the Cyberspace Classroom：The Realities of Online Teaching,* Jossey-Bass, CA.
佐古順彦（1992）：人のナヴィゲーションと情報．現代のエスプリ No. 298 エコロジカル・マインド—生活の認識—（佐々木正人編），至文堂，東京．
佐古順彦（2004）：好ましい景観—人間心理の観点から—，公園緑地，**65**(2), 6-9.
ソマー，R.；穐山貞登訳（1972）：人間の空間—デザインの行動的研究—，鹿島出版会，東京．［Sommer, R.(1969)：*Personal Space：The Behavioral Basis of Design,* Prentice-Hall, NJ.］
高橋研究室編（1983）：形のデータファイル，彰国社，東京．
トールマン，E. C.；富田達彦訳(1977)：新行動主義心理学—動物と人間における目的的行動—，清水弘文堂，東京．［Tolman, E. C.(1949)：*Purposive Behavior in Animals and Men,* Univ. of California Press, CA.］
戸沼幸市（1978）：人間尺度論，彰国社，東京．
Wallace, P.(2004)：*The Internet in the Workplace：How New Technology is Transforming Work,* Cambridge Univ. Press, NY.
ウィッカー，A. W.；安藤延男監訳（1994）：生態学的心理学入門，九州大学出版会，福岡．［Wicker, A. W.(1979)：*An Introduction to Ecological Psychology,* Wadsworth, CA.］
Wilson, P. N.(1997)：Use of virtual reality computing in spatial learning research. In *Handbook of Spatial Research Paradigms and Methodologies. vol. 1：Spatial Cognition in the Child and Adult*（N. Foreman and R. Gillett Eds.), Psychology Press, UK.

5 人間と建築環境学

5.1 行動と建築環境の相互関係

　この節では建築学の立場から「環境」を考察したい．そのために言葉の生い立ちを述べる．「建築」は 1862（文久 2）年に徳川幕府洋書調所から刊行された『英和對譯袖珍辭書』で Architecture の訳語「建築孛」（孛は學の別字）に起源をもつ和製漢語である．同じ綴りをもつフランス語の辞書では「造家」と訳されたことからもわかるとおり，人々が利用する住居やその他の用途（例えば蔵など）の構築物のことを意味したのである．

　大学における学科名は，工部大学校（東京大学前身）の造家学科（1877（明治 10）年）として発足し，後に建築学科と改称された（1898（明治 31）年）．その後，学科の専門分化が進んだが，1940（昭和 15）年に「計画原論」という講座が設立され，音，熱，光など人間生活に必要な生理的条件を扱う分野が現れた．時代はくだり 1968（昭和 43）年にこの分野はそれまで自然条件に頼ってきた建築室内気候を人工的に制御する手法の開発，運営を扱う技術を含めて建築環境工学という名称が与えられた．

　この分野では，温度，湿度，気流などの室内気候条件に加えて音響，照明，色彩など人々の知覚心理に影響を与える条件も研究対象としていた．ここから建築心理学が誕生し，色彩調和理論の検証や建築空間の心理的効果などが取り上げられ，建築の質の一つである快適性に光が当てられたのである．

　その後，世の中の高度成長のゆがみの結果として地球の自然破壊，高層建築による日照被害などが深刻化し，建築心理学は環境心理学へと呼称を変えたのである．さらに環境が人々に与える影響は単に心理的次元にとどまることなく生活全般にわたるため，広く人間と環境との相互関係を考察する学際領域として環境・行動研究（EBS：environment-behavior studies）が成立した．

　このような「環境」概念の拡張を背景として「建築にかかわる環境」の現在的状況を明らかにすべく「建築環境」の意味，意義を新しく定義したい．

a．建築環境とは

　人々の日常生活は建築環境によって支えられている．では建築環境はどのよう

な次元から構成されているのであろうか．環境・行動研究分野では有機体発達論からの人間−環境システムモデルが提案されている．このモデルでは人間と環境とを別々の実体ではなく，全体的過程として扱い，人間と環境との相互交流をおこなうものとしている（山本，1991）．

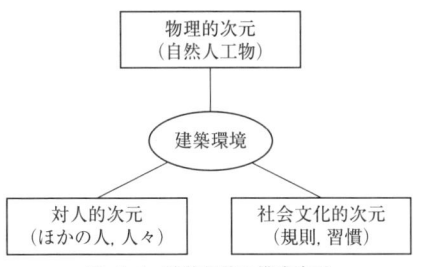

図 5.1　建築環境の構成次元

　ここでは環境の次元として，物理的（自然人工物），対人的（ほかの人），社会文化的（規則，習慣）の三つをあげており，これを土台として建築環境の構成要素の次元を整理してみたい．建築環境も広義の「環境」の一部であることから，この三つの次元を備えている（図5.1）．古来より人間生活を支える基盤として，三つの次元の中でも物理的次元としての構造物の役割に焦点が当てられてきた．建築に関して後世に伝えられている最古のものはローマ時代の建築家ヴィトルヴィウスの『建築書』（前25〜前23年）である．その中で建築物の目標に「用・強・美」の三つが掲げられたのである．この三要素は近代になって「機能・技術・表現」ということばに置き換えられたことからわかるように，構築環境の物理的次元，構築体の役割が重要視されてきたのであり，対人的・社会文化的次元の視点が抜け落ちていたのである．

b. 人間と建築環境との関係—場面，環景，継承—

　人々の生活の場としての建築環境と人間との関係を舞台上の演劇になぞらえて，場面，環景，継承の三つの側面から位置づけてみたい（図5.2）．場面（図5.3）とはある時点，場所での人々の行動様態のことであり，演劇の何幕，何場の出来事であると言ってもよい．あるいはある家庭の朝食の「場面」を想起すれば一瞬にして理解できよう．家の食事室で，各自が食卓を囲んで自分の椅子に座り，朝

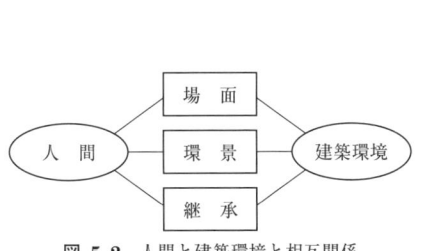

図 5.2　人間と建築環境と相互関係

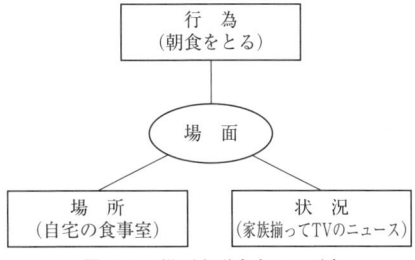

図 5.3　場面を形成する三要素

食をとっており，傍らではTVが朝のニュースを流しているといった状況であり，これが朝食の「場面」である．われわれの生活は時と所を変えて生起する連続した「場面」によって成立していると言える．つまり「場面」は「場所」，「行為」，「状況」によって定義される人間生活・行動の局面なのである．このうちとくに「状況」は対人的・社会文化的環境を記述，表現する次元として重要である．

例えば「本を読む」という行為を見るとわかるように，図書館のキャレル（個人閲覧席）と混み合った電車内では他人の目，存在の状況がまったく異なる（読む本の中身にもよるが，人混みのほうが逆に読書に集中できることもある）．このように日常生活における種々の場面は，ほかの人々と「居合わせる」状況が行動のほとんどを占めている．

場面の事例に取り上げた，「食事室」，「閲覧室」あるいは「車両内」はそれぞれ「住宅」，「図書館」，「電車」という構築物の内部の場所であり，構築体によって「包装され」，「包まれ」ているのである．人類が「衣服」で身体を包むことをはじめるとともに，生活の場面も「構築物」で包まれた．

人々が衣服あるいは被服を着装するのは，慎みと装飾と保護/実用の三つの目的のためと言われている．衣服としての構築体も「場面」を包むという保護/実用の機能を欠くことができない．さらには衣服では「ゆとり」としての内側の「空間」の役割が構築体でより重要な意味，役割を担っている．つまり構築体は内部と外部の空間の境界としての実用的機能がある．この境界は内部に存在する種々の場面が生起する場所（空間）相互の干渉を防ぐ境界としても働くのである．

「慎み」も欠くことはできない．内部の私的な生活，要求のさまを人目，公の眼差しから隠し，慎ましやかな表層を街に晒すことは不文律として市民に認知されていたのである．近年の街並みを見ると商業建築は言うに及ばず，独立住宅地においても個々の構築物の表層は自己顕示の度合いが強いことが気になるのである．

慎みに関しては，筆者がタバコの嫌煙権をヒントに命名した「嫌視権」の確立が必要のように思われる．つまり，他人の生活のありようを見たくない，見せられてはたまらないという視認上の権利も存在するということである．世の中の建築の表層がすべて透明ガラスで構成されている状況を想像していただきたい．かかる「雑音」に満ちた光景に我慢できるであろうか．細かいことでは住宅のテラスやバルコニーに干してある洗濯物や布団についても同様だと考えるのだが．かつて筆者の意見を公共住宅の設計者の方にお話したら，「洗濯物」こそ，そこに住んでいる人々の活きた生活の証でありませんかと反論されたことを思い起こす．

「装飾」に関しては，先述した通り古来より，「美」は建築の大きな目標の一つであったし，現代でも否定すべき条件ではない．しかし，構築物の種類（ビルディングタイプ）によってその意匠，つまり表象が安定的に維持されていた時代とは異なり，新材料・技術の登場によって，表層の表現手法がきわめて多様になった現在，まさに百花繚乱の様相を呈していると言える．構築物の表層のあるべき姿の模索の時代であり，単に装飾，美を求めるというよりは，いかに市民の楽しみに貢献できる表情を与えたらよいかを考えるべきであろう．

以上，指摘した構築物の表層のもつ三つの役割，境界・隠蔽・表象はこれまで「景観」という概念で考察されてきたのだが，ここでは人々の環境認知を重視する意味合いから環境風景を略して「環景」と呼ぶことにする（図 5.4）．

建築環境と人間との相互関係において第三の次元として「継承」が登場する．近年，地球環境問題に端を発する持続的環境という環境の時間的変化について関心が寄せられているが，建築環境の分野では建築の時間的持続性はきわめて大きな問題としてとらえられてきた．それをここでは継承という言葉で代表させたのであるが，これには記録，保存，持続という三つの要素が関係してくる（図 5.5）．

まず，記録について述べる．これに関しては，「これがあれを滅ぼすだろう」という『ノートル・ダム・ド・パリ』の一節の表題である，V. ユゴーの有名なことばがある．教会の司教補佐がもらしたものとして記述されているが，その意味は「印刷術は教会を滅ぼすだろう」であると．周知のとおり印刷術はドイツのグーテンベルクによって 15 世紀半ばに発明されたのだが，世界のはじまりからこの発明までは，「建築は人類のもっていた偉大な書物の役目をつとめてきた」という卓見なのである．

身近なところでは，家の木柱に毎年身長の伸びを刻み成長の記録とした子どもの頃を思い起こす．こうした建築のもつ記録の役割をさらに補強するものとして，家やそのほかの建築に代々残されてきた「もの」の集積としての保存という機能

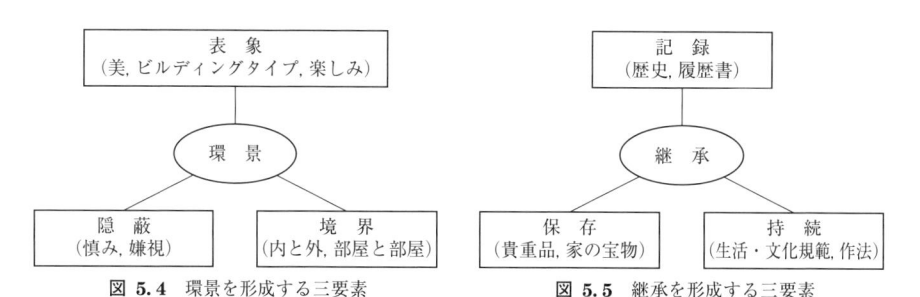

図 5.4 環景を形成する三要素

図 5.5 継承を形成する三要素

がある．各家にあった蔵はさしづめ，私的歴史博物館とでも呼んでよい性質を備えていたのである．地球環境問題に端を発した身軽な，ものの少ない清貧生活を求めつつも，家にものが溜まっていくことから抜け出せないのも，建築のDNAに深く根づいている保存性の故と言えるのである．

かかるものの保存と並行して，各建築内，建築環境に固有の立居振舞いという生活習慣も，構築物と不可分の一体として「継承」されてきた．建築は歴史書であると同時に「作法読本（教典，マナーブック）」でもあったのだ．近年，いわゆるデザイナーズ・マンションなどと呼ばれている，視覚的，形態的には洗練されているかに見える住空間内で，どんな立居振舞いが日々展開されているのか，またその問題に関して設計者，デザイナーがどような考え方をもち，住民に期待しているのかと思いを馳せると暗澹たる思いに陥るのは筆者だけであろうか．

以上，建築環境を総体としてとらえ，その保有すべき役割，意味を論じてきたが，建築は住宅をはじめとして多種多様な形式として存在している．そうした物理的次元としての建築環境の類型化を次に考察していきたい．

c. 建築環境と行動との段階的構成

ここでは行動を人間生活において定常的におこなわれる生活行為に限定し，その行動と建築環境との関係を明らかにしたい．具体的に例をあげれば，人々の睡眠，起床，排泄，整容，食事，外出など日ごと繰り返される行動と建築環境とのかかわりについてである．例えば「排泄」という行動は，その人体動作の場面では排泄行為そのものに必要な空間の広がりだけではなく，便器，トイレットペーパー，手洗い器，タオルなどの「用具」とそれらを取り囲んでいる床，壁，天井，ドアなどからなる「室」を必要としている．各「室」にそこでおこなわれる行動によって名前がつけられ，この場合は「便所」と通称される．住宅をはじめ種々の建築はこのような単位となる室の集合体として構成されている．住生活にかかわる行動，もの，室の概要を表5.1に示す．

住宅を例にとれば，家全体はいくつかの室から構成されている．しかし，ここで注意したいことは，各室の主要な行動，言い換えれば室の用途は固定したものではなく，時と場合によって変化するということである．確かに便所などは，住宅全体を改築しない限り，一つの場所で便所として使い続けられるが，個人の居室などは時に応じてその用途を変えるし，住まいの家族構成の変化などによってその用途を変えることも多い．

この室の使い方の多様性は文化によっても異なる．筆者の見聞では中国の集合住宅の住まい方，使い方に感心させられたことがある．それは家族の両親，子ど

表 5.1　住宅における行動と室

生活行動		もの（用具）	室
家族生活	接客	机, いす, 棚	応接間
	団らん	TV, AV, パソコン	居間, 座敷
	食事	新聞	食堂
家事	調理	流し, 調理台	台所, 家事室
	洗濯	冷蔵庫, 洗濯機	ユーティリティ
	掃除	ミシン, 掃除機	
個人生活	睡眠	ベッド, ふとん	寝室, 書斎
	仕事	机, いす, 書棚	子供室
	趣味	押入, ステレオ, パソコン	
生理整容	排泄	便器, 手洗器	便所, 浴室
	入浴	浴槽	洗面, 脱衣室
	洗面, 化粧	洗面, 化粧台	
移動	出入	下駄箱, クローク	玄関, 勝手口
	移動	手摺, 階段	ホール, 廊下, 斜路
収納	収納	ロッカー, 棚	クローゼット
	整理	タンス, 押入, 物置	食品庫, 納戸

もの寝室は各人に割り当てられているのだが，昼間は主寝室が接客の場になったり，ベッドの上が子どもたちの遊び場になったりと，自在にその用途を変えていたことである．このような使い方をすると同じ広さの住宅でも，行動の場面が自由に広がり，言い換えれば空間の自在性が高まることになる．

このような室の用途の多様性は，室の物理的構成の方法によっても規定される．日本固有の「畳の間」とその室構成にその典型例を見ることができる．周知の通り，畳が敷き詰められた日本間には押入れが附設されている．寝所として使われた布団を昼間，押入れにしまってしまえば，寝室の痕跡は消えて，客間，そのほかの多目的用途に使うことができる（図 5.6）．

歴史的に見れば洋の東西を問わず住居は「一室住居」であった．わが国では縄文時代の竪穴住居が著名であるが，鎌倉初期の歌人鴨長明も晩年は方丈の庵（一丈四方の一室住居）ですごしたという．それは以前の住居の 1/100 にも及ばなかった（図 5.7）．一方，とくに西洋では室の分化，用途の明確化が顕著であり，貴族などの大邸宅では驚くべきほどに室は細分化されていたのである（図 5.8）．

行動と建築環境との相互関係を収容する物理的領域である「室」のあり方を追求することはいつの時代にあっても重要な作業である．住宅に関して言えば，都市居住世帯のうち，ひとり世帯の割合が 5 割を超えるといったわが国大都市にお

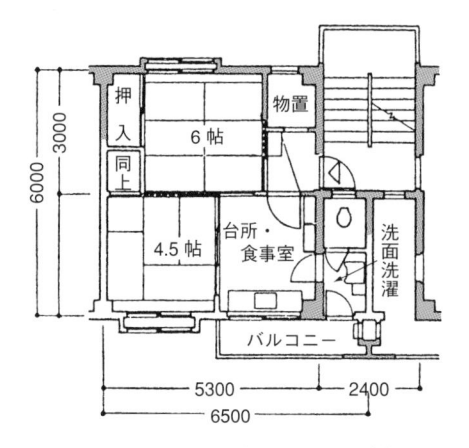

図 5.6 日本の公営住宅（51 C 型，1951 年）に引き継がれた「畳の間」（単位：mm）

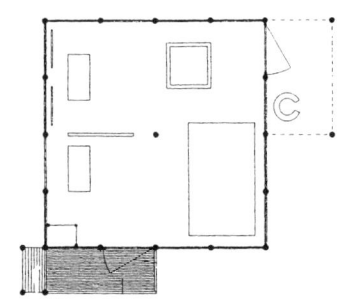

図 5.7 方丈の庵平面図（鴨長明，13 世紀）

いては，図5.8のような超細分化住宅はありえないこととして，縄文時代の竪穴式のような一室住居の時代に逆戻りするのであろうか．時代は大きな変曲点を迎えており，広く環境と行動とのかかわりを考えることの重要性を実感させられる．

d. 建築環境と行動との関係の都市的拡大

建築環境の物理的原型として一室住居を例にあげたが，当時の人々の生活を支える建築環境としては，住居が唯一のものであり，それ以外には宗教的儀式のための構築物があったと考えられる．縄文遺跡として名高い，青森県の三内丸山遺跡には住居以外に六本柱の櫓の巨大構築物が復元され，明らかに宗教的な意味も担った構築物であるとわかる．

現代では，人々の行動を支える構築物としては宗教的なものの力は弱まり，都市を上空から俯瞰すれば一瞬にしてわかるように，住居をはじめとして事務所，工場など多種多様な構築物で埋めつくされている．

行動を支える建築環境として，住居が不可欠なことは言うまでもないが，毎日の行動を振り返ってみればわかる通り，住居以外の多種多様な用途の建築環境と接して生活しているのである．建築の専門用語では，「建築種別（ビルディングタイプ）」と呼ぶこともあるが，個人や社会生活上のあらゆる目的にこたえるべく，用途・目的別の建築が地域に存在している．これらの建築を「施設」と呼ぶこともあるが，その種別を整理すると表5.2のようになる．これを見れば，住居は一室住居に先祖返りしたとしても，「施設群」が「六本柱の櫓」に整理，縮小されることはありえまい．

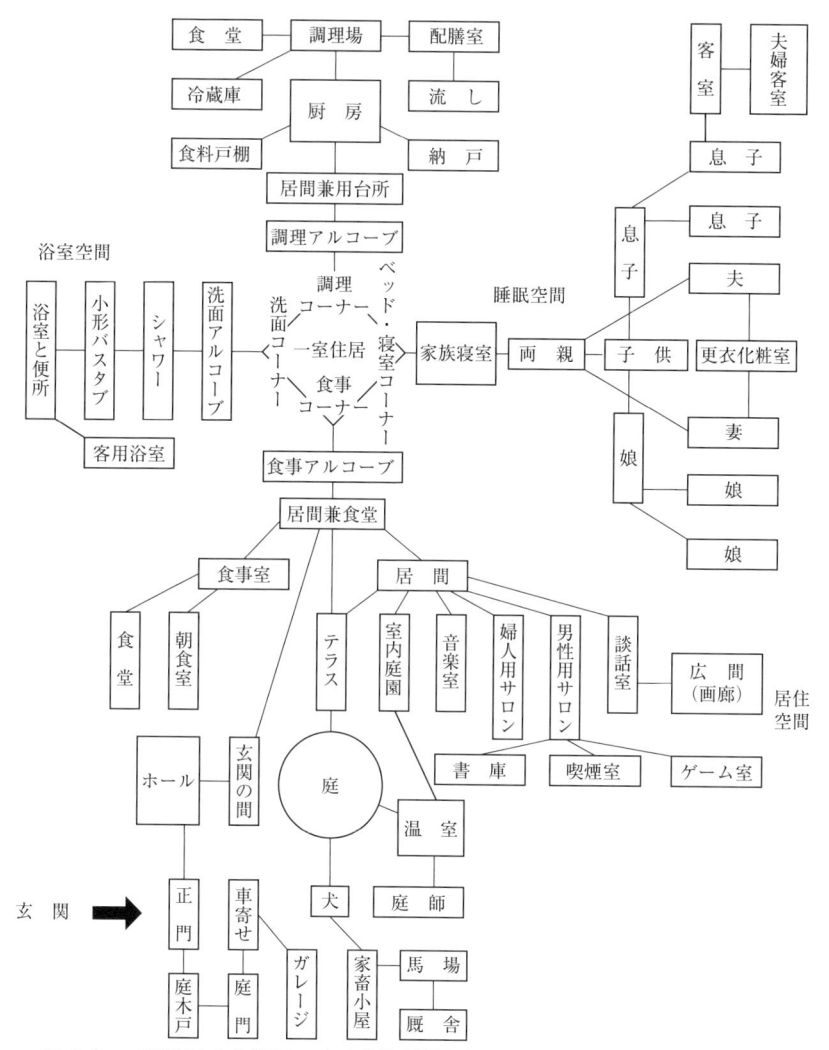

図 5.8 一室住居から大邸宅にいたる空間分岐図（ノイフェルト，1988, p.184 より改変）

　昨今，社会制度上の構造改革が議論されることが多いが，そうした制度と対をなしている建築環境の肥大化にまで話が及ぶことが少ないことに驚かされる．縄文とはいかぬが，江戸に帰れという，地球環境問題に関連した議論が加速されなければと考える．建築環境の形成，維持にかかわる専門家としての私どもの努力不足を反省するとともに，義務教育から大学教育の中で，自己が接する建築環境

表 5.2 建築種別（ビルディングタイプ）の現在

建築種別 （ビルディングタイプ）	建築・施設
居住	独立住宅，集合住宅，農漁村住宅
福祉	高齢者福祉施設，保育所，学童保育，児童館
医療	診療所，歯科医院，小児病院，小規模・一般病院
	精神病院，ホスピス，サナトリウム
交流	集会，文化，運動施設
公共サービス	庁舎，廃棄・リサイクル施設，出張所，防災・保安施設
教育	幼稚園，小中・高等学校，大学，民間教育施設，研究所
図書	小中・大規模公共図書館，私設図書館
展示	博物館，美術館，水族館，展示場，パビリオン，動植物園
芸能	音楽ホール，劇場，伝統劇場，スタジオ，野外劇場
	仮設劇場，映画館，教育施設
宿泊	ホテル，旅館，山小屋，公共宿泊施設
業務	事務所建築，スタジオ，ショールーム，店舗
	百貨・量販店，工場，物流
都市	道路，広場，公園，ウォーターフロント

の意味，形成についての学習が不可欠ではないだろうか．その意味で，早稲田大学人間科学学術院のはたすべき社会的意義はきわめて大きいと言わざるをえない．

　話が本題より逸れた感もあるが，このような都市に蔓延している構築物の内外で日々おこなわれている行動について触れなければならない．この行動のうちには，睡眠，食事，就業，病気治療など生きていく上で不可欠な行動の必要性，存続性は言うまでもないことであるが，そうした個々の必要行動にかかわる社会的な面での行動規範のことを言及してみたい．

e．公と私—環境行動教典—

　スマトラ沖地震の津波被害にあった海辺の村の写真に目が釘づけになった（*TIME* April 4, 2005 号）．唯一残ったのは村の寺院（モスク）であり，その周辺に避難から戻った住民のテント小屋が点々とつくられている光景である．これはまさに三内丸山遺跡の「環景」そのものではないか．そして筆者の思いは建築環境と行動との関係に存在する公と私という行動規範へと移行していったのである．

　スマトラ村落の写真は，人々の日常生活の場（住居）と社会的礼拝行動の場（モスク），大袈裟に言えば行動における私と公の存在に気づかさせてくれたのである．住居に関しても入れ子の状態で私と公の状況が存在していた．物理的領域と

しては座敷・客間，ウチとソトの区別，行動規範としては晴と褻の区別があった．日常生活の場と化している住居全体を客を迎える日には，晴の場に変容させることも多かったのである．

すでに「継承」の項で触れたように，生活の中で受け継がれてきた行動規範が近年ゆらいできたように思えてならない．例えば通勤車両を晴あるいは褻の場とするかは別として，住居の中の私の行動が，車両内に進出しているのである．車両は「キッチン，バスルームのない住居」であると講義で述べたことが度々ある．学生諸氏の反応はほとんどなかったように思われるが，「場面」に応じた行動規範のあり方を論ずべきであると考える．

ある建築評論家が近年の鉄道駅舎のことを批評した文章が目にとまった．本来，欧米の駅のコンコースにある大空間はその街の公共空間の表象としての意味が附与され，「ひとびとが邂逅する」何もない大空間こそがその証であったと．ところが，近年国鉄の民営化によって「エキナカ」ということばに象徴されるように，駅舎が物売り市場と化したという意見である．それが，現在の建築環境における「公性」の欠落の状景であるという見方には同感するところが多い．

この状況は，これまで述べてきた人間と建築環境とを結んでいた，場面，環境，継承のすべての局面において融解現象が起こっていることの現れではないであろうか．人類の叡智の宗教的教典に代わって，環境行動教典の創出が求められているのではないか．それは単にある地域に限定されたものではなく，人類一般に通じる役割をもつべきこと，この国際化，グローバリゼーションの時代にふさわしい性格が付与されるべきであろう．

このことは，地球規模の大局的見地からだけではなく，私たちの日々の生活の中で自ら公と私の行動のあり方を探索し，触れ合う社会の中で，議論していくべき問題である．

環境行動教典づくりの目標は，あくまで個人の尊厳を基調とした自由な環境行動を共有するためのものであって，画一的，全体主義的な人間調教を目的とするものではないという合意のもとに進められなければならない．この観点に立てば，市民はすべて建築環境のデザイナーであると言えるのだ．

〔高橋鷹志〕

<文　献>

堀　達之助編（1973）：英和對譯袖珍辞書　複製版，秀山社，東京．
ユゴー，V.；辻　昶ほか訳（1973）：ノートルダム・ド・パリ，潮出版社，東京．
ノイフェルト，E.；吉武泰水総括（1988）：建築設計大事典，彰国社，東京．
冨倉徳次郎ほか編（1980）：方丈記・徒然草　日本古典文学第18巻，角川書店，東京．

山本多喜司(1991)：人間―環境系の計画理論のとらえ方―．日本建築学会大会研究懇談会資料，日本建築学会．

5.2 建築環境と建築人間工学

a. 使いにくいのは誰が悪い？

皆さんは，ふとした拍子に段差でつまずいて，転びそうになったことはないだろうか？　また，台に乗って高い戸棚の荷物を取り出すときに，転げ落ちそうになったことはないだろうか？「危ない．怪我をするところだった．気をつけないと」と思う人もいるであろう．しかし，悪いのは本当に自分だろうか？

注意することで，危険は避けられるかもしれない．しかし，人はミスをする動物なのである．使いにくいのは自分が悪いのではなく，まわりの環境に問題があると考えるほうがうまくいく場合が多い．例えば，いつも通る廊下に段差がなければ，つまずかなかったかもしれない．よく使う荷物は取り出しやすい高さの場所に入れておけば，台から落ちなかったかもしれない．このように，人の行動を知り，それに合わせてまわりの環境を計画すると生活しやすくなり，事故も防げる．

その一つの手段として，人間工学の視点から建築の計画を検討する方法がある．よりよい建築環境を構築するために，人の行動を科学的に分析し，その結果を計画に応用する方法である．例えば，人の手が届く範囲を計測し，それに合わせて収納家具の高さや荷物の置き場所を決めれば，無理せずに使える家具ができる．

b. 人をはかる

(1) 人の寸法をどのようにとらえるか？　人が生活しやすいように，建築を計画するためにはどうしたらよいだろうか？　人の行動をとらえるための一つの方法として，人が楽に利用できる範囲や寸法を人間工学的手法によってはかるやり方がある．人はある大きさをもった物体としてとらえることができるが，同じ場所にじっとしているわけではない．移動しながら，手足を動かして行動する．このような人の行動をとらえるために，人にかかわる寸法をいくつかに分けて考える．

(2) 静的人体寸法　家具や家電製品などは人の寸法をもとに高さや設置場所を決めるとよい．この場合の基準となるのは，身長のような静止状態での静的人体寸法である．静的人体寸法は人体の形態を表す寸法データであり，家具や建具，空間の寸法を決定する際の基本となる．一般的には，身長，肩幅，座高，眼高などがあげられる．静的人体寸法の高さ，幅はおよそ身長と比例し，身長デー

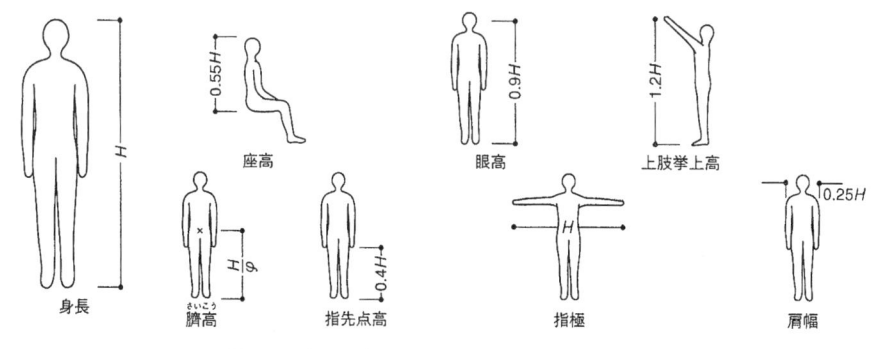

図 5.9 身長と各部高さの関係（高橋，2003, p. 15）

タをもとにほかの部分の長さを推定することができる．身長を H とすると，目の高さである眼高は $0.9H$，肩幅は $0.25H$，座高は $0.55H$，直立姿勢で片手をあげた上肢挙上高は $1.2H$ 程度と言われている（図 5.9）．

（3）動作域，作業域 人が動き回って動作，作業をするためには，適切な広さの空間を確保するとともに，人の手足が届く範囲に，作業するものが置かれている必要がある．この検討に用いられるのが動作域である．これは，関節などの支持点を固定した場合に届く範囲を示したものである．このうち，とくに作業をもとに動作域を考えたものを作業域という（図 5.10）．作業域は，身体部位の形態，各関節の可動域，その作業に用いる関節によって決まる．関節を中心に，手足を伸ばして動かした際に届く限界範囲を示す最大作業域と，作業の精度を保ち，負荷のない状況で作業がおこなえる機能的作業域がある．作業域は，本来三次元的なものであるが，設計の際には，水平面に投影した水平作業域と垂直面に投影した垂直作業域に分けて考えることが一般的である．水平作業域では平面的な広がりの中で届く範囲，垂直作業域では高さ方向で届く範囲が検討される．この作業域の中に，作業に必要な部品や道具を配置することで使いやすいレイアウトになる．

（4）動作空間 人がモノや空間を利用する際に必要となる寸法は，静的人体寸法や動作域のみで決まるわけではない．生活場面で作業する際には，さまざまなアキ

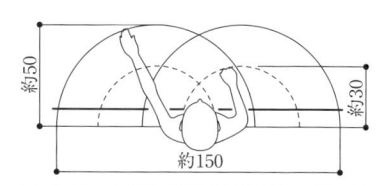

図 5.10 水平作業域（水平面上で手の届く範囲（小原ほか，1986, p. 46）
―――：手を伸ばして届く範囲（最大作業域）．
------：肘を曲げて楽に作業のできる範囲（機能的作業域）．

単位：cm.

106　5. 人間と建築環境学

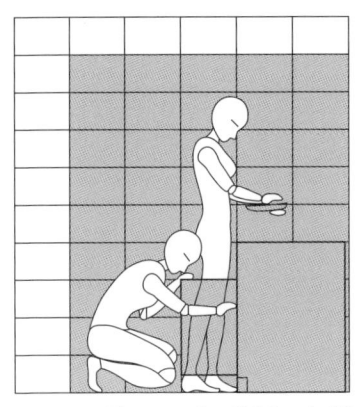

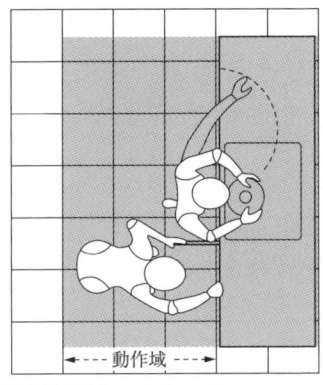

図 5.11 人の動作とアキ寸法（日本建築学会，2003, p.45）

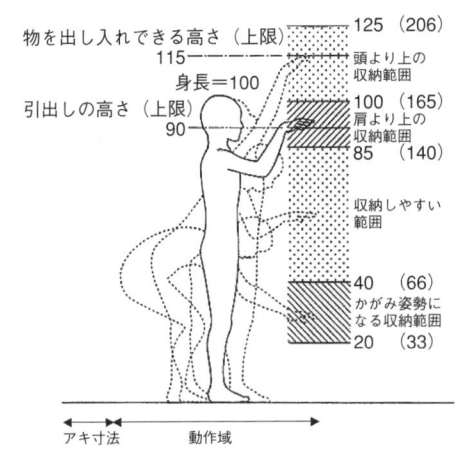

物を出し入れできる高さ（上限）　125（206）
115　頭より上の収納範囲
身長＝100
引出しの高さ（上限）　100（165）
90　肩より上の収納範囲
85（140）
収納しやすい範囲
40（66）
かがみ姿勢になる収納範囲
20（33）

アキ寸法　動作域

図 5.12 人の動作と利用しやすい棚の関係（小原ほか，1986, p.46 より改変）
（　）は男子の平均身長を例とした高さ．単位：cm．

寸法が必要となる．着衣の厚さや身体のゆらぎ，動作に必要なクリアランスなどが必要となる．すなわち，

動作空間＝動的人体寸法（動作域）
　　　　＋アキ寸法（クリアランス）

ということが言える．アキ寸法は日常生活行為の中での対物，対人関係において体のまわりに確保される非接触領域の寸法である．人の日常生活動作をビデオカメラなどで観察することで，その大きさを把握する（図5.11）．棚の配置を計画するときには，棚本体の寸法に加えて，人が前に立つための寸法，物を取り出すための動作に必要な寸法，それに加えてゆとりなどのアキ寸法を考慮することで使いやすいものとなる（図5.12）．

c．人の寸法とモノの寸法

（1）誰に適した寸法とするか？　建築には，住宅など個人が主に使う私有性が高い建物から，病院，物販店舗，観覧施設など不特定多数の人々が使う公共性が高い施設までさまざまなものがある．住宅はその部屋の住人に合わせて設計すればよいとしても，公共施設のように不特定多数の人が使う場所については，ど

のように寸法を決めればよいのであろうか？　利用者には，子どももいれば高齢者もおり，背の高い人も低い人もいる．これらのさまざまな人を対象として考える際には，多くの人々の人体寸法を統計処理したデータをもとにして検討する．人のからだの各部位のあいだを計測部として定義し，静的な立位状態での長さを計測する．このような日本人のデータを数万人規模で蓄積しているデータベースがある．これは人体データの統計的な代表値を提示しており，設計の際の参考となる．

(2) 手すりの高さと人の寸法　公共施設の手すりの高さはどのように決められているのだろうか？　手すりには，屋上やバルコニーなど高いところからの人の落下（墜落）を防止する機能と，階段やトイレなどの動作を補助する機能の2種類がある．

　墜落防止用手すりでは人が落ちないようにするために，利用する人の重心よりも手すりを高くする必要がある．このとき，データの代表値として平均値を基準にして，手すりの高さを決めるとどうなるであろうか？

　日本人の身長の平均値から重心を計算し手すりの高さを決めると，大雑把に言えば，約半数の人には安全な高さとは言えず，墜落してしまう危険性がある．一方，すべての人を完全にカバーしようとして，日本人の身長の最高値データをもとにして決めると，高くなりすぎてしまい，ほとんどの人にとって使いにくいものとなる．これらは，いずれも妥当な基準とは言えないであろう．そこで，多くの人に適合する合理的な判断基準が必要となる．このための一つの考え方は，一定確率以下で発生する事柄（ここでは「危険」）については考慮の対象から外すというものである．この考え方を適用するのに用いられるのがパーセンタイル値である．例えば，身長データの95パーセンタイル値は，全身長データのうち，95%の人のデータが含まれる身長の値である．また，正規分布のデータ群では，平均値と標準偏差をもとに以下の式からパーセンタイル値を推定できる．

$$5パーセンタイル値 = M - \sigma \times 1.645$$
$$95パーセンタイル値 = M + \sigma \times 1.645$$

（M：平均値，σ：標準偏差）

人の身長はさまざまであるが，多数の人の寸法データはほぼ正規分布にしたがうと言われているため，このような推定が可能である．

　建築基準法では墜落防止用手すりの高さは110 cm以上と決められている．これは，日本人成人男子の99.9パーセンタイルの重心高さに若干の余裕を見た値とされている（図5.13）．また，バルコニーなどの手すりの縦桟の隙間の幅は，

建築基準法で 11 cm 以下とされている．これは子どもの頭が通り抜けない隙間の寸法を，頭の寸法データの統計値から算定したものである．

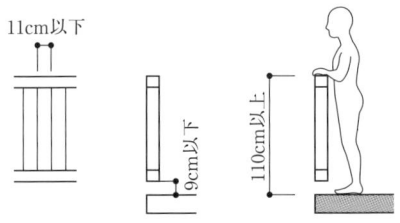

図 5.13 手すりの寸法と人の関係（日本建築学会，2003, p.157）

動作補助用手すりの場合はどうであろうか？　ここでは，できるだけ多くの人にとって使いやすい高さが求められる．そのため，人体寸法データをもとにして，手で握るための最適高さの代表値を決める必要がある．この場合は最大値，最小値を参考にするのではなく，最頻値として平均値，中央値などを参考にして設計するのがよい．大人と子どもでは最適値が異なることから，手すりを上下 2 段として大人と子どもが使えるようにしている例もある．

このように建築空間を設計する際の空間寸法の基準として，人の寸法が一つの目安となるが，その目的に合わせた代表値を用いる必要がある．

d. 人の寸法を計画に応用する

建築や環境を人間工学的観点から検討する上で重要になる点の一つは，さまざまな方法で「人をはかる」こと，それをもとに計画を検討することである．ここでは，建築人間工学の研究を例に取り上げ，人と環境の対応を考えた計画手法について説明する．研究から計画に至る手順は以下の通りである．

（1）対象を選ぶ：　問題がある対象を選ぶ．新規計画で対象物がない場合には，類似のモノ，施設を対象とする．

（2）問題となる要素を明らかにする：　人が利用する上での対象物の問題に関連するデータ項目（寸法，重さ，力など）を明らかにする．

（3）データをはかる：　人の利用を想定した実験，調査をおこなうことで，対象のデータ，人のデータ，対象と人の関係のデータなどをはかる．

（4）データから代表値を明らかにする：　複数サンプルの測定データを目的に合わせて統計的に処理し，代表値を明らかにする．

（5）観察から行動特性を知る：　観察や分析から対象や人の行動特性を明らかにし，人間と対象，環境の適応を評価する．

（6）分析結果をもとに計画を検討する：　代表値，行動特性の評価結果をもとに計画に適応した寸法を決定する．

（1）対象を選ぶ　ここでは，建築物内に設置され，火災時に使用する防火戸を例にとり説明する．防火戸は，火災時に閉じることで火煙を一定範囲に閉じ

5.2 建築環境と建築人間工学

こめる役割をする．一般のものを含めて戸は，大きすぎたり，重すぎたりするものは，非常に使いにくい．日常的に使用している戸は，使用する人が不便に感じる機会が多いため，適切なものが用いられる場合が多いが，非常時のみに利用される防火戸などでは，寸法が大きいものや重いものが多いのが現状である．とくに，高齢者や車いす利用者など力の弱い人にとって，重い防火戸は問題がある．

(2) 問題となる要素を明らかにする

防火戸を誰もが支障なく使えるようにするためには，小さい力かつ単純で楽な動作によって開閉できなければならない．

図 5.14 実験による防火戸の通り抜け動作の検討（佐野ほか，2003）

人が戸を通過するためには，次の二つの能力が必要である．①戸を通過するための動作（ノブを回す，戸を押し開くなど）ができること，②戸を開く力を発揮できること．ここでは，防火戸を検討するために，これらの人の行動能力と人の発揮力に着目して実験をおこなう．

(3) データをはかる　　使いやすい戸の基準を検討するために，被験者による防火戸の通過実験を行う（図 5.14）．ここで取り上げるのは，自走式車いすの利用者を想定した被験者が，防火戸を通過する実験である．実験条件として，戸の重さ，戸の幅，車いすが戸に接近する方向を設定している．実物大の防火戸模

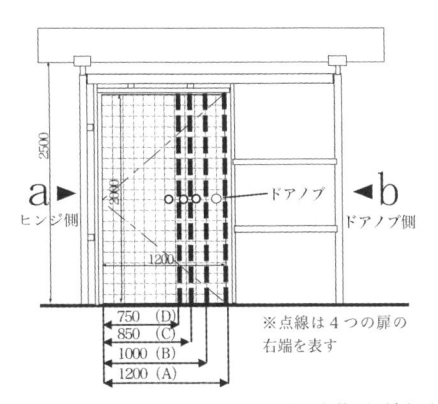

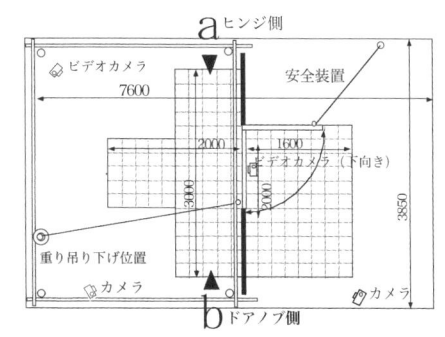

図 5.15 実験装置の概要，立体面（左）と平面図（右）（単位：mm）（佐野ほか，2003）

110　5. 人間と建築環境学

大型車いす
ヒンジ側

大型車いす
ドアノブ側

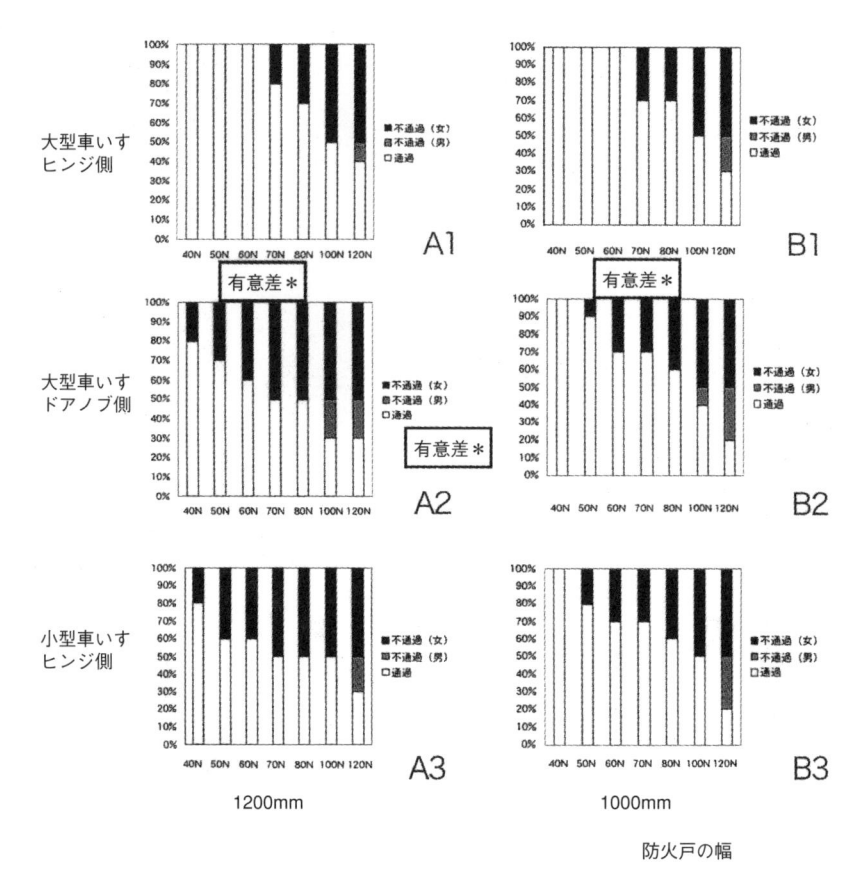

小型車いす
ヒンジ側

A1　B1

有意差＊　有意差＊

A2　有意差＊　B2

A3　B3

1200mm　1000mm

防火戸の幅

図 5.16　防火戸への接近方向と

型を作成し，段階的に条件を変えながら，車いすによる通過実験を繰り返すことで，各条件ごとに通過できるかどうかを調べる（図5.15）．実験室内の実験ではその他の条件を統制することができるため，要因と結果の明確な関係を導き出せる．

(4) データから代表値を明らかにする　実験の結果は，わかりやすくグラフや図表にまとめる．複数のグラフがある場合には，結果を比較しやすいように縦軸，横軸をそろえるとよい．ここでは，車いすで防火戸を通過できたかについてグラフを整理している（図5.16）．各グラフの横軸が戸の重さ，縦軸が通過できた人の割合である．グラフ配置の行は車いすの種類と接近方向，グラフ配置の

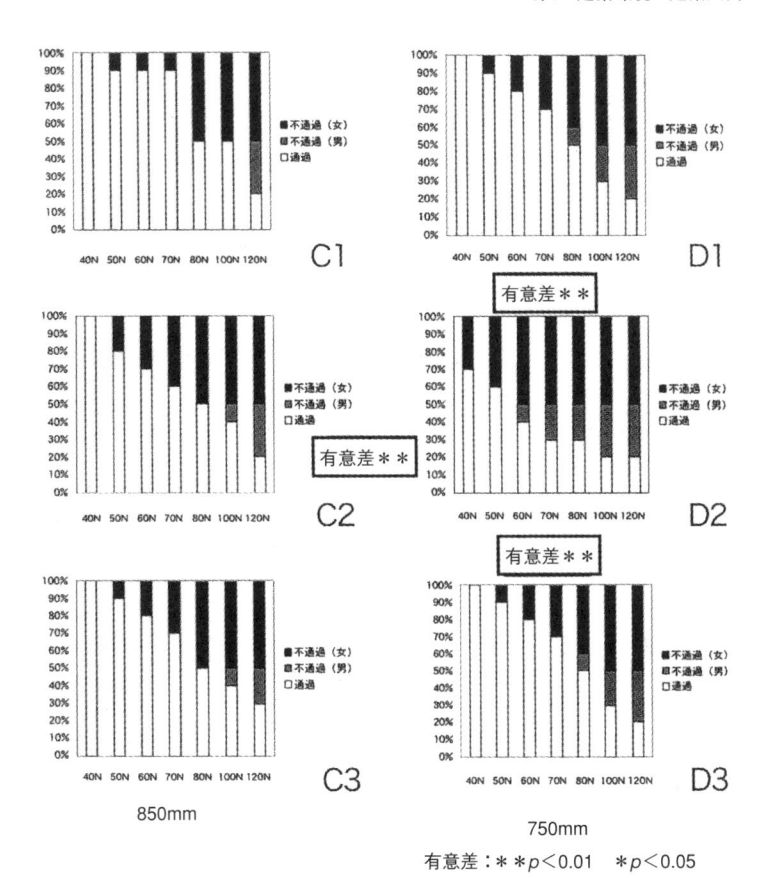

5.2 建築環境と建築人間工学　111

有意差＊＊（C2）
有意差＊＊（D1）
有意差＊＊（D2）

850mm（C1, C2, C3）
750mm（D1, D2, D3）

有意差：＊＊$p<0.01$　＊$p<0.05$

通過の可否（佐野ほか，2003）

列は戸の幅を示している．実験結果からほとんどの人（おおむね90％以上）が車いすで通過できるためには，防火戸の開閉力の一定値以下（ここでは50 N以下）にすべきであることが判断できる．また，車いすが通過するためには一定幅以上（ここでは850 mm以上）の大きさとする必要があると言える．

　データ間に意味のある差があるかどうか判断するためには，統計分析をおこなうことが有効である．例えば，二つの実験群のデータの平均値の差は，t検定により分析し，有意差（1％または5％未満）の有無によって判断する．ここではグラフ間に有意差のある条件の組合せを記号で示している．接近方向についてドアノブ側とヒンジ側には有意差があることから，戸への接近方向によって通過し

やすさが異なると言える．これは，戸の開き勝手，および車いす利用者が使いやすい手（右手，左手）によって通過しやすい向きが異なるためである．

(5) 観察から行動特性を知る　家具や戸など，人とモノの関係から使いやすさを検討する際には，人がモノを利用する様子をビデオカメラや計測機器などでとらえて，人間工学的に分析することも一つの有効な手段となる．ここでは，健常者と車いす利用者の防火戸の通過動作の観察からその特性を把握する方法を示す．

実物大の防火戸実験装置を通過する行動を観察する手法として，ビデオカメラでの撮影映像と，モーションキャプチャシステムによる計測から移動軌跡の分析をおこなう．モーションキャプチャシステムは，CGアニメーションなどで用いられる時系列の身体各部の位置座標を計測する装置であり，人間動作の解析にも用いられる．測定する身体各部にマーカーと呼ばれる反射材を取り付け，その三次元の位置を赤外線カメラで計測し，コンピュータ上で処理することで人体骨格の動きを計測することができる（図5.17）．ここでは，人の頭頂点と両肩にマーカーを取り付け計測している．

人の頭と肩の位置の移動を曲線で，車いす，ストレッチャーの外形を四角形で表す（図5.18）．戸を通過するときの人の動作を目に見える形で表現することで，戸の通過しやすさを分析することができる．戸の通過がスムーズな場合には，頭や肩の軌跡が直線的で滑らかになる．通過が困難で乱れる場合は，軌跡は折れ曲がりねじれる．このように軌跡を分析すると以下のように判断できる．

健常者は，頭と肩の軌跡が互いに平行で直線的であり，スムーズに防火戸を通過している．一方，車いす利用者は，軌跡が湾曲しており，戸の通過に苦労している様子が読み取れる．寝台で人を運ぶストレッチャー操作者の軌跡は，途中で折れ曲がりねじれており，通過に支障をきたしていることが読み取れる．

ビデオカメラの映像からは，現場の様子を把握することができる．さらにビデオカメラの動画や軌跡データを測定し，目に見える形で表現することで人の行動特性を詳細に把握

図 5.17　モーションキャプチャによる人体動作の計測

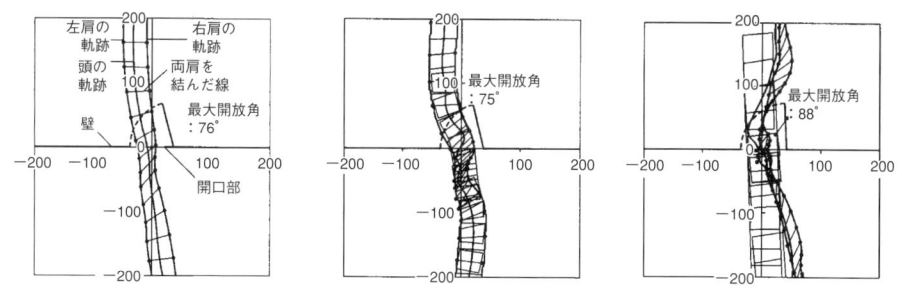

図 5.18 動作分析による防火戸の通り抜け動作の検討（佐野ほか，2002）
健常者男性歩行軌跡（左），自走式車いす歩行軌跡（中），ストレッチャー歩行軌跡（右）．
開き戸 80 cm の場合，単位：cm．

できる．

（6）分析結果をもとに計画を検討する 防火戸などの防火設備は，さまざまな身体能力，身体特性をもつすべての人々が安全にかつ円滑に利用できることが求められている．実験の分析結果をもとに建築計画を考えると，車いすで防火戸を通過するためには，戸の幅を十分なものとするとともに，戸は軽く開けやすいものにする必要がある．また，戸に接近する方向によって通りやすさが異なることから，戸の前で車いすが転回するためのスペースを確保することが必要となり，計画上の配慮が求められる．このように，実験，調査の結果から人の行動特性を見出すことで，計画を検討することが重要である．また，人の特性を配慮する一方でそのほかのニーズとのバランスも考える必要がある．

e. 使いやすい建築環境をつくるために

使いにくい環境，建築がある場合，人が悪いのではなく環境に問題があると考え，よりよい環境に改善していくことが必要である．とくに安全性，使いやすさは，重要な要素である．また，対象となる利用者と建築用途の関係を見極める必要がある．特定の人が利用する住宅などと不特定の人が利用する公共施設などでは計画の方法が異なる．特定の人が利用する住宅などでは，個人のライフステージに合わせて長いあいだ使えるように配慮する．個人の身長，体格など，身体的な特性を検討するとともに，若いときから年をとるまで，人々の経年的な変化を考慮に入れた対応がよい．最初からすべてを用意するのではなく，人の生活や加齢による変化に合わせて可変（変更，付加が可能）できるようすることも有効である．例えば，手すりをとりつける予定のある部分の壁の中にあらかじめ下地を入れておく，室のつながりを考えて取り払える壁を計画し，車いす利用や介護に

対応して,別の方向から部屋にアクセスできるなどの変更を可能にしておくことなども効果的である.

公共性の高い施設では子どもからお年寄りまでさまざまな属性の人が利用できる計画とする必要がある.問題が起きてから処理するのではなく,事前に検討し対策することで,トータルなコストを削減することができる.例えば,高齢者や車いす利用者のための手すりなどは後付けで対応するよりも,設計段階からあらかじめ計画することで無理なく利用しやすい設計がおこなえる.

このように,人によって構築される環境としての建築を計画する場合,人間工学的手法によって人の行動を調査,計測,分析し,その結果をもとにして人に適した計画および解決策を検討することが必要である.使いにくいモノや場所には,環境側に何らかの問題があると考え改善していくことで,安全で,無理せず利用できる環境とすることが可能になる. 〔佐野友紀〕

<文　献>

日本建築学会編(1999):建築人間工学事典,彰国社,東京.
日本建築学会編(2003):建築設計資料集成「人間」,丸善,東京.
小原二郎・加藤　力・安藤正雄編(1986):インテリアの計画と設計,彰国社,東京.
佐野友紀・布田　健・松村　誠(2003):防火扉の幅および開閉力が通過に及ぼす影響,避難弱者を含めた避難安全に関する研究　その3,日本建築学会大会学術講演梗概集.
佐野友紀・建部謙治・萩原一郎・三村由夫・本間正彦(2002):災害弱者による防火設備開口部の通過特性.日本建築学会計画系論文集,pp.1-7.
(社)生活人間工学研究センター(1997):日本人の人体計測データ(1992-1994),(社)生活人間工学研究センター,大阪.
高橋鷹志編(2003):環境行動のデータファイル,彰国社,東京.

6 人間と社会環境（1）
―家族と仕事―

6.1 新しい家族研究の可能性

　家族が，人間を取り巻く社会環境の中の重要なものの一つだということに異論を唱えるものはいないだろう．たいていの場合，人間は，親が形成する家族（定位家族）の中に選択の余地なく運命的に生み落とされ，そこで育てられ成長する．つまり，定位家族は人間が生まれて最初に経験する直接的な社会的環境であるがゆえに，人間発達や人間形成に重要な影響を与える環境と想定されている．人間は成人以降もこの定位家族の関係を持続させる一方で，定位家族およびそのほかの社会的環境の中での経験と知識にもとづいて，結婚によって自らの新しい家族（生殖家族）を形成し，配偶者とともに自らの子どもを産み育てることとなる．その過程で親や兄弟姉妹の老いや死を経験し，また自らも老いていき，配偶者や子どもに看取られて死を迎えることも多い．現代社会においては結婚しない選択や子どもをもたないという選択をする人も増加しているが，その場合でも少なくとも定位家族は存在し，その成員である両親や兄弟姉妹との関係はいずれか一方の死までかなり長期にわたって持続することになる．このように，人間の一生は家族とともにあるといっても過言ではない．したがって，これまでさまざまな学問領域において，家族は人間の直接的で重要な社会的環境として位置づけられ研究が蓄積されてきた．

　それら従来の研究の多くが前提にしてきたのは，人間の外部にあって人間を取り巻き，人間の行動や意識に影響を与える客観的実体としての家族であった．こうした考えはわれわれの一般的常識とも符合して理解されやすく，この前提のもとで多くの家族研究がおこなわれその成果を蓄積してきたわけである．しかし，そのことは同時に，それ以外の前提に立つ家族研究の追究を封印してきたとも言えるのではないか．したがって，「人間に外在する客観的実体としての家族」と異なる前提に立つ家族研究に取り組むことは，従来の家族研究では扱うことのなかった家族の新しい側面に光を当てる可能性がある．それらの研究は，おそらく人間にとっての家族の意味を，これまでよりも拡張して考えることを可能にしてくれるものとなるだろう．

本節では，従来の家族研究の中で家族がどのように位置づけられ研究されてきたのかをまず概観し，それらが内包する問題点を指摘し，その上で新しいスタイルの家族研究の可能性について検討することにしたい．ここで検討する新たなスタイルの家族研究は，人間科学の家族研究という限定された枠組みでおこなわれているものではないが，現在，多様に構想されている人間科学の最大公約数を，従来の科学研究のスタイルを革新し人間にとっての意味をより重視する学際的な科学研究の方向性を目指すものだとすれば，人間科学研究と重なり合うところもあると言えよう（注1）．

注1 本節では，集団や社会に対する用語としての「個人」を使用することが多いが，これはここで言う「人間」とほぼ同義に使用していることを断っておきたい．

a. 従来の家族研究

まず，従来の家族研究の中で，家族が人間や社会との関係でどのように位置づけられ，いかなる目的で研究されてきたのかを，欧米と日本の場合について概括的に振り返ってみよう．

家族の科学的研究の最初期のものは，19世紀半ばにヨーロッパではじまる制度的研究つまり社会的制度としての家族の研究であった．近代社会の産物である社会科学や社会学は，自らの存在基盤である近代社会を前近代社会との対比でさまざまな角度から説明しようとしてきた．テンニースのゲマインシャフトからゲゼルシャフトへ，デュルケムの機械的連帯から有機的連帯へなどは，いずれもこうした社会変動の図式を提示したものである．家族に関しても，そうした枠組みで，前近代社会に対応した封建的で家父長的な伝統的家族から近代社会に対応した近代的家族へという，社会変動にともなう家族変動が説明されてきた．これら初期の制度的家族研究では，社会にとっての家族の意味，つまり社会の変動や，変動する個々の社会の段階に対応した家族の制度的なあり方を明らかにすることが重要な研究課題であり，個人にとっての家族の意味は重要な関心事ではなかった．

その後20世紀に入ると，世界の政治経済の勢力図の変化に対応して，家族研究の中心もヨーロッパから米国へ移ることになる．米国では，E. W. バージェスとH. J. ロックがその著書名に謳った「制度的家族から友愛家族へ」(Burgess and Locke, 1945) という現実の家族変動を背景に，制度的研究から小集団としての家族の研究へという研究スタイルの大転換が起こった．これが，今日までつながる現在の家族研究のスタイルの源流と言えるものである．この転換によって，小集団としての家族の内部構造つまり家族内の人間関係や地位，役割などの研究が

発達し，それまでの制度的研究に比べれば家族研究は個人により密着したものとなった．個人の家族的行動を規定するのは家族員相互の愛情と合意であるとされ，小集団としての家族と個人の関係が家族研究の重要な研究テーマとなったのである．したがって，社会にとっての家族の意味や機能だけでなく，個人にとっての家族の意味や機能を問うことが可能になった．

日本の家族研究も，こうした欧米の研究の流れをほぼ踏襲している．戦前の家族研究は，ごく一部の例外を除いて制度的歴史的研究であったが，それはヨーロッパのように近代化や産業化による社会変動にともなう家族変動を説明するものではなく，戦前の日本社会の状況に規定されて，伝統的家族である「家」やそれを中心に構成される親族組織の研究に大きな成果をあげるという日本独自の特徴をもつものだった（注2）．しかし，戦後は一転して米国の強い影響のもとに，米国流の家族研究つまり小集団として家族の内部構造の研究が中心となり，戦前の「家」研究や親族研究の伝統は，戦後になると村落社会学や人類学，民俗学の研究テーマとなっていく．さらに，敗戦をはさむ戦前から戦後へという未曾有の社会変動を経験したことから，そうした社会変動に対応した直系家族制から夫婦家族制への家族変動を研究すること，あるいは急激な社会変動にともなって発生する家族問題を実践的に解明することが戦後の家族研究の中心的課題となった．日本の場合も，戦後は，個人にとっての家族の意味や機能が問われるような研究枠組みが成立したのである．

注2 戦前の制度的な家族研究を代表する研究者は，家の連合体としての同族団理論を打ち立てた有賀喜左衛門であり，例外的に集団としての家族研究で大きな成果をあげたのは，1920（大正9）年の第一回国勢調査の1000分の1抽出写しを統計的に解析し，当時の日本の家族の形態を全国規模で明らかにした戸田貞三である．戦後の家族社会学は，この戸田貞三を日本における開祖と位置づけて出発した．

このように，概観してきた従来の家族研究の基本的な前提は，家族を人間に外在する客観的実体としてとらえ，この客観的実体としての家族が固定的なものではなく，時代や社会，文化によって可変的で多様なものでありうるということである．人間にとって身近で重要な社会的環境とされる家族を，このように科学的研究の対象となる客観的実体として明確に定位し，しかもそれが時代や社会，文化によって可変的で多様であるとし，時代や社会，文化との関連の中でそのバリエーションを検討するという研究枠組みはなかなか魅力的であり，だれもがこの立論に魅了され，多くの研究成果を産出した．

しかし，社会学と人類学とでは，基本的な相違があったことも事実である．社

会学では，すでに見てきたように，前近代社会の伝統的家族ないし封建的家族あるいは家父長制家族が，社会の近代化とともに近代家族へと変化し，さらにはそれが現代家族につながるという基本図式にもとづいて家族研究をおこなってきた．この基本図式が暗黙の前提としているのは，どのような社会の家族も，近代化および現代化の進展とともに類似した家族に収れんするという考え方である．米国の人類学者 G. P. マードックが提示した「核家族普遍説」（マードック, 1978）がこの考え方を補強し，収れんする家族は核家族であるという主張が有力となり，それにもとづく研究が戦後盛んになる．一方，通文化比較研究をおこなう人類学の家族研究にあっては，むしろ文化の違いによる家族の多様性，つまり家族の相対化が基本図式となる．そのため，同じ人類学者マードックの説にはくみせず，人類学者と社会学者のあいだでは，家族定義をめぐる論争が，先行する欧米では1960年代に，その後日本でも激しく交わされることになる（注3）．そのこと自体も，身近なものと考えられている家族の研究が多面的で複雑なものであることを知らしめる効果をもち，家族研究の一つの魅力ともなっていた．

注3 日本では，人類学者蒲生正男が，家族社会学者に対して，家族および親族の定義をめぐって厳しい批判を展開した（蒲生, 1974）．

しかし，その後1970年代以降，社会学の家族研究にあっても，核家族への収れん説は，現実の家族がそのように動かなかったことを背景として支持を失っていく．それに代わって登場したのが「家族多様化説」である．一見すると，社会学の家族研究が人類学の軍門に降ったかのように見えるが，そうではなく，社会学の枠組みの中での転換があったのである．むしろ，皮肉なことだが，一方の人類学では1980年代以降，家族と親族の研究は初学者に向けた教科書で説明される教育面での主要な項目の一つであることは変わりがないが，主要な研究テーマではなくなってきているという事情がある（注4）．

注4 人類学における近年の家族（親族）研究の停滞ないしは転換について，ここでは詳しくふれる余裕がないので，渡辺（2002）などを参照されたい．

b. 従来の家族研究への批判

しかし，米国では1960年代以降，日本の場合には80年代以降，従来の家族研究には批判が加えられることになる．では，従来の家族研究の枠組みの，どこが，なぜ，どのように批判されたのか．

批判の矛先は，取りも直さず，多くの研究者をひきつけた魅力的な立論そのものに向けられた．つまり，家族を人間に外在する客観的実体としてとらえ，この客観的実体としての家族が固定的なものではなく時代や社会，文化によって可変

的で多様なものでありうるとする，これまでの社会学の家族研究の研究枠組みそれ自体が批判されたのである．批判の対象となった従来の家族研究の枠組みが依拠していたのは，当時の米国社会学を席巻していた，T.パーソンズに代表される構造機能主義であった．この構造機能主義においては，家族は個人と社会の中間項に位置づけられ，個人と社会の関係を調整する適応的なユニットであると考えられた．つまり，家族は一方で個人の成長と発達を支え，各人のニーズを充足するものであり，もう一方では社会の存続と秩序維持を保証すべきものだと考えられてきた．そこから導かれる帰結は，家族は，家族を構成する個人および社会にとって必要不可欠な機能要件を備えた，それゆえ普遍的な制度だということである．普遍的な制度であるということは，家族が社会の構造変動に対応して新たな社会のニーズを充足するようつくり直されるということであり，その結果，従来の家族研究者たちの関心は，家族と社会とのあいだの適合的な関係のあり方にあったのだといえる．

そして，第二次世界大戦後の1950年代の米国の産業社会のシステムに適合的な家族が核家族だとされ，研究者はもっぱらこの核家族の研究に精力を注いだのである．この影響力のもとで，米国以外の社会でも産業化が進めば家族は核家族に収れんするという考え方が支配的になった．戦前の家制度を否定して戦後の新しい家族のモデルを模索していた日本の場合も，産業化が進む米国をモデルにしたため，家族研究は核家族をモデルとしておこなわれるようになる．しかし，すでにふれたように，現実の家族は社会変動や産業化の進展によって核家族に必ずしも収れんすることはなく，従来の支配的な家族研究の立論は現実の家族のあり方や変化の実態から疑問を呈されることになる．また，それと同時に，家族研究の理論や方法論にも批判が加えられる．従来の家族社会学理論が依拠してきた構造機能主義アプローチは，社会の均衡維持への機能的貢献を重視しすぎて静態的であるとか，個人の主体的な貢献や意味をうまく取り込めていないなどの点で批判され，それは家族社会学においても同様の状況であった．その結果，家族は現実のあり方および家族研究の理論と方法のあり方の両面で，画一化もしくは収れんの時代から多様化もしくは拡散の時代に突入することになる．

c．新たな家族研究の可能性

これまでみてきたように，従来の家族社会学は客観的実体としての家族集団の特質や，それが社会に対して適合的なものであるための機能を研究することに力を注いできた．マクロには客観的な統計データを用いて社会における家族集団の特質や家族機能を説明することを試み，またミクロには家族生活が実際に営まれ

ている世帯においてこそ家族についての正確で詳細な情報が得られるとの前提にもとづいて，世帯を訪問してインタビューをおこなったり観察しようと試みたりしてきた．それが家族社会学研究だったのである．しかし，新しい家族研究の関心の所在はそのような客観的実体とされる家族それ自体にではなく，客観的実体とされる家族が個人や社会にとってどのような意味をもつのか，そして家族の意味がどのように構築され組織化されているのかということを問うことにある．

では，従来の家族研究に代わる新たな家族研究の可能性はどのようなものなのか．こうした研究の蓄積はそれほど多くはないので，新たな家族研究の可能性についてどのようなプロジェクトが考えられるか検討してみよう．

(1) 誰が家族か 誰が家族の成員かという問題は，ことさら取り上げる必要もないごく当たり前の事柄のように思えるが，じつはそれほど簡単な問題ではない．これまでの家族研究が前提としてきた客観的実体としての家族は，小集団としての家族と言い換えてもいいだろう．一般的な社会集団の特徴は，集団の成員と非成員がメンバーシップ（成員権ないし成員資格）の有無によって明確に区別されることにある．例えば，筆者の研究室に所属する3年生12人は科目登録など事務的な手続きで証明することが可能で，これは状況がどのように変わろうとも固定的なものである．つまり，誰が研究室のメンバーで誰がそうでないかは一目瞭然で，ある人からみると11人になったり別の人からみると13人になったりはしないのである．家族に関しても，これまでそれを集団境界が明確な固定的な小集団であるとする見方が支配的であったが，はたしてそうだろうか．

上野の「ファミリーアイデンティティ」の研究は，この点を問題にしたものである（上野, 1991）．通常は同じ「家族」だとされる複数の人々に家族として同定できる範囲を質問したものだが，回答にズレがある場合がある．従来は，血縁や居住，経済の共同の存在が家族の範囲を規定する重要な条件だったが，それらが欠けても家族と同定されるケースや，逆にそれらがあっても家族と同定されないケースがあることが示されている．上野の分析からは，かつての自然的実体としてあった家族では誰が家族の成員であるかはあえて問うまでもない自明のことだったが，家族のあり方が変化した現在，改めて問う価値のある問題であることがわかる．

また，筆者も毎年「家族社会学」の講義の最初のガイダンスで，自由に家族の範囲を答えてもらう質問と，入学時に大学に提出する書類の「家族欄」に誰を記入するかという質問をしている．同じ「家族」をあげてもらう質問だが，その回答内容にズレがある場合が多い．自由に回答してもらった「家族」には，結婚し

て他所に世帯を構えているきょうだい，同居していない田舎の祖父母，すでに亡くなっている祖父母，そしてかわいがって育てているペットなどが登場するのに，それらは公的書類の「家族欄」ではあげられることはない．これらの回答の一方が正しく，他方は間違っているというわけではない．どちらも当人がそうだと考えている，その意味で正しい「家族」なのである．この簡単な二つの質問を対比することだけでも，われわれが日常生活を営む上で考える「家族」は固定的なものではなく状況によって可変的であること，つまりわれわれは状況に応じてそれに相応しい「家族」をその都度提示していることがわかる．

　これらが，客観的実体としての家族を疑うことから生じる新しい家族研究のプロジェクトのひとつの例である．従来の研究のように，家族を小集団として客観的実体だと考えれば，状況が変わろうともその集団は固定的なものであるということになる．とくに日本の家族社会学研究では伝統的に「家族構成」に強い関心があり，直系家族制（典型的には三世代同居家族）から夫婦家族制（典型的には夫婦と未婚の子供たちからなる核家族）への家族変動を問題にしてきたが，そこにあったのは，ある時点での「家族」を固定したものととらえてその構成を問題にするという研究スタイルだった．もちろん，時間の経過による個々の家族の構成の変化は，家族周期論（family life-cycle）の重要なテーマとして研究者に共有されていたが，同一時点でも個人の中には複数の「家族」がありうるということを問題にする研究はなかったのである．

　(2) 家族言説に注目する　　客観的実体としての家族にとらわれないスタンスに立つことによって，家族研究のフィールドは従来よりも拡張されるが，それがもっとも顕著に現れるのは「家族」という言葉の語りや記述に注目した研究においてである．

　例えば，大会で優勝した野球チームの選手が，優勝の原因を質問されて次のように回答することは実際にありそうなことである．「チームのみんなが家族のように仲がよかったからですよ」．ここで使用されている「家族」は，客観的実体として実在する家族ではなく，外部に対しての団結や内部での親密性を意味する比喩として用いられているものである．従来の家族研究からすると，このような比喩は，まっとうな研究のテーマではないと切り捨てられてきた．しかし，「チームが今年優勝できなかったのは，われわれみんなが家族のようにしょっちゅう仲たがいをしていたからですよ」という発言が可能になったとしたら，団結や親密性を象徴する「家族」のイメージが変化した，もしくは影響力をもちえなくなったことを意味していることになる．こうした家族イメージの研究も，立派な家族

研究ではないだろうか．

　家族言説の研究は，二人以上が参加する相互行為的な会話のやり取りをデータとしておこなわれることが多い．次にあげるのは，かつて筆者の担当する家族社会学の「調査実習」の授業で，都内の児童遊戯施設においておこなった調査のデータである．調査は，この施設に親子で遊びにきた就学前の子どもに，学生がしばらく一緒に遊んでうちとけてから「家族」に関する質問をするという設定でおこなった．このデータの子ども，太郎くん（仮名）は5歳で，「家族」という言葉は知っており，学生の質問に対して自らの「家族」の知識を動員し，学生の質問に対して説明可能なかたちで「適切に」回答し，会話のやり取りをおこなっている（注5）．

注5　Qは学生，Aは太郎くんをさす．なお，本節に掲載する上で理解が得られやすいように，データには会話のやり取りの基本線は維持した上で若干の修正を加えたので，そのことをお断りしておく．

　　Q：太郎くん，何人家族なの？
　　A：（指で3と示す）
　　Q：3人って，だーれ？
　　A：えーとねー，おかあさんと，おじいちゃんと，おばあちゃん．
　　Q：へー，おとうさんは？
　　A：（しばし沈黙のあと）おとうさんはね，おうち，やめちゃったの．
　　Q：どこ，いっちゃったの？
　　A：とおくに……，かどうか知らない．
　　Q：弟や妹はいないの？
　　A：（しばし沈黙のあと）ムーチンがいる．
　　Q：ムーチンって，だれ？
　　A：ネコ．もう（ぼくが）大きくなったから弟．
　　Q：もうほかにはいないのかな？
　　A：ツバメもいるよ．夏になったら帰ってくるんだ．

　会話のやり取りからわかるように，インタビューをはじめると，太郎くんの父親は亡くなっているか離婚しているかで不在であることがわかった．それを，太郎くんは，ふだん家庭の中でそう説明されているのだろう「おうち，やめちゃったの」と表現した．さらに詳細な説明を求める学生の質問に対しては，明確な回答はなされなかった．父親についての情報はあまり与えられていないか，もしくは幼いながらに他人に説明することを躊躇したのだろうか．続く「弟や妹はいな

いの?」という学生の質問に,おそらくひとりっ子と思われる太郎くんは,何らかの回答が必要と思ったのだろうか,ネコの「ムーチン」を登場させている.しかも,人間の兄弟姉妹の年齢の上下は固定的だが,かつては太郎くんの兄であったムーチンが,いまや弟であると説明する.おそらく,これは,ムーチンが5歳以上で,太郎くんより年上なのだが,小さくてかわいがっている弟のようなものであるとしての回答なのだろう.学生が「お兄ちゃんか,お姉ちゃんはいないの?」と質問した場合には,ムーチンを「お兄ちゃん」として回答した可能性もある.さらに学生の「ほかにはいないの?」という質問に対して,これまでのやり取りから,家に一緒に住んでいるものが「家族」だという説明が,相手に肯定的に受け取られることを理解した太郎くんは,季節的にやってくる「ツバメ」も「家族」だという回答を提示している.

　この会話のやり取りを,大人に比べるとまだ十分な家族知識を獲得していない子どもを対象にした特殊な事例として片づけ無視することも可能だ.しかし,会話のやり取りの構造は大人の場合であっても同様だととらえたい.誰もがそれぞれの家族知識をもとに,相手との相互行為的なやり取りの中で,その場の状況に相応しい理解可能な「家族」を提示し,会話を成立させているということの基本的な枠組みは,この事例においても何ら変わるものではない.

　こうした相互行為的な会話のやり取りをデータとした新たなタイプの家族研究を積極的に推進しているのは,米国の社会学者 J. F. グブリアムと J. A. ホルスタインである(グブリアム・ホルスタイン,1997).彼らは,ナーシングホームやアルツハイマー病患者の介護者のための支援グループと自助組織,地域精神保健施設と措置入院を決めるための審理など,社会福祉と医療のサービス施設と地域の現場で多くの研究成果を蓄積している.彼らの研究は,社会構築主義(social constructionism)という新しい理論的立場に立脚しており,その視点から従来の家族研究を批判的に検討し,同時にそうした立場からする研究プロジェクトの具体例を数多く提示している.理論枠組みと具体的研究例のいずれも,新しい家族研究のひとつの方向性を指し示すものである.

　以上,新たな家族研究の可能性を検討してきた.しかし,ここで提示したいくつかの研究プロジェクトは,従来の家族研究を否定し全面的にそれに取って代わろうとするものではない.あくまでも従来の家族研究が注目してこなかった家族の側面に焦点を当てて,家族の新たな研究領域を開拓するという役割を担うものであり,そのことによって家族研究のさらなる発展を展望するものである.

〔池岡義孝〕

<文　献>

Burgess, E. W. and Locke, H. J. (1945) : *The Family from Institution to Companionship,* American Book Company, GA.

蒲生正男編 (1974)：人間と親族　現代のエスプリ80，至文堂，東京．

グブリアム，J. F.・ホルスタイン，J. A.；中河伸俊ほか訳（1997）：家族とは何か—その言説と現実—，新曜社，東京．[Gubrium, J. F. and Holstein, J. A. (1990) : *What Is Family,* Mayfield, CA.]

マードック, G. P.；内藤莞爾訳(1978)：社会構造—核家族の社会人類学—，新泉社，東京．[Murdock, G. P. (1949) : *Social Structure,* Macmillan.]

上野千鶴子（1991）：ファミリー・アイデンティティのゆくえ．家族の社会史　シリーズ変貌する家族1（上野千鶴子ほか編），岩波書店，東京．

渡邊欣雄（2002）：家族（親族）研究の終焉と新環境下の「家族」．家族—世紀を超えて—（比較家族史学会編），日本経済評論社，東京．

6.2　人間と労働・職業環境の変化

　ここ十年来，グローバル経済化の影響を受けて，労働・職業環境の変化が激しい．経済の国際競争が一段と厳しさを増し，これに対応するために経済構造改革（規制緩和など）がドラスティックにおこなわれている．企業はリストラを進め，失業率の増加，労働市場の多様化などが目立っている．これらの変化の中で，働く場において何が変わり何が変わらないのか，その基本筋を明らかにしておこう．

a．労働環境の変化

　(1) 日本的経営とは　　働く人の多くにとって，働く場（組織，職場）におけるもっとも基本的な経営方法は「日本的経営」と言われるものである．それが典型的に見られるのは大企業においてだが，中小企業や官公庁においても大なり小なりその特徴が見られる．

　ここ数年，マスコミ紙上では「日本的経営」の「崩壊論」が盛んに言われ，あたかもそれが通説であるかのような状況を呈している．だが，それは本当なのだろうか．もし「崩壊」と言うなら，「日本的経営」が消え去ったことになる．ではそれに代わるまったく新しい経営が見られるのだろうか．このように問えば，いずれも答えは不確かなものになる．

　零細企業，ベンチャー企業，IT企業，外資系企業などの例をあげて「崩壊論」の根拠とする主張がよく目につく．だが，これらの企業はもともと「日本的経営」とは異質な経営をおこなってきたのだから，これをもって「崩壊論」の根拠とすることはできない．「崩壊」とは言うまでもなく存在していたものが消滅することを言う．それ以外の企業，とくに多くの大企業においては「崩壊」と言えるよ

うな状況にはない．最近の変化は「日本的経営」の「変質論」で説明するほうが妥当だろう．

「日本的経営」の特徴について，「三種の神器」論が言われたことがある（河西, 2001）．それは終身（長期）雇用制，年功制，企業別組合のことを指しており，おおまかには実態に妥当している．

終身（長期）雇用制をもっともよく示すものは，生え抜き登用の慣行である．その企業に新卒入社し長期勤務し続ける者のほうが，中途採用者よりも昇進が早く上位の役職に就きやすい慣行のことを指している．実態調査によれば，たしかに多くの企業では，そのような実態が示されている（小野, 1997）．年功制とは，勤続年数に応じて昇進・昇給する制度のことを指していると，一応しておこう（先働き・後払い賃金）．企業別組合とは，その企業の従業員によって組織され，企業の存続・発展によって賃金・雇用が守られると考える労働組合のことである（河西, 1989）．

では，終身（長期）雇用制は「崩壊」したのだろうか．最近の資料によれば，長期雇用は依然として存続しており，その変化は小さい（久本, 2003）．企業別組合にしても，たしかに組織率は20%を切ったが（2004年），「崩壊」しているわけではなく，大企業では現に存続している．

年功制については事情はもう少し複雑である．まず年功制という制度について，世間の誤解を解いておかなければならない点がある．いまでは研究者のあいだでは広く了解が成立しているが，年功とは単に勤続年数のみを指すのではない．年功とは，「年」（勤続年数）と「功」（功績）の制度のことである（河西, 1999）．重要なことは，「日本的経営」において勤続年数のみにしたがって一律昇進・一律昇給がおこなわれてきた例はない，ということである．

研究者の多くが明らかにしてきたように，「日本的経営」における昇進ツリーを見れば，同期入社者が一律昇進・一律昇給するという事実はない．それどころか，同期入社者は勤続年数の上昇とともにさまざまな理由で選別・排除されていく．定年まで残る者はせいぜいひとりまたはゼロである．いつでもサラリーマンは35歳前後からはじまる厳しい昇進競争にさらされ，選別・排除されてきたのである（竹内, 1995）．

「日本的経営」と言われる日本の「企業社会」は，いつの時代でも「競争・選別」社会であった．この実態は昔も今も変わりがない．「競争・選別」の方法は時代によって変化し，流行と廃れがある（かつては米国から輸入された能力主義が，いまは同じく米国から輸入された成果主義がもてはやされている）．

(2) 日本的経営の「変質」　このように考えれば,「日本的経営」は「変質」しつつも,なおも存続している.そして長期雇用,年功序列,企業別組合によって守られた「中枢部分」の従業員層はたしかに存在している.この従業員層の基本構成には変わりがない（熊沢,1989）.

ただし「競争・選別」の度合いが激しくなっており,正社員層（中枢部分）が細くなっていることは事実である.「企業社会」では好況期の「日本的経営」が有していたユトリ（遊び）の部分がどんどんなくなってきており,「乾いた雑巾をさらにシボル」といった経営合理化が厳しくなっている現象が見られる（河西,2003）.

成果主義の導入などはその例である.だが,米国直輸入の成果主義は,やがてはその功罪が云々されるようになり,日本的修正が施されていくことだろう（日本で最初に成果主義を導入した富士通では成果が上がらず廃止している；城,2004）.日本的修正版の成果主義の内実は,これまでの年功制による「競争・選別」の方法と似た面が多くなるものと予想される.

見誤ってはならないのは,これは「日本的経営」がとってきたいつもの対応策だということである.戦後史を見れば明らかなように,「日本的経営」は,経済の好調・不調の波に対応して,「中枢部分」の「フトリとヤセ」,人事管理の「ユトリとシボリ」,労働条件の「アゲとサゲ」などの対策を一貫してとってきた.これらは常に繰り返されてきた現象である.戦後史において,マスコミなどによって「日本的経営」の「崩壊」が叫ばれたことは何回かある（1950年前後の職務給導入期,1960年前後の技術革新導入期,1970年前後の貿易自由化期,そして1990年前後のバブル経済崩壊期）.それにもかかわらず,大企業を中心として「日本的経営」の実態はいまも続いている（トヨタ,キヤノン,ナショナルなど,長期雇用を掲げる有力企業の例をあげることは難しいことではない）.財界トップも「安易にリストラに走る経営者はまず自ら退陣すべきだ」として長期雇用を柱とする「日本的経営」の維持を経営者陣営に訴えている（奥田,1988）

近年の大きな変化は,1990年前後のバブル景気の崩壊,それと軌を一にして襲ってきた経済グローバル化による激しい国際競争,そして団塊の世代が50歳前後の管理職層に達してきたことによる労働力人口の逆ピラミッド化現象を是正するためのリストラ策,それらの変化の大津波が一挙に襲ってきた結果であろう.ここ十年来の変化がかつてないほど大きかったから,「日本的経営」の「崩壊」のように見えたのである.「日本的経営」に保護された「中枢部分」の従業員層が維持されてきた実態には変わりがない.やがて経済が好転すれば,「中枢部分」が

太くなるに違いない．

「日本的経営」の特徴は基本的にはまだ「崩壊」してはいない．それは経済状況をはじめとする諸条件の変化に対応して絶えざる適応を繰り返しているのだ，と見るほうが実態に即している．

b. 職業環境の変化

(1) 労働市場の変化　現在，大きく変わりつつあるのは，非正規社員の増加による正規・非正規の構成，非正規社員に対する人事管理，そして非正規社員の働き方や労働意識などの部分である．もちろん，それにともなって正規労働者に対する人事管理，仕事のしかた，仕事意識なども変わる．正規・非正規の関係（仕事，権限，人間関係など）が変化する面はある．

ここではとくに変化が激しい非正規社員について見ておく．「中枢部分」が細くなったことにともなって非正規社員の増加，多様化は続いている（雇用者の23％，2002年）．それらはパートタイマー，アルバイト，派遣社員，契約社員などに類別される（厚生労働省, 2003）．

いま注目されているのは，非正規社員が仕事において「基幹化」してきているのではないか，ということである．それは量的基幹化と質的基幹化を意味している．卸売，小売業，飲食店やサービス業などでは約30％がパートなどで占められていて（厚生労働省, 2003），店舗によってはそれが80％を上回る例さえあり（量的基幹化），リーダー層の約80％を占めているという例もある（質的基幹化；東京都産業労働局, 2003）．

問題は待遇格差の点である．「基幹化」が進んでいるにもかかわらず，正規社員と非正規社員のあいだの賃金格差（約60％），人事処遇格差はなおも大きい（厚生労働省, 2003）．

両者のあいだの担当職務，仕事意識の差もしばしば指摘される．西野は「均等待遇」を進める立場に立って，質的基幹化の進行にもかかわらず，責任，権限，職務の点でなおも正規社員と非正規社員のあいだには格差がある実態を把握し，これらが人事担当者や当事者に対して「均等待遇」を説得するために克服すべき問題として残ることを指摘している（西野, 2004）．

一部には，働く人々自身が非正規社員化を望んでおり，それにともなって働き方の多様化は進んでいく，それは生活様式や意識の多様化に沿っているとする意見も見られる．その面は一部あるとしても，経営側が待遇格差を容易に埋めるとは考えられず，非正規社員の待遇格差への不満は解消されない．現状では非正規社員の増加は企業側の人件費削減策の面が強いと見るべきだろう．この現象を

もって，働く人々自身の働き方や価値観の多様化に即していると見ることは，まだ早計の段階であろう．

(2) フリーターの増加　労働市場の変化にしたがって，若者のあいだにフリーターが増加している．フリーターの定義は多様だが，厚生労働省によれば「15〜34歳，学生でも主婦でもなく，パートタイマーやアルバイトで雇用されている者」ということになる．その数は200万人（2001年）となり，不況による若者の就職難，新卒正規採用の減少と非正規社員の増加などを原因として，なおも増加しつつある（小杉，2003）．

1980年代の後半，アルバイト情報誌『フロム・エー』（リクルート社）が命名したことにはじまるとされるフリーターは，マスコミなどでは「自分の生活を楽しむために定職に就かずアルバイトで生活を送る若者」といったイメージでとらえられている．たしかにフリーターにもいくつかの類型があり，日本労働研究機構の調査では，①モラトリアム型（離学，離職），②夢追求型（芸能志向，職人・フリーランス志向），③やむをえず型（正規雇用志向，期間限定，プライベート・トラブル）に分類している（小杉，2003）．

この分類を借りれば，もっとも社会問題となるのは，確たる見通しをもたずにフリーターになるという意味で，①モラトリアム型（離学，離職）である．先のマスコミによるイメージと実態との乖離が大きいのも，このタイプである．

各種の実態調査の結果を通して考察してみれば，実態はマスコミ・イメージとは大きく異なる．調査結果によれば，多くのフリーターの1日の労働時間は6〜8時間，週38時間，年間勤務日数は200日以上であり，正社員とそれほど変わらない．にもかかわらず，賃金は正社員の約60％にすぎない，といった実態が浮かんでくる（小杉，2002）．

つまり，「気楽に自由に働き，生活を楽しんでいる」といったイメージからほど遠い．むしろ，正社員に近い働き方をしているにもかかわらず，賃金が安く，職業能力を身につける機会が少ない若者，といったイメージが浮かんでくる．また親の収入を見れば，正社員よりも低いという結果が出ており，自分で働いて生計を立てなければならない若者でもある（小杉，2002）．パラサイトシングルというイメージからもほど遠い．

さらに，フリーターの中の大きな塊である高卒（および高校中退）の女性について見れば，実態はさらに深刻である．高校の就職指導が「ひとり一社推薦制」となっており，その推薦の基準が成績と出席日数になっている（小杉，2002）．つまり成績が上位でなく，欠席日数が多い生徒は，卒業前にすでにフリーターの

宿命が待っている，という実態が明らかになる．

またフリーターからの「離脱」については，それに成功した人はフリーター1年以内の場合が多く，滞留年数が長くなるにつれて「離脱」の機会は少なくなり，本人も諦めにとらわれて「離脱」の気力が薄れてくるという実態も明らかになっている（小杉，2002）．

以上，いずれもマスコミの「フリーター観」とは異なり，困難な状況のもとで苦労しながら働いている人々という実態が浮かんでくる．一部のマスコミが書き立てるイメージに乗ってフリーターを志向する若者がいるとすれば，その将来には幾多の障壁が待ちかまえていると言わざるをえない．

c. キャリア教育

(1)「7・5・3問題」 若者のあいだのフリーターの増加に加えて，最近では学校にも仕事にもかかわりをもたないニートと言われる若者の増加が問題となっている（約60万人；玄田・曲沼，2004）．これらの現象を見るにつけ，大学におけるキャリア教育の必要性を痛感する．狭い意味での就職指導の意味ではない．キャリア教育とは，広い意味における「仕事意識」を育てる教育という意味である．学生たちの「自分探し」の試みの中に，「仕事」への志向を入れていくことが必要ではないか．そのような模索が大学教育に求められている．

大卒者のおかれた就職状況は相変わらず厳しい．ひとりあたり求人倍率は約50%の水準を上下しており，就職内定率は約60%（10月現在）程度という状況は続いている（労働省『労働白書』各年版，ただし2005年まで）．

せっかく就職しても，多くの者が早期に退職していくことが問題となっている．いわゆる「3年以内離職」と言われる問題である．就職後3年以内に退職していく者は，中卒約70%，高卒約50%，大卒約30%と言われる（「7・5・3問題」；佐藤ほか，2000）．

就職協定の廃止（1998年）にともなう企業の採用活動の早期化によって，就職活動は大学3年生の12月頃からスタートし，4年生の夏休み前までにはおおかたの勝負はついてしまう．多くの学生は，将来どんな仕事に就きたいのか，何をやりたいのかがはっきりとつかめないまま，約半年間で勝負がついてしまう短期決戦の渦潮に巻き込まれ翻弄される．最近は，インターネットに頼って就職活動をおこなう傾向が強まっていることもあり，先輩訪問によって自分の目で企業や仕事を確かめる機会も少なくなっている．ようやく内定をとってから，改めて自分の適職は何かと迷い（内定ブルー現象），就職してからはじめて本格的に自分と仕事のかかわりを考えるようになる．その結果のミスマッチが，3人にひと

りが「3年以内離職」という数字となっている．

日本と欧州各国の大卒者に対する比較調査がある．それによれば，日本の大学生の「仕事意識」の希薄さが際だっている．欧州の大卒者は入学前にさまざまな職業経験をもっており，入学後も休学などによって本格的な就労を経験し，専門的知識や技術を身につけて就職し，その後の職業満足度が高い．それにくらべて，日本の大卒者は，入学前も入学後も本格的な就労経験をもっておらず（せいぜいアルバイト程度），専門的知識や技術がないままに多くの者が事務的職業や営業職に就いていく．そして職業満足度が低いという実態が明らかになっている．また日本の大学のこの面での教育の遅れ，大学と社会の交流の遅れもまた一目瞭然である（日本労働研究機構，2001）．

このような問題に直面している日本の大学としては，1年生の早い時期からさまざまな機会をとらえて，広い意味での「仕事意識」教育が必要となっているのではないか．

(2)「先輩の仕事」調査実習 これはささやかな一例にすぎないのだが，筆者は調査実習や講義科目の中で，「先輩の仕事」調査を学生に指導している．学生が自分のもっとも関心のある仕事，人物を訪ねてインタビュー調査をおこなうという授業である．はじめは「先輩」とは早稲田大学の卒業生のことを指していた．卒業生の厚意に頼ってなら学生でもインタビュー調査が実施できるだろうと考えたからである．だが学生たちの熱意はたちまちその枠を超えて，インタビュー対象者は卒業生に限らず，あらゆる仕事，あらゆる人物へと広がっている．最近では「先輩」とは「人生の先輩」「仕事の先輩」という意味で考えるようにしている．これまでのインタビュー調査対象者はすでに100名を超えている．

このインタビュー調査を通して，学生たちは「先輩」たちの仕事の内容，仕事の苦労と喜びなどをじっくりと聞き取り，人生の模索の一助としている．その結果は，毎年の調査報告書にまとめている（河西研究室刊『先輩の仕事』調査シリーズ，および『人間を歩く』調査シリーズ）．その結果というわけではないのだが，ゼミ生たちの就職率は毎年ほぼ100％というのは嬉しいことである（河西，2002）．

d．おわりに

社会学はその発生以来150年間，「人間科学」を目標として掲げてきた．「人間」を直接の研究対象として，その意識や行動の法則性を社会とのかかわりの中で把握する科学を目指してきた．その成果は多方面で蓄積されている．

だが，労働，職業の領域においては，せいぜい戦後60年ほどの歴史にとどま

る．労働社会学の創生を掲げて日本労働社会学会が結成（1988年）されてから，まだ20年に満たない．近年の労働社会学の発展は目覚ましいが，まだ多くの未開拓の領域が残されている．

　その一つは，ホワイトカラー研究である．これまで，労働，職業に関する研究としては，労働経済学が遙かなたを先行してきたが，その研究の多くはブルーカラーを対象としたものであった．

　大学生の多くはホワイトカラーとなる．いつまでもブルーカラー研究にとどまっていては，労働社会学は学生の関心を呼ぶものとはなるまい．大学生および大学卒業者と労働・職業環境の関係を考察していくことは，「人間科学」としての労働社会学の一つの可能性を示唆しているのではないか．（2005年1月15日脱稿）

〔河西宏祐〕

<文 献>

玄田有史・曲沼美恵（2004）：ニート，幻冬舎，東京．
久本憲夫（2003）：正社員ルネッサンス―多様な雇用から多様な正社員へ―，中央公論新社，東京，p.115．
城　繁幸（2004）：内側から見た富士通「成果主義」の崩壊，光文社，東京．
河西宏祐（1989）：企業別組合の理論，日本評論社，東京．
河西宏祐（1999）：電産型賃金の世界，早稲田大学出版部，東京，p.317．
河西宏祐（2001）：日本の労働社会学，早稲田大学出版部，東京，p.101．
河西宏祐（2002）：「仕事の社会学」の模索．WASEDA．COM（http://www.asahi.com/ad/clients/waseda/index.html）．
河西宏祐（2003）：労働時間短縮と労使関係の変化．人間科学研究，**16**(1)，11-33．
小杉礼子（2002）：自由の代償・フリーター，日本労働研究機構，東京，pp.43-154．
小杉礼子（2003）：フリーターという生き方，勁草書房，東京，pp.4-13．
厚生労働省（2003）：労働経済白書（平成15年度版），pp.109-295．
熊沢　誠（1989）：日本的経営の明暗，筑摩書房，東京．
日本労働研究機構（2000）：フリーターの意識と実態．
日本労働研究機構（2001）：日欧の大学と職業．
日本労働研究機構（2002）：若者の就業規則に関するデータブック．
西野史子（2004）：正社員と非正社員は何が違うのか―業務・責任・就労意識―．日本社会学第77回大会報告要旨集．
奥田　碩（1988）：日経連トップセミナー基調講演．週刊労働ニュース，No.1819．
小野　旭（1997）：変化する日本的雇用慣行，日本労働研究機構，東京．
佐藤博樹ほか（2000）：人事労務管理，有斐閣，東京，p.22．
竹内　洋（1995）：日本のメリットクラシー，東京大学出版会，東京，p.159．
東京都産業労働局（2003）：パート労働者の人材開発と活用．

7 人間と社会環境（2）
―都市と人口―

7.1 人間と都市環境

a. 都市化の進展と環境問題

（1）世界の人口増加と都市化の進展　世界人口は，西暦元年頃には2億～3億人であったと推定されているが，それが16世紀初頭で4億3000万人，18世紀初頭に6億人へと増加した程度で，長いあいだ比較的緩やかな増加を見せていた．そのため，このあいだの人口増加率も年平均で1%を超えることはなかった．しかし，近代の産業革命以後，先進地域の人口転換の開始をきっかけとして世界人口は次第に増加の勢いを強め，19世紀初頭に9億5000万人，20世紀初頭には16億2500万人であったものが，20世紀中葉の1950年には25億人に達している．以降，20世紀後半の世界人口はまさに「人口爆発」とも言うべき増加をみせた．年平均増加率は1950-55年に1.79%にはねあがり，その後も上昇を続けて1965-70年には2.04%に達した．その結果，21世紀の今日では世界人口は60億人を上回っている．

日本の総人口で見ても，17世紀初頭には1200万人程度であったが，江戸期には3000万人台に達し，江戸期から明治中期に至るまでこの水準を維持している．そして明治末期に5000万人台に達した総人口は，第二次世界大戦直後の1945年の7200万人から1967年には1億人に到達している．

この人口爆発とも言える現象の中で，20世紀に都市化が本格化する以前には都市人口の割合はきわめて小さく，都市が世界の動きに与える影響はそれほど大きなものではなかった．1800年頃において人口100万人を有する都市はロンドンだけであり，世界の上位100都市を合わせても2000万人程度の人口であった．そのため，当時の都市人口は世界人口の3%以下であったと推定されている．

しかし2003年現在で都市人口は約30億人で，全人口に対する割合は48%を占め，その社会的，経済的，文化的役割はますます拡大している．世界の総人口は，1950年の25億人から2000年の61億人へと50年間で2.4倍（年平均増加率1.8%）に増加したが，同時期に都市人口は7億5000万人から27億人へと3.6倍（年平均増加率2.6%）に増加している．国連の推計によれば，2000年から2030

年のあいだに世界の都市化はますます進展する．この間の，世界人口の年平均増加率は 0.97% と推定されているが，都市人口は倍の 1.83% のスピードで増加する（United Nations, 2003）．

19 世紀と 20 世紀においては，都市化は主として産業化の進行にともなって北の先進地域で生じていた．しかし今日では，世界の中で巨大かつ急速に成長する都市は，南の発展途上地域に見られるようになっている．国連の報告によれば，1975-2000 年に発展途上地域では年率 3.6% で都市人口が増加しているのに対して，先進地域での都市人口増加率は 1% に満たないという．同じく国連の予測では，2010 年には人口 1000 万人以上の巨大都市の数は 26 都市となり，うち 21 都市は発展途上地域に属することから，発展途上地域の巨大都市時代の到来が予想されている（United Nations, 2003）．

ことに近年，アジア諸国は目覚ましい産業化と都市化の進展を経験している．例えば中国 1 国だけで 10% の経済成長率を前提として，2010 年までに都市数を現在の 600 から 1200 まで倍増することを計画している．3 億人の人口がそのあいだに都市に移り住むことが予想されている．都市は面積で見れば世界の地表の約 2% を占めるにすぎないが，世界の資源の 75% 以上を占有している．今後，途上国を中心とした人口増加と都市化の進展とともに，環境への負荷はますます増大することが予想されている．

かつて P. M. ハウザーは，都市の将来がどのようになるかによって世界の将来が決定されると言ったが，このことは都市化という人間の居住形態の変化は単なる人口移動や増加現象ではなく，社会，経済の構造変化や自然環境の改変を引き起こすもっとも基本的な現象であることを意味している（Hauser and Gardner, 1982）．今日，都市化の進展は人類史上例のない速度で進行しており，都市の持続可能性に対する危機感がもたれるに至っている．

(2) 都市の必要空間　都市の歴史を振り返ると，前近代の都市は人力，畜力を主たるエネルギー源とした生産，輸送のシステムに依存していた．そのため，都市は規模の点でもコンパクトであり，人口や建物は比較的狭い範域に高密度に集住，集積していた．さらに多くの都市はその存続をはかるために，周辺の後背地とのあいだで共生的な関係を作り出していた．

例えば，石川によると，江戸は世界に例のないような見事な資源循環型の都市であった（石川, 1997）．江戸は当時でも世界最大の都市であったが，農産物の消費地である江戸と，人間の排泄物である下肥を肥料として使う農村とのあいだで，完璧と言ってよいほどしっかりしたリサイクルの輪ができていた．紙は貴重

品で何回も再生使用されていた．道具や着物も貴重であったから，古道具屋や古着屋を通じて何回も使われていた．そのような庶民のライフスタイルは，都市のように限られた空間に大きな人口を抱えるところでは，環境を維持する上できわめて有効なシステムとして機能していたのである．

これに対し，近代以降の都市では，化石燃料にもとづく技術の発展により，都市のスプロール化を推し進めるとともに，後背地そのものも世界的規模へと拡大されていった．今日のわれわれの都市生活は，空間，資源，エネルギー，情報の多様かつ大量の消費によって支えられており，それはまた空間占有，生産，流通，消費，廃棄の各段階を著しく増大させ，広域化させることによって成り立っている．

カナダの経済学者 W. リースは都市に食糧や物資を供給し，都市が排出する二酸化炭素を吸収するのに必要とされる空間的広がりを示すために「生態学的必要空間」(footprint) という概念を提示している (Rees, 1992)．この概念を用いた H. ジラルデットの試算によれば，表 7.1 に示したように，ロンドン自体は英国の人口の 12% を占めるにすぎないが，その必要空間はほぼ英国全土に相当する範囲にまで及んでいる (Girardet, 2002)．

さらにまた，都市も生物と同様に物資の摂取から消費を経て排出までに至る一連のメタボリズム（物質代謝過程）をもっている．都市がその活動を維持していくためには，電力やガスなどのエネルギー，人間生活に不可欠な水や食糧，商品生産に必要なあらゆる物資を取り入れ，それらを消費したのちに，廃熱，排気ガス，排水，廃棄物として排出することになる．

しかし，現代都市のメタボリズムは本質的に直線的かつ一方向的な流れであるとともに，これまでは資源の出所や廃棄物の行き先にはほとんど関心を払っていなかった．このため，先進国の大都市が必要とする資源を確保するために，国内および海外の天然資源が乱開発されるとともに，大都市から排出される廃棄物が広域的な広がりをもって環境汚染の問題を引き起こすようになっている．例えば，

表 7.1 ロンドンの生態学的必要空間 (Girardet, 2002, p.598)

総人口	700 万人
総面積	15 万 8000 ha
食糧生産に必要な面積	840 万 ha（ひとりあたり 1.2 ha）
木材製品に必要な面積	76 万 8000 ha
二酸化炭素の吸収に必要な面積	105 万 ha（ひとりあたり 1.5 ha）
footprint の合計	1970 万 ha＝ロンドンの面積の 125 倍≒イギリス全土に相当

7.1 人間と都市環境

表 7.2 ロンドンのメタボリズム (Girardet, 2002, p.601)

インプット（投入資源）		アウトプット（廃棄物）	
燃料	2000 万 t	二酸化炭素	6000 万 t
酸素	4000 万 t	二酸化硫黄	40 万 t
水	10 億 200 万 t	窒素酸化物	28 万 t
食糧	240 万 t	下水汚泥	750 万 t
木材	120 万 t	産業・建設廃棄物	1140 万 t
紙	220 万 t	家庭ごみ	390 万 t
プラスチック	210 万 t		
土石類	600 万 t		
セメント	194 万 t		

　マレーシア・サラワクの森林については，伐採された木材の70%が日本に輸出されていると言われ，大量の森林伐採が現地の人々の生活を圧迫しているということも報じられている．

　ちなみに，先にあげたジラルデットは，ロンドンを例にして，そのメタボリズムを表7.2のように示している．この直線的なメタボリズムは自然がもつ循環的なそれと異なっており，今日のように世界的に都市化が進んだ段階では，地域的および地球的規模での環境悪化を防ぐためにも，都市は循環的なメタボリズムを取り入れていかなければならない．

b. 持続可能な都市

(1) 持続可能性とは何か　先に触れたように，過去1世紀のあいだに地球上の人口は4倍増と大きく増加してきた．しかし，この人口規模にも増して，同じ期間に経済規模は20倍，エネルギー消費は25倍へと拡大している．20世紀は大量生産・大量消費・大量廃棄の時代であり，20世紀に米国のフォード自動車会社からはじまった大量生産システムは，資源の乱用と物質的に循環不可能な社会を作り上げた．その中でも，現代都市は高度な社会経済活動と居住の場を提供する一方で，エネルギーや資源の大量消費を通じて環境に大きな負荷を与え，都市住民の生活そのものにも多大な影響を与えてきた．

　ことに近年のグローバリゼーションの進展は，地球規模での経済開発を推し進めるとともに，米国型の生活様式，すなわち大量生産・大量消費・大量廃棄型の生活様式の普及をともなっており，反環境的な性格をもっている．経済のグローバル化は，経済効率のみが優先され，各地域の自然条件や社会の持続可能性への配慮が不十分なまま，大量生産・大量消費がもちこまれることになりやすい．こうした生産様式と生活様式が世界全体に広がれば，資源の制約や環境負荷の増大

につながらざるをえないという点で,グローバリゼーションそのものが内部に根本的な矛盾を含んでいる.

実際,1980年代以降の多国籍企業によるアジア発展途上国への集中的投資は,都市における社会資本整備の遅れもあって,交通渋滞,環境汚染,地価高騰,スラム化などの都市問題を深刻化させている.とくに交通渋滞問題は,アジア地域の多くの都市に共通する課題となっている.この地域の大都市におけるモータリゼーションの進展状況を見ると,例えばタイのバンコクでは,新規自動車登録台数が急速に増加しており,自動車保有台数は1993年237万台から2003年の548万台まで倍増している.また,韓国のソウル市では,1980年から2003年までに人口は1.2倍となったが,自動車保有台数は13.4倍の伸びを示している.

こうした国々では,急速な都市化と工業化にともなう化石燃料消費の増大により,大気汚染や水質汚濁などの環境悪化が深刻化しつつあると言われている.その汚染状況を見ると,東アジア地域では二酸化硫黄と二酸化窒素の濃度がきわめて高く,二酸化炭素の排出量も西欧などの他地域を大幅に上回っている.このため,タイのバンコクでは1991年までの5年間で,大気中に含まれる鉛や一酸化炭素は4〜5倍に増え,バンコク市民の血液中の鉛量は欧米人の3倍に達すると言われている.所得や経済活動の上昇と結びついた人口増加と都市圏の拡大は,交通需要の増加をもたらし,それがまた燃料消費の増大を生み出すことによって,大気汚染を深刻化させているのである(UNEP/WHO, 1992).

しかしまた,こうしたグローバリゼーションの進展の一方で,近年,先進国を中心として反市場主義とローカリゼーション志向にもとづく都市再生の動きも活発化している.先進諸国の多くの都市では,「持続可能な都市」(sustainable city)の合い言葉のもとに,資源の効率的かつ循環的利用に力を入れるようになっている.ヨーロッパの都市再生のキーワードは「環境」と「文化」であり,工業化によって破壊された環境を改善するとともに,地域の資源や伝統文化を見直しながら,それらを活かした新たな都市型産業を生み出そうとしている.ヨーロッパでは,「ゆっくり進もう,落ち着いて」(slow up and calm down)をスローガンに,「持続可能な社会」の形成を目指している.ここでの持続可能な社会とは,環境面だけではなく,経済や社会生活の面でもバランスのとれた社会を意味しており,都市再生戦略では,自然環境の再生と都市文化の振興が柱となっている.

その好例がデンマーク,スイス,オーストリア,フランスなどの諸都市であり,そこでは「環境共生都市」(eco city)づくりに力を入れている(寄本・田村,1999).例えば,フランス東部のアルザス地方に位置するストラスブール市では,汚染さ

れた大気を浄化するために，市民の共同事業として LRT（light rail transit：次世代路面電車）を導入して，自動車の市内乗り入れを原則的に禁止しており，ヨーロッパ都市再生の優等生と評されている．また，英国のブリストル市では，60万人の市民が排出する下水は，乾燥化されて年間1万tの肥料に作り替えられて，都市内および周辺地域の緑化事業に利用されている．

このように，環境改善や資源循環に関しては，全国規模よりもむしろ都市のような地域社会を基本的な単位とした取組みが増加している．都市は地球環境にとって必ずしもマイナス面だけをもつものではなく，都市がもつ高密度と集住という特性からして，高いエネルギー効率を達成できる．廃棄物のリサイクルも，高密度な地域ほど経済的，効率的に進めることが可能である．さらに都市内農業も，うまく育てられれば，都市の食糧供給に役立てることができる．1980年の米国のセンサスによれば，都市地域内で米国の農業生産額の30％が生み出されており，1990年には40％まで増加している．

経済学者の宇沢弘文は，こうした都市再生を可能にする条件として財政的自立をあげるとともに，21世紀における日本の都市のあり方を考えるとき，それぞれの地域のもつ優れた文化や，自然的，人間的環境を再生することが何よりも緊急の課題であると指摘している（宇沢，1989）．

(2) エコ・シティを目指して　平成14年度版の環境白書の副題は「動き始めた持続可能な社会づくり」であるが，持続可能な社会の実現には，現在の社会経済活動や市民のライフスタイル，そしてそれを支える社会システムを根本的に見直すことが必要とされている．その際，R.ハートが「社会発展へのもっとも確かな道は，環境の管理について理解と関心をもち，民主的なコミュニティづくりに積極的に参画し活動する市民を育てることである」と述べているように，持続可能な社会や環境共生都市を構築していくためには，市民自らがほかの主体と協働しながら環境保全や環境管理に積極的にかかわっていくことが重要である．この点については，1992年の国連環境開発会議（地球サミット）で公表されたリオ宣言第10原則においても，「環境問題は，それぞれのレベルで，関心のあるすべての市民が参加することによりもっとも適切に扱われる」と述べ，市民参加の必要性と重要性を強調している．

そうした市民や NPO による活動は，すでに世界の各地で広がりを見せており，持続可能な社会の構築に向けて大きな成果をあげている事例も多数報告されている．その中で一例をあげれば，1975年にカリフォルニア州バークレイで R.レジスターとその仲間は，自然と共生する都市を作り出すために「アーバンエコロジー

(Urban Ecology)」という非営利組織を結成している．この組織では，1990年に第一回国際エコシティ会議をバークレイで開催し，それ以降も1992年に第二回国際エコシティ会議（オーストラリアのアデレイド），1996年には第三回国際エコシティ会議（セネガル）を開催するなど，世界各地の環境NPOのネットワークを形成しながら，エコシティの構築に向けた運動を積極的に展開している(Urban Ecology, 2005)．

この組織が提唱する以下の10原則は，エコシティの構築を進める上で示唆に富むものである．①土地利用を見直して，交通網の結節点付近に小規模で，多様で，自然に恵まれ，安全で快適な居住地区を作り出すこと，②都市交通を見直して，自動車よりも徒歩，自転車，公共交通を優先し，短い時間でのアクセスを可能とすること，③峡谷，海岸線，湿地のような開発の打撃を受けた自然環境を再生すること，④価格が手頃で，安全で，便利で住みやすく，民族的に混じり合った居住を可能とするような住宅を建設すること，⑤社会的公正を実現するために，女性，マイノリティグループ，身体障害者のための多様な機会を提供すること，⑥都市内農業，緑化事業，家庭菜園を支援すること，⑦リサイクル技術と資源保護を促進すること，⑧汚染，廃棄物，有害物質の生産と使用を停止させるとともに，環境に配慮した経済活動を支援するために企業と連携すること，⑨市民の自発的で簡素な生活を促し，過剰な消費を減らしていくこと，⑩環境と都市の持続可能性について市民の意識を高めるために，教育・学習活動に力を入れること．

こうしたNPOや市民活動の活発化を背景に，わが国においても，最近では全国の自治体のあいだで，環境基本計画やローカル・アジェンダ21などを市民参加のもとで策定し，これらの計画を行政，市民，NPO，地元企業の協働で推進するための「環境パートナーシップ会議」を立ち上げる動きが進んでいる．

このような協働にもとづく環境政策の推進を通じて，「ローカルガバナンス」(共治)と環境民主主義を徹底することが可能となる．すなわち，現代都市が直面する環境問題は多様かつ多層的であり，それは地域ごとに様相や内容を異にする．それゆえ，環境問題の普遍性をふまえながらも，同時に地域性，個別性に配慮した取組みが必要とされる．そのためには，都市を構成する市民や企業などの多様な主体が政策決定段階に参画するとともに，実施段階でも各主体が積極的に役割をはたしながらそれぞれのアイデアを活かして協働することが求められる．

(3) 都市政策の転換　最近では，東京をはじめとする大都市内部でも，出生率の急減による少子化現象が顕著になっている．日本ではすでに，合計特殊出生率は人口静止に必要とされる2.08を大きく割り込んで，2003年には1.29とな

り，戦後最低の記録を更新し続けている．とくに住宅事情や育児の困難な大都市圏において少子化が目立っており，東京が1.0，京都が1.2，神奈川と奈良が1.22，埼玉，千葉，大阪が1.24と，大都市圏を抱える都府県が出生率の低いほうの上位を占めている．

今日では，大都市への人口集中と都市地域の拡大は沈静化の傾向を見せているとともに，今後，都市地域全体として人口が減少していくことが予測されている．そうした中で，2000年に出された経済協力開発機構（OECD）の「対日都市政策勧告」も，「人口減少予測を考慮すれば，環境保全と高齢者の生活の質向上の両面の見地からも，都市成長管理によりコンパクトで機能的なまちづくりをおこなうことが望ましい」と指摘している．大都市および大都市圏の今日の状況は，既存の都市空間の再編と整備を進めることにより，職住が近接し，高齢者を含めたすべての住民にとって暮らしやすい，環境への負荷の小さい都市構造を作り上げる絶好の機会であるとも考えられる．

それゆえいま，都市づくりにかかわる都市政策やまちづくりには，根本的な理念や発想の転換が求められている．人口減少と高齢化が進展する都市社会においては，過去50年間の人口増加と経済成長を前提としたインフレ型都市政策は有効性を失っている．実際，大都市圏における多核化，モザイク化といった空間構造の変化は，これまで見られなかった規模や様相で空地や空きビルなどを増加させている．

さらに，これまでわが国の都市経済は，大企業の本社を頂点とする支社，支店，工場の階層的配置とそれにともなう空間分業によって支えられてきた．しかし，こうした工業化を軸に形成された地域経済のあり方は，わが国社会の成熟化，すなわち脱産業化や高度情報化の流れの中で転換を迫られている．都市，地域経済は，これまでの外来型の産業立地や公共事業への依存から，内発的，自立的発展へとその存立基盤を大きく転換することが求められていると言えよう．

従来の「外来型開発」は，企業誘致や国の公共事業，補助金をめぐる地域間競争の論理であったのに対し，内発的発展による地域社会の活性化と再生は，それぞれの地域個性の発見と自治体と住民による自己決定にもとづいて，多様で個性ある政策を選択していくプロセスである．そもそも地域経済の発展とは，地域社会に内在する能力の解放と活用にほかならない．しばしば指摘されているように，「発展する」（develop）とはそのもの自体に包み込まれて存在している潜勢力を解き放つことを意味するわけであるから，「内発的発展」という言葉自体が，同義反復にほかならない．そのことは，こうした言葉を使わなければならないほど，

従来の地域経済が外部資本や国に依存していたということを示している．

「地域」とは人間の生活する場であり，人間が生活する場を安定的に形成することこそ，地域社会を活性化し，地域経済を再生することにほかならない．これまでは，経済（生産機能）が先にあって，生活機能は後からついてくると考えられてきたが，脱産業化社会になれば，有能な人材をいかにして定着させるかということが，地域経済の再生の鍵となる．それゆえ，生活機能が生産機能の前提になるのである．近年，「定常型社会」（広井，2001）という言葉が提示されているように，資源や環境の制約の中で，成長を前提としない持続可能な社会をいかにして構想するかということが問われてきている．

21世紀に入って，新たな世紀の人間や社会のあり方についてさまざまな展望が示されている．都市についても，21世紀のあり方を考えることは，きわめて重要な視点となるであろう．いま，環境問題を考えるとき，どうしても欠かすことのできないものは，世界のあらゆる地域において多くの人々が生活する都市の問題であろう．20世紀の最大の特徴であった産業化，都市化に対して，21世紀においては，自然，文化，共同体の再生ないしは復権が重要なキーワードとなると思われる． 〔臼井恒夫〕

<文 献>

Girardet, H.(2002)：Sustainable cities：A contradiction in terms? In *The City：Critical Concepts in the Social Sciences,* (M. Pacione Ed.), Routledge, pp.595-610.

Hauser, P. M. and Gardner, R. W.(1982)：*Urban Future：Trends and Prospects in Population and the Urban Future,* State Univ. of New York Press.

広井良典（2001）：定常型社会—新しい「豊かさ」の構想—，岩波書店，東京．

石川英輔（1997）：大江戸リサイクル事情，講談社，東京．

Rees, W.(1992)：Ecological footprints and appropriated carrying capacity：What urban economics leaves out. *Environment and Urbanization,* **2**(2), 121-138.

UNEP/WHO（1992）：*Urban Air Pollution in Megacities of the World,* Blackwell, Oxford.

United Nations Centre for Human Settlements (1996)：*An Urbanizing World：Global Report on Human Settlements,* 1996.

United Nations Department of Economics and Social Affairs/Population Division (2003)：*World Urbanization Prospect：The 2003 Revision.*

Urban Ecology(2005)：Mission Statement and Accomplishments(http://www.urbanecology.org/).

宇沢弘文（1989）：都市の病理学．都市とは　岩波講座転換期における人間4（宇沢弘文・河合隼雄・藤沢令夫・渡辺　慧編），岩波書店，東京．

寄本勝美・田村貞雄編（1999）：環境・資源・健康共生都市を目指して，成文堂，東京．

7.2 人口と社会環境

　本節は，主に人口と社会環境の相互依存関係を考察することを目的とする．その際，人口自体も社会的な実態をもった存在であるから，人間にとって社会環境を構成するという意味において，人間と人口の関係，さらには人間科学と人口を研究対象にする人口学との関係が問題になる．人間科学と人口学の関係については，すでにほかで論じたので詳述は避け，人口学は人間科学を構成する個別科学の一分科であると述べるに止める（嵯峨座, 2003）．

　さて，人口を研究対象とする人口学では，一つは人口自体が社会，経済，文化，自然などの要因によってどのように変動するか，いま一つは人口がそれらの諸要因にどのような作用を及ぼすか，の二つが中心的な研究課題である．以下，研究対象としての人口の意義，人口学の方法を概観したうえで，それらの課題についての研究状況を述べることにする．

a. 研究対象としての人口

　(1) 人口の定義と意義　　かつて，米国の経済学者 K. E. ボールディングは，地球社会の進化を論じた著書の冒頭を人口（population）の定義からはじめている．それによると，人口とは「ある共通の定義に合致する個体ないしモノの集合」である（Boulding, 1978）．普通は，人口をこのようにある項目（アイテム）の集合，あるいは個体群として広く定義する必要はなく，ここでは人間の集合としての人口（human population）を考えればよい．

　この社会的に実在する人口は，当然のことながら場所と時間によって限定される．すなわち，人口は場所的条件と時間的条件によって具体的に定義され，その大きさ（規模）が確定される．一方，人口は構造をもつ．人口を構成する個人を共通の属性を用いて分類することにより，例えば性（男女）別の人口構造を，あるいは年齢別の人口構造を把握することができる．また，一定時点における人口を個人が常住する場所で分類することにより，人口の分布構造が明らかになる．

　逆に，一定場所における人口は，時間の変化につれてその規模と構造を変化させる．これを人口変動と呼ぶ．特定個人の出生と死亡で決まるライフスパンを超えて，人口変動は持続する．これを人口がもつ生命運動とみなして人口の自己再生運動と呼ぶことがある．

　(2) 人口変動の要因　　人口の規模と構造を変化させる直接的要因には出生，死亡，移動の三つがある．狭義には出生と死亡を人口動態と呼ぶが，ダイナミックな人口変動を引き起こす点では移動も重要な役割をはたすので，広い意味では

この三つは人口動態の要因と見ることができる．ただし，移動が存在しない人口（例えば地球人口）も考えられるが，地域人口の場合には移動の影響を強く受ける．前者を閉鎖人口，後者を開放人口と言う．

出生は人口を増加させる要因，死亡は人口を減少させる要因であることは自明だが，移動は流入か流出かによって異なった影響を人口に与える．出生，死亡，移動は，人口規模を変化させるとともに，人口構造にも影響を与えるが，その効果は複雑である．例をあげると，人口の男女別構造は出生性比（男女比），死亡性比，移動性比により変化するし，年齢構造は出生数の変化によって大きく影響されるのに対し，死亡数の変化によってはそれほど大きな影響を受けない．また，年齢構造は移動人口の年齢構造によって影響を受けるが，その作用は単純ではない．

(3) 人口増加の歴史　　霊長類の進歩の歴史は，何百万年にもわたるとされるが，その過程で人類が支配的な種となったのは，いまからおよそ60万年前の更新世とされている（United Nations, 1973）．旧石器時代の終わり頃，すなわち紀元前1万年頃には地球上の人口は500万〜1000万程度に達していたと考えられている．

周知のように，現在（2005年）世界人口は65億に達している．先史時代から現在に至る人類の増加の歴史を振り返ってみると，それは決して一様に進展したものではないことがわかる．概して言えば，その歴史の大半は，長期的に見て人口微増の歴史であったが，次の二つの時期，すなわち農業革命（前8000〜前5000年頃）と産業革命（1750年以降）の時期には人口は顕著な増加を示した（総合研究開発機構, 1982）．この二つの時期には，ともに生産技術の革新が起こり，人口の収容力が増大したのである．

とくに，18世紀に西欧からはじまった産業革命の波は全世界に広まり，食糧生産の増加と近代的な医療技術の進歩がもたらした死亡率の低下とにより，先進諸国のみならず発展途上地域においても人口が急増することとなった．その結果，1750年頃に5億であった世界人口は，19世紀初頭には10億，1920年代には20億に倍増，1960年に30億，1974年に40億，1987年に50億，1999年に60億へと増加が加速して2005年には65億に達している．最近発表された国連の2006年推計によると，将来の世界人口は2025年には80億，2050年には92億（ともに中位推計）にまで増加を続け，当分のあいだ，人口が静止する見込みはなさそうである．

b. 人口学の成立と研究方法

(1) **人口現象に対する関心**　上に見たように，人口は歴史的時間とともにその規模を変化させてきたが，同時にその構造も人口動態によって刻々と変化した．このような人口現象に関する知識を体系化したものを人口学（demography）と呼ぶ．社会科学の一分科としての人口学の源は 17 世紀イギリスの政治算術学派とされるが，人口それ自体に対する関心は古代にまでさかのぼることができる．
　中国古代の孔子，ギリシャ時代のプラトン，アリストテレス，ローマ時代の為政者たちが国家や地域の人口に関心をもっていたことはよく知られている（Kammeyer and Ginn, 1986）．彼らは，国家など特定の集団の存続あるいは福祉水準の向上のために人口に実利的な関心をもったのであり，それは必ずしも科学的な関心と言えるものではなかった．
　古代から中世にかけて，ときに国家や王朝の維持，発展のために人口規模や結婚の問題が取り上げられることはあったにしても，人口に関する知的関心あるいは科学的関心は，それが持続するほどの力をもって形成されることはなかった．出生や死亡が人口現象として人々の意識にのぼり，人口変動の要因として科学的な観察の対象として登場するのは 17 世紀以降の西欧近代においてであった（嵯峨座, 2002）．

(2) **科学的人口研究の始まり**　人口変動の要因としての出生と死亡について科学的な観察がおこなわれ，人口現象における規則性が解明されるようになるのは，17 世紀イギリスの政治算術学派によってであった．この時期をもって，科学的な人口研究すなわち人口学の成立とするのが普通である．この学派の名はW．ペティ（1623-87）の著作『政治算術』（Political Arithmetik, 1690 年）に由来するが，人口学への貢献はむしろJ．グラント（1620-74）のほうが大きかった．
　グラントは，有名な著作『死亡表に関する自然的および政治的諸観察』（1662年）において当時のロンドン市人口の出生と死亡の規則性を明らかにするとともに，科学的な生命表を初めて考案した．その後，J.P．ジュスミルヒ（1707-67）は『神の秩序』（1741 年）において，出生と死亡の秩序を解明し，人口動態事象間の関係を体系化した．

(3) **マルサスとマルクス**　18 世紀末（1798 年）に刊行された T.R．マルサス（1766-1834）の『人口論』は，出生に焦点を当てたすぐれた人口理論の書であった．グラントがどちらかと言えば死亡に着目して人口を説明しようとしたのに対し，マルサスは出生に着目して人口を説明していると言える．
　マルサスの『人口論』は，初版（1798 年）と第二版（1803 年）以降ではその

骨子にかなり大きな変更が見られるが，それらをまとめてみると以下のように要約することができよう．第一に，人口は幾何級数的に増加する性質をもつのに対し，それを養うための生活資料は算術級数的にしか増加しないので，人口は常に生活資料によて制限される．第二に，人口はある種の妨げによって阻止されないかぎり，生活資料が増加するところでは必ず増加し，生存水準ぎりぎりの状態におかれる．第三に，人口増加の妨げとして，①貧困，疾病，飢饉，戦争などによる積極的妨げ，②悪徳の結果として出生が抑制される予防的妨げ，③結婚の延期や禁欲による道徳的抑制の三つがある．

　要するに，マルサスによれば，人口は無限に増殖する力をもつが，その時代の社会的環境，とりわけ食糧の供給水準によって制約され，人口は常に困窮状態におし下げられる傾向があるので，道徳的抑制によってそれを回避する必要があるというのである．

　K. H. マルクス（1818-83）は，マルサスの人口理論は先人の受け売りで，何ら独創性がない上に，単に生物の繁殖行動を一般化した非歴史的な理論だとして，『資本論』の中で批判している．マルクスは，その著作の中で資本主義体制において過剰人口（産業予備軍）が形成される，つまり貧困階層が形成される必然性を労働価値説にもとづいて巧みに論証し，社会主義体制のもとでは人口問題は存在しないとした．しかし，マルクスの人口理論は，現在までのところ歴史の検証にたえるものではなかったことが明らかである．

　(4) 近代デモグラフィーの形成　その後，19世紀には，A. ケトレー（1796-1874）によって近代デモグラフィーの整備がはかられる．彼はロジスチック曲線の定式化をおこなうとともに「平均人」の概念を提起し，人口学に数理的基礎を与えることに貢献した．また，彼の著作『人間について』（1835年）と『社会物理学』（1869年）には人間科学的な構想が見られ，人間科学の創始者と目されることもある．

　20世紀に入ると，生物学者らによる統計学の発展の恩恵を受けて人口分析の方法が進歩し，A. J. ロトカ（1880-1949）によって1920年代には安定人口理論が体系化されることになった（岡田・大淵, 1996）．

　人口現象の分析手法の発達につれて，人口分析の方法の体系は人口の実体研究とは区別して形式人口学（formal demography）と呼ばれるようになる．このように，人口学を方法研究と実体研究の二つの分科に分ける考え方は，用語法は統一されていないにしても，今日では一般的になっている（嵯峨座, 2005 b）．

　(5) 人口分析と人口研究　1959年に P. M. ハウザーと O. D. ダンカンによっ

て刊行された人口学の古典的名著において,彼らは人口学の準拠枠について述べ,人口分析 (population analysis) と人口研究 (population study) の二つの分科を提案している (Hauser and Dancan, 1959). 前者は,人口規模,出生,死亡,移動などの言わば人口変数のあいだの関係を分析する方法の体系が中心であり,上記の形式人口学に相当する. 後者は,それらの人口変動とそれ以外の諸変数(例えば,社会学的,経済的,文化的変数など,これらを社会環境変数と呼ぶこともできよう)の相互依存の関係を研究するもので,いわば応用研究である. あとで述べる人口問題も,ここでの研究課題である.

例をあげよう. 人口分析では,人口の年齢構造を独立変数,出生率を従属変数として両者の関係を分析する場合(逆の場合もありうる),流入人口の性比を独立変数,流入地域の人口の性比を従属変数とする場合などがある.

一方,人口研究では,独立変数が非人口変数の場合と独立変数が人口変数の場合の二つのタイプが考えられる. 前者は,非人口変数が人口変数に与える効果の分析だから,非人口変数の種類によって,「経済効果」,「社会効果」などと呼ぶことができる. その例としては,出生率の違いを社会階層によって説明する場合,移動を経済的機会によって説明する場合などがある. 後者は,人口変数が非人口変数に与える効果の分析だから「人口効果」と呼ぶことができる. この例としては,年齢構造で投票行動を説明しようとする場合,人口増加率で食糧需要を説明しようとする場合などがある (Kammeyer and Ginn, 1986 ; 大淵・森岡, 1981).

人口変動との関係で社会的に問題が生じるいわゆる人口問題の研究は,人口研究のうちの人口効果に関する研究タイプのものと考えてよい. ここにあげた,人口分析と人口研究の類型は単純化したモデルであり,実際の研究の際には,これらの研究タイプが組み合わさった,より複雑なものとなっていることが多い.

c. 人口転換理論

(1) 近代化と人口転換　20世紀の中頃になって,欧米先進諸国における過去の人口変動に共通する特徴が存在することが明らかにされるようになった. 17世紀から18世紀にかけて,ヨーロッパ社会は,技術の進歩による生産力の上昇をきっかけとして,経済,社会の発展とともに政治や文化の面でも著しい変化に直面した. この社会のあらゆる面における変動の総体は近代化と呼ばれる.

この近代化につれてヨーロッパ諸国における多産多死の人口動態にも変化が現れ,死亡率の低下につれて出生率も低下した. とくにフランスではもっとも早く18世紀末頃から死亡率と出生率が低下しはじめた. そのほか,北および西ヨーロッパの国々でも18世紀に入るとまず死亡率が低下を見せはじめたあと,出生

図 7.1 人口転換のモデル

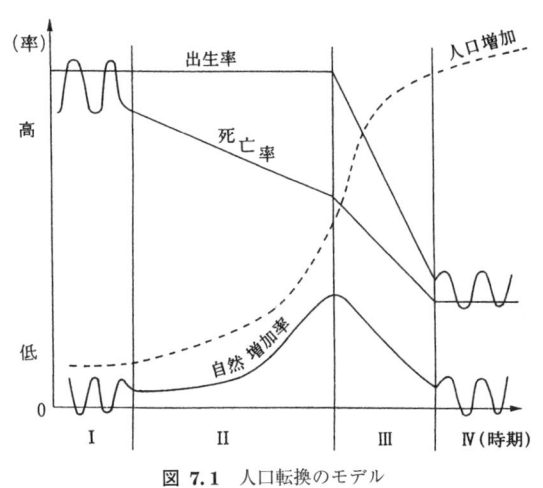

率も続いて低下を見せるようになった（Chesnais, 1992；大淵・森岡, 1981）.

その結果，ヨーロッパの国々の人口は，近代化の経過とともにいわゆるS字曲線（図7.1の点線で示したカーブ）の型に沿って増加した．人口増加がこのような経路をたどった原因は，明らかに出生と死亡が多産多死の段階から多産少死の段階を経て，少産少死の段階へと変化した事実に求めることができる．この過程は，社会の近代化に対応した言わば人口の近代化としてとらえることができる．一般に，この過程を人口転換（demographic transition）と呼んでおり，産業革命にともなって必然的に現出したこの人口転換の意義を強調して，これを人口革命（demographic revolution）と呼ぶこともある．

図7.1は，この人口転換の過程をモデル化したものである（嵯峨座, 1993）．一般に，その過程は四つの局面（図のⅠ～Ⅳ）に区切られる．第一の局面は，前近代の社会で出生率も死亡率もともにきわめて高い水準にあり，死亡率はときに災害や戦争などのために不規則な変動を示した．第二の局面は，ヨーロッパでは18世紀中頃から19世紀後半までの100年以上続き，この間，死亡率は持続的な低下を示したのに対し，出生率は高い水準で推移したため人口増加が加速した．第三の局面は，死亡率の低下が続く中で出生率も低下を示す局面で，ヨーロッパでは1930年頃までの時期である．第四の局面は，人口転換後の低い死亡率と低い出生率を示し，この段階では死亡率の変動が小さいのに対し，出生率は人為的にコントロールされているため，ときに変動を示した．

このモデルは，ヨーロッパの経験をもとにしているが，人口転換はその後，米

国，日本にも波及し，最近ではアジアの発展途上諸国にまで浸透してきている．その意味では，人口転換は先進国のみならず近代化が進むところでは発展途上地域でも確実に起こるようになったと考えてよい．

(2) 死亡率と出生率の低下理由　人口転換をより普遍的な現象として理論化するためには，死亡率と出生率が低下する理由を理論的に解明する必要がある．この作業は，現在も進行中であるが，現在の到達点を整理してみると以下の通りである（大淵・森岡，1981；嵯峨座，1993）.

近代化の過程でまず死亡率の低下をもたらした要因としては，生活水準の上昇と医療や公衆衛生の技術の進歩をあげることができる．健康の維持，増進のために人々が動機づけられ，医療や衛生技術の利用がすみやかに浸透し，その結果，死亡率が低下したのに対し，出生率の低下に結びつくような人々の動機づけにはさらに長い時間を要した．

多産が一般的であった社会に，少産が普及するための価値観が広まるにはヨーロッパの近代化過程においては100年以上にわたる時間の経過が必要であった．近代化が出生率の低下をもたらした要因として次のようなものがあげられる．すなわち，①女子教育の普及と女性の社会的地位の向上，②女子の非農業部門への就業と出産・育児の機会費用の増加，③多産思想を支えた宗教心の低下，④伝統的行動規範の継承を阻害する都市化と核家族化，⑤教育の義務化と子供の経済的価値の低下，⑥老齢保障，そのほか社会保障制度の整備，⑦社会的流動性の増大，⑧乳児死亡率の持続的な低下，⑨安価で確実な避妊方法の普及などである．

要するに，近代化は子どもを安価な生産財から，よりコストのかかる消費財へと変化させたのであり，そのことが家族計画プログラムなどによる出生抑制を一般化させ，出生率の低下が実現したと言えよう．

(3) 人口増加と経済発展　人口転換理論の出現は，人口転換が近代の人口動態の革命的変化を意味したのと同様に，今日の人口学にとってもまさに革命的な進歩をもたらした．それは，近代化の過程で不可逆的な低下を示す出生率，死亡率の普遍的なトレンドを理論的に解明し，併せて近代国家における人口変動のトレンドの決定因と帰結の関係を示す枠組みを提示した点において画期的であった．

米国の社会学者K.デーヴィスは，人口と資源との関係，地球の人口収容力などを考察する際に人口転換理論の枠組みが有効であるとしている（Davis and Bernstam, 1991）．現在，先進諸国がともに直面している少子化や高齢化などの人口問題も，この枠組みにもとづいて考察することにより見通しがよくなる．

とはいえ、この枠組みは西欧近代の経験にもとづいて構成されたものであり、当初は理論としての妥当性について疑問がなかったわけではない．とりわけ、この理論が発展途上諸国にも妥当するか否かについては保証はなかった．1950年代から1970年代にかけて、多くのアジアの発展途上国は人口転換の第二の局面にあり、死亡率の急速な低下による激しい人口増加に直面していた．それは、人口爆発と形容されるほど激しいものであった．

そこでは、はたしてこれらの国は近代化につれて人口転換を達成しうるのか、あるいは近代化の見通しがない国でも人口転換が起こりうるのかが、大きな問題となった (United Nations, 1973；Leete and Alam, 1993；阿藤, 2000)．仮に、近代化が進めば人口転換が起こるにしても、それには長い時間がかかるので、当時のアジアの国々ではそれを待つ時間的余裕がなかった．

一般的には、人口増加は経済発展に対してプラスとマイナスの両面の効果を与えると考えられるが、この時期の激しい人口増加は経済発展の恩恵をくいつぶすと考えられていた．すなわち、人口増加は経済発展の阻害要因であるとの認識が一般的であった (Coale and Hoover, 1958)．もしそうだとすれば、近代化の進行を待つ前に、政策的な介入により人口増加の抑制をはかることが火急の対策として要請される．

このような判断にもとづいて、インド政府は1952年に世界でもっとも早く人口抑制策としての家族計画プログラムを導入することになる．その後、1980年代にかけて韓国、中国、香港、台湾をはじめとし、ASEAN諸国や南アジアの多くの国々で諸種のタイプの人口抑制策が講じられた結果、今日ではアジア諸国の出生率は目に見えて低下を示すようになった．

人口増加が経済発展の阻害要因だとする理論は、現在でも正統派理論として主流を占めているが、一方では長期的に見ると人口増加が経済発展を促進するとする修正主義的な考え方を主張する研究者もいる (Hodgson, 1988)．このように、人口と経済あるいは社会との関係は相互依存的であり、単純に割り切れるものではなく現実は複雑である．

d. 現代の人口問題

(1) 主要な人口問題　人口問題は多岐にわたる．人口がかかわる、または影響を与える分野は、政治、経済、社会、文化などの社会環境のみならず広く生態環境や地球環境にわたる．一般に、人口問題とは人口の大きさや構造、ならびにそれらの変化がほかの分野において困った問題を引き起こす、あるいはそのように人々が意識することと言ってよいであろう．日本人口学会が編集した『人口

大事典』には，世界の人口問題，日本の人口問題，21世紀の世界の人口の三つの章が設けられており，食糧，資源，雇用・失業，労働力，難民，家族の変化，土地・住宅，過密・過疎，高齢化，人口減少，南北問題，貧困，公害，地球環境など数多くのトピックスが人口問題として論じられている(日本人口学会，2002)．

人口現象についての認識が進んだ近代以降，人々はその時々の人口問題に取り組んできたが，そこでは食糧，雇用，失業，貧困などの問題が中心であった．しかし，これらの言わば古典的な人口問題のほかに，新たに現代社会の重要な人口問題として人口爆発，人口減少，都市化，少子化，高齢化などの問題が出現することになった．

(2) 都市化と人口移動 都市化とは都市地域への人口の集中が進み，都市的な生活様式が一般化することを言い，それは主として近代化の過程において都市へ向かう人口移動によって促進される．その人口移動が，先進諸国はもとより発展途上諸国で増大した結果，都市地域に居住する人口の割合は上昇の一途をたどっている．

日本では，その割合（都市化率）は1950年に37.3%にすぎなかったが，2000年には78.7%に達している．先進地域全体では，2000年の都市化率は73.9%であり，発展途上地域全体でも40.5%である．都市への人口集中が進むのは，近代化の過程で第二次産業や第三次産業のウエイトが高くなり，人々の生活の拠点が都市地域にシフトするからである．

このような都市化が，世界的潮流として立ち現れてきていることが現代社会の特徴である．その結果，都市地域での密集が進み人口密度が高くなる一方で，農村地域での人口密度が低下することになる．日本の高度経済成長期以降に現れた過密・過疎問題はその例である．ほかにも，主に発展途上諸国で見られる人口の過剰な都市地域への流入が原因となってスラムが形成されたり，生活環境の悪化や犯罪の多発などの都市問題が生じたりする．

(3) 少子化と高齢化 少子化は，出生率の低下が一定水準以下にまで進んだ状況を意味するが，それはまた高齢化をうながす一つの要因でもある．高齢化（エイジング）ということばは，本来，個人が高齢化することと人口の構造が高齢化すること（つまり人口の中で高齢者と定義した人の割合が上昇すること）の二つを意味するが，ここでは人口高齢化の側面について述べる．

高齢化は，出生率の低下によって促進されるが，一方，死亡率の低下とりわけ中高年齢層での死亡率の低下によっても促進される．この関係を近代化および高齢化社会の諸問題と関連づけて，一般的モデルとして図示したものが図7.2であ

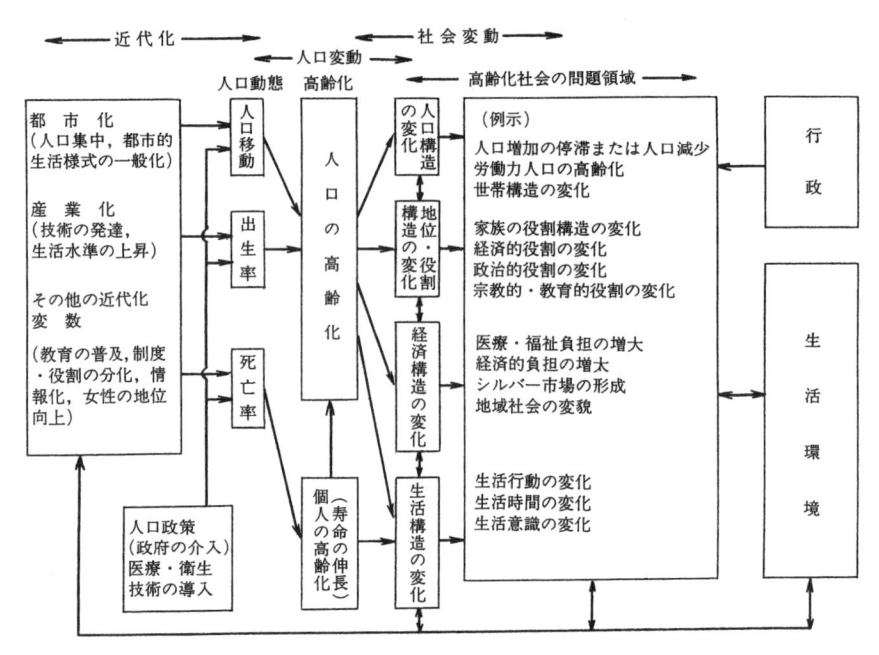

図 7.2 人口高齢化の関連図

る(嵯峨座,1993).高齢化の直接的な決定因は出生,死亡,移動の人口動態であり,それらの変化をもたらす原因は人口転換理論の教える通り近代化である.一方,高齢化の結果として,図示したように人口,社会,経済,生活の四つのチャネルを通じて例示したような高齢化社会の諸問題を引き起こす.そして,それらの諸問題の解決あるいは調整を目的として行政の介入があり,それと同時に生活環境とのあいだでフィードバックの相互作用が働くことになる.

最後に,少子化問題についてふれる.一定水準以下に出生率が低下したときに,少子化問題が起こる.理論的に言えば,その水準は人口置換水準以下(合計出生率で言えばほぼ2.1以下)である.日本の場合,合計出生率が2.1以下に低下し,それが持続しはじめたのは1974年であった.出生率の低下傾向は,現在に至るまで続いたため2005年から日本はついに人口減少に直面することになった.

現在,ヨーロッパの先進諸国の多くも人口減少を経験しており,将来的には少子化は先進諸国だけでなく,そのほかの諸国にも波及することは確実である.少子化,ひいては人口減少は,現代における最大の人口問題の一つである.

〔嵯峨座晴夫〕

<文 献>

阿藤　誠編（1996）：先進諸国の人口問題―少子化と家族政策―，東京大学出版会，東京．
阿藤　誠（2000）：現代人口学―少子高齢社会の基礎知識―，日本評論社，東京．
ボールディング，K. E.；長尾史郎訳（1980）：地球社会はどこへ行く（上下），講談社，東京．
　［Boulding, K. E.(1978)：*Ecodynamics：A New Theory of Societal Evolution*, Sage Publications, London.］
Chesnais, J.-C. (1992)：*The Demographic Transition：Stages, Patterns, and Economic Implications*, Oxford Univ. Press, Oxford.
Coale, A. J. and Hoover, E. M.(1958)：*Population Growth and Economic Development in Low Income Countries：A Case Study for India's Prospect*, Princeton Univ. Press, Princeton.
Davis, K. and Bernstam, M. S.(1991)：*Resourses, Environment, and Population：Present Knowledge, Future Options*, Oxford Univ. Press, NY.
Davis, K., Bernstam, M. S. and Ricardo-Campbell, R.(1986)：*Below-replacement Fertility in Industrial Societies：Causes, Consequences, Policies*, The Population Council, NY.
Hauser, P. M. and Duncan, O. D.(1959)：*The Study of Population：An Inventory and Appraisal*, Univ. of Chicago Press, Chicago.
速水　融編（2003）：歴史人口学と家族史，藤原書店，東京．
Hodgson, D.(1988)：Orthodoxy and revisionism in American demography. *Population and Development Review*, **14**, 545-569.
Kammeyer, K. C. W. and Helen, L. G.(1986)：*An Introduction to Population*, The Dorsey Press, Chicago.
Leete, R. and Alam, I.(1993)：*The Revolution in Asian Fertility：Dimensions, Causes, and Implications*, Clarendon Press, Oxford.
Lutz, W., Sanderson, W. C. and Scherbov, S.(2004)：*The End of World Population Growth in the 21st Century：New Challenge for Human Capital Formation and Sustainable Development*, Erthscan, London.
Martin, L. G. and Preston, S. H.(1994)：*Demography of Aging*, National Academic Press, Washington.
日本人口学会編（2002）：人口大事典，培風館，東京．
大淵　寛・森岡　仁（1981）：経済人口学，新評論，東京．
岡田　實・大淵　寛編（1996）：人口学のフロンティア，大明堂，東京．
岡崎陽一（1999）：人口統計学　増補改訂版，古今書院，東京．
嵯峨座晴夫（1993）：エイジングの人間科学，学文社，東京．
嵯峨座晴夫（1997）：人口高齢化と高齢者，大蔵省印刷局，東京．
嵯峨座晴夫（1998）：人口高齢化と世代間扶養．世界の人口問題（浜　英彦・河野稠果編），大明堂，東京．
嵯峨座晴夫（2002）：少子高齢化の文明史的意義．人口と文明の行方（河野稠果・大淵　寛編），大明堂，東京．
嵯峨座晴夫（2003）：人間科学と人口学．ヒューマンサイエンス，**15**(2), 1-9.
嵯峨座晴夫（2005 a）：アジアの人口変動と社会・経済発展．アジアの少子高齢化と社会・経済発展（店田廣文編），早稲田大学出版部，東京．
嵯峨座晴夫（2005 b）：人口統計学の歴史．統計，**10**, 15-22.

Siegel, J. S. and Swanson, D. A. (2004)：*The Methods and Materials of Demography.* 2nd ed., Elsevier Academic Press, Amsterdam.

総合研究開発機構編(1982)：世界人口の推移に関する調査研究,全国官報販売協同組合,東京.

United Nations (1973)：The *Determinants and Consequences of Population Trends,* Vol.1, United Nations, NY.

United Nations (2001)：*World Population Monitoring* 2001：*Population, Environment and Development,* United Nations, NY.

Weeks, J. R. (2002)：*Population*：*An Introduction to Concepts and Issues.* 8th ed., Wadsworth, Belmont.

山口喜一編 (1989)：人口分析入門,古今書院,東京.

8 歴史と環境

8.1 近世都市江戸の環境史

a. 環境としての歴史

(1) 環境としての歴史　人間を取り巻く環境は，さまざまな要素によって構成されている．いわゆる自然環境のみならず，人間のつくった建築や道路などの人工物も環境の一部であり，家族や親族，都市や村落，国家をはじめとする社会集団，そこで継承され変容，混淆し，あるいは形成されてきた文化も人間を取り巻く環境の重要な要素である．こうした環境を構成する要素は互いに連関しあっており，そこには人間が環境に働きかけるとともに，環境が人間を規制するという相互作用の体系が認められる．

また，人間を取り巻く環境は，過去から現在を経て未来に向かって不断に変化し続けている動的な部分を含んだ，時間的，歴史的な存在である．つまり，人間を取り巻く環境には，必然的に歴史が内包されているのである．

ここでいう歴史とは，先に述べた環境を構成する要素およびその連関，相互作用体系の時間的な過程を包摂するものであって，人類史のみに限定されるものではなく，いわゆる自然史も含まれている．換言すれば，環境としての歴史を考える場合には，人類史と自然史を統合した視座が必要なのである．

(2) 歴史と現在　このように，歴史が環境を構成する要素とその連関，相互作用体系の時間的な過程を包摂するものであると考えるならば，現在は絶えず生産される歴史の最先端に常に位置していることになる．つまり，歴史と現在は切断されたものではなく，歴史は必然的に現在との接点をもち続けている．そして，言うまでもなく，歴史を振り返るわれわれの眼は現在に立脚しているのである．

こうした，現在から歴史を振り返ることにどのような意味があるのだろうか．日本民俗学を創始した柳田国男は『郷土生活の研究法』の中で，次のように述べている（柳田, 1935）．

> 郷土研究の第一義は，手短かに言ふならば平民の過去を知ることである．社会現

前の実生活に横はる疑問で，是まで色々と試みて未だ釈き得たりと思はれぬものを，此方面の知識によって，もしや或程度までは理解することが出来はしないかといふ，全く新しい一つの試みである．平民の今までに通って来た路を知るといふことは，我々平民から言へば自ら知ることであり，即ち反省である．

このように柳田は，郷土研究すなわち日本民俗学の第一の目的は，無名の日本人の歴史を知ることであり，そのことは現在われわれが直面している未解決の問題を理解し，われわれ自身の自己認識，自己反省につながると述べている．

ただし，歴史と現在の関係は，必ずしも連続性のみでとらえることはできない．歴史の出発点が人類史，自然史の始原にまで遡るとするならば，長い歴史の営みの中に現在と隔絶した過去が含まれていることも，また事実であろう．例えば，いまのわれわれがどんなに想像力を駆使しても，現在から遠くかけ離れたおよそ400万年前のアフリカ大陸に誕生した初期人類の生活のすべてを，現在との連続性において理解することは難しい．

また，われわれが歴史を振り返るときに，現在と隔絶した過去を異文化と同じようにとらえ，その結果として，現在と隔絶した過去に憧憬などの特別な感情をもつこともあるだろう．総じて言えば，歴史と現在の関係には，こうした歴史の中の連続性と非連続性，文化的共通性あるいは異質性という側面があるように思われる．

歴史を振り返るわれわれの眼が現在にあることは，先に述べた通りである．一般に，歴史学や考古学，民俗学が行う歴史の記述は，それぞれ文字で書かれた記録や地下に埋もれた遺跡，しきたり，習わしや言い伝えなどの資料をもとにしている．こうした資料は，当然ではあるが，われわれが目にできたものに限られており，言い換えれば，これらは現在に残された過去そのものである．

歴史の記述は，このような資料を分析し解釈したものであり，単純に確固とした過去の事実に到達した結果だとは言えない．それは，前述のように，われわれのいる現在が絶えず生産される歴史の最先端に常に位置しており，われわれ自身が過去と無関係な存在ではないからである．そして，歴史の記述は多少なりともわれわれ自身の思想や価値観の関与した過去の解読作業にほかならないのであって，それはある意味ではすぐれて思想的な営みであるとも言える．

以上述べてきたように，歴史を環境としてとらえるためには，人類史と自然史を統合した視座に立って，現在と歴史の多様な関係を常に見据えながら，現在と過去を絶え間なく往復することが必要なのである．

b. 都市の開発と環境

(1) 江戸城外堀の普請と市街地の形成　ここでは，環境としての歴史の事例の一つとして，近世都市江戸の環境史の問題を取り上げることにしたい．

　周知のように，近世都市江戸は1590（天正18）年の徳川家康の入府にはじまり，明治維新に至る約270年間，江戸時代を通じて将軍を頂点とする政権都市として存在した．江戸は江戸城という城郭を有する城下町であったが，その開発の様相を見るために，全国の大名を動員しておこなわれた，1636（寛永13）年の江戸城外堀の普請を取り上げてみよう．

　結論を先に述べるならば，江戸城外堀の普請は周辺の市街地の形成にはたした役割がきわめて大きかった（図8.1）．外堀の普請では大量の土が掘削されて，その土は周辺の低地の埋め立てに利用された．すなわち，大規模な地形改変がおこなわれたのである．

　普請にともなう大規模な地形の改変後に周辺の町屋が移転，起立しており，そこには外堀の普請によってその外縁および甲州街道沿いに街区を設定した幕府の基本方針を読み取ることができる．同様に，寺院も外堀普請後に移転するが，移転先は谷地に機械的に割り振られ，しかも上述の町屋の街区に抵触しない地域であった．また，外堀の外縁には武家地も設定された．これは組単位で組織された御家人集団の拝領地であり，こうした下級武士の屋敷が都市の外縁部に移動したのは，家格による家臣団の同心円的な配置を維持するためであった（栩木，1997）．

　このように，江戸城外堀という江戸城の外郭の建設が大規模な地形改変をともない，その周辺の市街化に大きな役割をはたしたことは，江戸の城郭史と都市史をつなぐ視座を与えてくれる．江戸城の普請は家康が入府した1590（天正18）年頃から開始され，この1636（寛永13）年の外堀普請でほぼ終了したのである．

(2) 上水の敷設　日本の上水の歴史は近世城下町にはじまる．江戸の上水は，初期には小石川上水や赤坂溜池を水源とする上水など小規模なものがあったが，17世紀中頃に大規模な神田上水が本格的に整備され，それと並ぶ玉川上水の流路が完成したのは1654（承応3）年と言われている（波多野，1990）．つまり，広域に給水する神田上水，玉川上水が完成した17世紀中頃は江戸の上水史上一つの画期であり，これは江戸城の普請のよりもやや遅れた時期にあたっていた．形成された市街地に大規模な上水の敷設がおこなわれたからであろう．その後も江戸の上水は17世紀後葉頃におそらく人口増加を背景として，青山，三田，千川，亀有（本所）の四上水が相次いで建設されたが，これらは1722（享保7）年に停止された．

図 8.1 江戸城外堀普請と市街地の形成（栩木, 1997）

(3) 溜池の水質汚染　溜池は江戸城外堀の一部をなし，江戸城の南側の台地を樹枝状に侵食する谷を利用してつくられたが，その際には人為的な環境の改変をともなっていた（図8.2）.

　溜池の自然科学分析の分析結果では，中世の水田の時代以降，堆積物がシルト

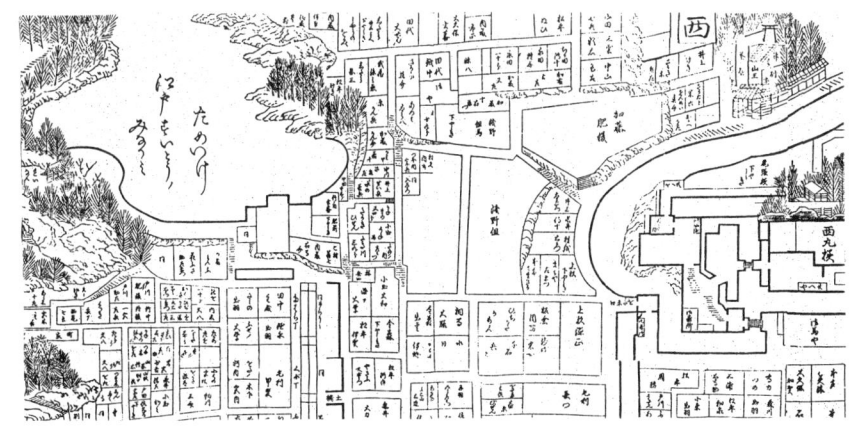

図 8.2 「武州豊嶋郡江戸庄図」の溜池（寛永江戸図，人文社）

層に急激に変化し，シルト層からは水田耕作が裏づけられないこと，珪藻化石群からは中下流域から最下流性河川種群が優占する短い期間を経て，腐水種群が優占する時期へと移行することが明らかになった．これは水田が池沼的環境に人為的に改変されたものと考えられている．こうした池沼的環境は早くても 1704（宝永元）年の富士-宝永スコリアの降灰直後まで続いたという．

　このような溜池の水質汚染とほぼ対応するように，溜池に流入する大型植物化石群も多様な構成になった．すなわち，ナス，キュウリなどの食用の栽培植物，路傍や荒地の雑草類や針葉樹などが見られ，これは人間の食生活に関するごみや林，路傍，土手などの雑草の種実や木の葉などが溜池に流れ込んだものと考えられている．こうしたごみが溜池の水質汚染と直接かかわっていたのである（辻，1997）．

　溜池が最終的に完成したのは 1636（寛永 13）年の外堀普請の時期と思われる．この頃の溜池の水質は，1632（寛永 9）年の「武州豊嶋郡江戸庄図」に溜池は「江戸水道のみなかみ」と記されているように，上水の水源として利用できるようなものであった．

　自然科学分析の結果のように珪藻化石群の腐水種群が優占し，流入する大型植物化石群も多様な構成になり，溜池の水質汚染が進行した状況は，おそらくこの後の 17 世紀後半以降のことであったと推測される．こうした溜池の水質汚染の背景には，17 世紀後半の溜池沿岸の低地の開発による土地利用の活発化が深くかかわっていたと考えられる．そして，先述のように，この頃に神田上水，玉川上水という大規模な上水の敷設がおこなわれたのは，江戸初期以来の小規模な上

水の水源が，溜池の開発や水質汚染などに見るように利用できなくなったからであろう．

(4) 下水の問題　江戸の下水は，都市の水利施設として堀や上水と密接な関係にあった．北原糸子によれば，下水に関する町触の初見は1648（正保5）年で，この段階では下水は道路管理の一環としてとらえられていたが，1678（延宝6）年には下水の管理が強化され，生活問題としての下水という位置づけになったという（北原，1990）．これは江戸の下水の歴史を考える上での一つの画期であろう．また，この画期は神田上水，玉川上水の敷設よりも数十年遅れた時期にあたっていた．

(5) ごみ処理　江戸のごみ処理の問題は，1655（明暦元）年以降，川，堀，下水，明地などにごみを捨てることを禁じ，永代島（永代浦）に捨てるように命じた町触が再三出され，試行錯誤ののち1681（延宝9）年に収集・運搬・処分という3過程に分離したシステムが制度化したという（伊藤，1987）．

このように，江戸のごみ処理システムが確立したのは，下水が生活問題としてとらえられるようになった延宝年間のことであった．

(6) 江戸の開発と環境　以上のように，近世都市江戸の環境史の中でも，とくに都市の開発と環境の問題についてごく簡単に述べてきたが，その過程を改めてとりまとめておきたい．

すなわち，江戸城の城郭は1636（寛永13）年の外堀普請でほぼ完成し，それとともに市街地が形成された．上水はそれより少しあとの17世紀中頃に神田上水，玉川上水が完成し，一つの画期を迎えた．それは，江戸初期以来の小規模な上水の水源が開発や水質汚染などの影響で利用できなくなったからであろう．

一方，生活問題としての下水の位置づけやごみ処理のシステムは，さらに遅れて17世紀後葉の延宝年間に確立した．この時期には，それまでの都市施設の整備が人口の増加をうながし，水質汚染やごみの不法投棄などの都市環境の悪化がさらに進行したため，その対応策としてごみ処理システムが完成し，下水の管理が強化されたと考えられる．

こうして18世紀に入ると江戸の人口は100万人を超え，世界的な大都市となった．その基盤は上述の一連の過程の中で形成されたのである．

c. 都市の中の自然

江戸の都市景観の中で重要な位置を占めていたのは庭園および花卉園芸文化であろう．これらは人間が関与した都市の中の自然である．

江戸の庭園については，発掘調査によってその実態が徐々に明らかになってき

ており，大名屋敷の庭園のみならず下級武士の屋敷の庭園（図8.3）などを含めた江戸全体の庭園の問題を考えることができるようになってきた（谷川，1998 b）．

例えば，山の手の大名屋敷や旗本屋敷の庭園では，埋没谷などの自然地形を利用して池がつくられており，池水には自然湧水や上水の水が用いられていた．また，山の手の武家屋敷の庭園の池が自然地形を利用してつくられ，低地の武家屋敷の場合も，屋敷の造成に際して埋め立てや整地がおこなわれているところから，屋敷地と庭園の造成は密接な関係にあったと思われる．

先述の溜池の堆積物の花粉分析の結果で，江戸時代に入るとマツが急増し，エノキ・ムクノキ属，サイカチ属近似種，モチノキ属，カエデ属，ツバキ属などが定常的に認められるのは，植林や庭園の植栽などを示しているという（辻，1997）．

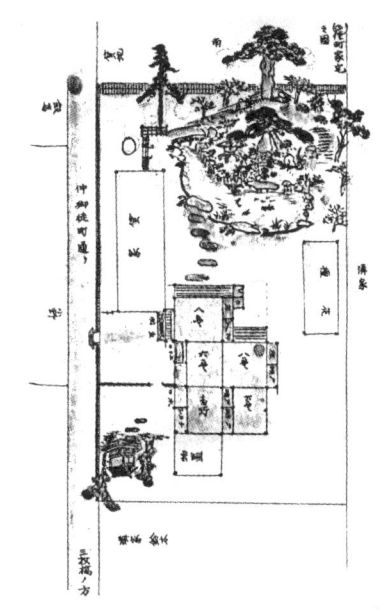

図 8.3 江戸の下級武士の屋敷の庭園（山本，1985）

こうした江戸の武家屋敷の庭園は大名屋敷に関しては江戸時代を通じて認められるようであり，次第に下級武士の屋敷にもつくられるようになってきたように思われる．さらに，花卉園芸文化の下降を具体的に物語っているのは，植木鉢の流行であろう．

森本伊知郎，鈴木裕子によれば，江戸の植木鉢は1750年代頃に陶器の半胴甕(かめ)と土師質の植木鉢が，1770年代頃には陶器の縁つき植木鉢が登場する．19世紀に入ると瓦質や磁器の植木鉢が出現し，土師質植木鉢も増加するという（図8.4）．このように，18世紀後半以降に植木鉢が多く出土するところから，江戸の鉢植えの流行がうかがえるのである（森本・鈴木，1995）．

柳田国男は『明治大正史世相篇』の中で，300年前に江戸でツバキの花が流行したことを取り上げて，村ではツバキは元来山の神様の社に咲くべきもので，季節の宗教的意味を考えることなしにこれを眺めることはなかった．それが新しい変種をつくり，都市では愛玩用のために家並にツバキを植えていたので，村の出身者が驚いたという話を紹介している．そして，その背景には「花を自在に庭の

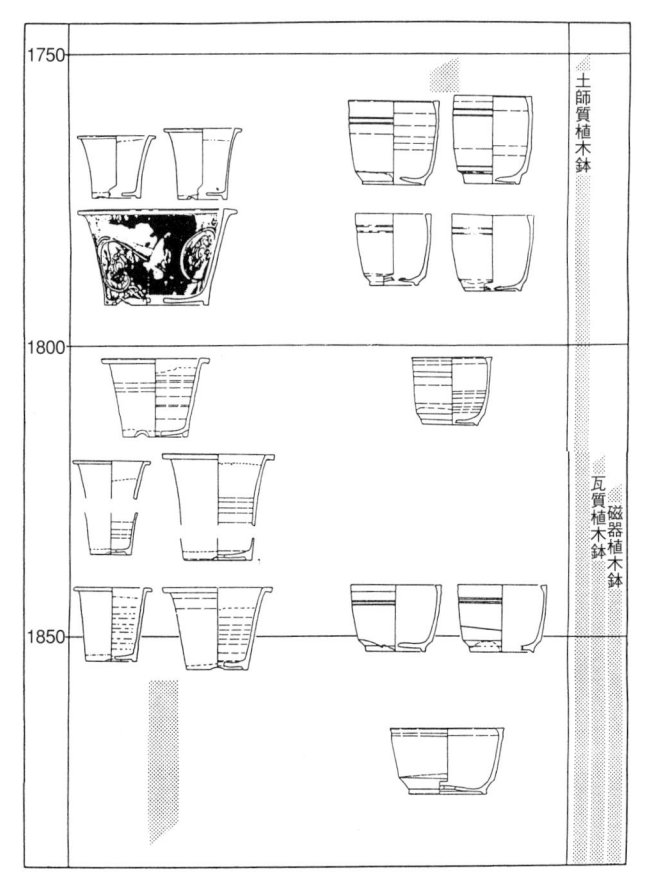

図 8.4 江戸の植木鉢の変遷（森本・鈴木, 1995 より改変）

内に栽ゑてもよいと考へた人の心の変化」があったという（柳田, 1931）.
　このように，江戸の庭園および花卉園芸文化の問題は，都市民の自然観と深くかかわっていたのである．

d. 都市と災害

　都市環境史の問題には，環境，景観だけでなく地震，洪水，大火などの災害も含まれている．都市には人口が集中しているため，村落に比べて災害の被害は甚大である．しかしながら，災害の被害を受けた都市は新しい都市計画にもとづく災害復興，再開発によって，土地利用状況が大きく変わり，消費が促進され，都市史上の変化を加速させる結果となった．江戸の大火の一つである 1657（明暦3）

年の大火は，その後の江戸の拡大の大きな契機とされているが，前述の江戸の開発と環境に関する変化を促進するものであったと考えられる．

例えば，旗本屋敷を発掘した千代田区一番町遺跡では，18世紀前半の火災後に屋敷内の緩やかな傾斜地の上部を削平し，下部の畑地に盛土，整地をする大規模な土木工事がおこなわれた．ここでは，火災という災害が土木工事の契機となり，屋敷内の土地利用に変化を引き起こすとともに，被災した生活用具がごみとして捨てられ，おそらく新しい生活用具の購入が図られて消費が促進されたことが推測される．

したがって，明暦の大火のような大きな都市災害の場合でも，同様の現象が起きたことが考えられるのである．

以上述べてきたように，人間を取り巻くものすべてを環境とするならば，その範囲は人類史および自然史のすべてを含む広範な世界を対象とすることになり，ここで事例として取り上げた近世都市江戸の環境史の場合でも，考古学，歴史学，民俗学，植物学，地質学などさまざまな分野の学際的，総合的調査・研究がおこなわれている．このような思考が人間科学の中にあることの意義の一つは，こうした学際性，総合性にあると言えよう． 〔谷川章雄〕

＜文 献＞

波多野 純（1990）：上水を通してみた都市計画．文化財の保護, **22**, 34.

伊藤好一（1987）：江戸の町かど，平凡社，東京，pp.222-229.

北原糸子（1990）：江戸の下水道．紅葉堀遺跡，新宿区教育委員会，pp.24-33.

森本伊知郎・鈴木裕子（1995）：天明期の墨書を記した植木鉢．東京考古, **13**, 119-148.

谷川章雄（1998 a）：近世都市江戸の考古学の課題．発掘が語る千代田の歴史，千代田区教育委員会，pp.44-49.

谷川章雄（1998 b）：発掘された江戸の庭園．日本造園学会誌ランドスケープ研究, **61**(3), 218-222.

千代田区教育委員会（1994）：一番町遺跡発掘調査報告書．

栩木 真（1997）：寛永13年江戸城外堀普請と周辺地域の変化．江戸城外堀・市谷御門外橋詰・御堀端，第Ⅱ分冊，地下鉄7号線溜池・駒込間遺跡調査会，pp.461-487.

辻 誠一郎（1997）：植生史からみた赤坂溜池界隈の環境史．溜池遺跡，第Ⅱ分冊，地下鉄7号線溜池・駒込間遺跡調査会，pp.155-159.

山本政恒（1985）：幕末下級武士の記録，時事通信社，東京．

柳田国男（1931）：明治大正史世相篇（定本柳田国男集 24, 1963, 筑摩書房，東京，p.141）．

柳田国男（1935）：郷土生活の研究法（定本柳田国男集 25, 1964, 筑摩書房，東京，p.264）．

8.2 古代エジプト文明論

a. 古代エジプト文明の特徴

(1) 古代エジプト文明の保守性　古代エジプト文明とは，いまから 5000 年ほど前の紀元前 3000 年頃に国家統一がなされ，2000 年ほど前の紀元前 30 年に，クレオパトラ 7 世がローマの将軍オクタビアヌス（後のローマ初代皇帝アウグストゥス）に敗れ自殺するまでを指している．古代エジプト王朝時代は大きく分けると古王国時代（前 2650～前 2180 年頃），中王国時代（前 2040～前 1785 年頃），新王国時代（前 1565～前 1070 年頃），末期王朝時代（前 750 頃～前 305 年），プトレマイオス朝時代（前 305～前 30 年）となる．

主な歴史事件はこれらの時代に集中しているが，各時代と時代のあいだに中間期が存在する．エジプトの歴史ではローマ帝国の直轄植民時代を経てコプト時代，すなわち 641 年のアムル将軍率いるイスラーム軍団がビザンチン帝国のエジプト支配を終わらせるまでを古代としており，古代エジプト文明の 3000 年間とは若干異なる様相を示している．この 3000 年間を俗に古代エジプト王朝時代と呼んでいるのは，外国の支配を受けていても，古代エジプト特有の宗教観や価値観は変わらず，むしろ外国勢力のそれらが変質し，同化されていく傾向であったためである．

これに対しローマ帝国やビザンチン帝国による支配は物質的にだけでなくその精神をも搾取するもので，3000 年の王朝期に育んだ文化は内側からも大きく変化させられてしまったのである．しかし，それが 7 世紀のイスラーム軍団の侵攻の際にあまり抵抗なくエジプト世界に入り込み，今日まで基本的な価値観が変わらず続いている素地になったとも言える．

古代エジプト文明の特徴はいろいろな側面があるが，一番にはこの保守性をあげることができる．もちろん 3000 年間の長きにわたって，同一な質で文明が続くことはありえないが，ほぼ同質で続いた理由はいくつかある．まず，第一は地理的なことがあろう．いわゆる文明の交叉路と言われる北緯 35 度前後より南へ位置していることがあげられる．

(2) 変化と画期　もちろん紀元前 3000 年から 960 年ほど続いた古王国時代には，地中海周辺諸国にエジプト王国に匹敵する力のある勢力がなかったのでエジプトは安泰であったが，紀元前 2040 年頃，中王国時代になるとチグリス川，ユーフラテス川周辺の西アジア諸国や，エーゲ海諸島が力をもちはじめエジプト王国も安閑としていられなくなる．しかもナイル川上流のヌビア地方にも力をもつ部

表 8.1 古代エジプト史略年表

時　代	事　項
先史時代 先王朝時代	新石器文化が起こり，農耕・牧畜が始まる
初期王朝時代 前 3000～前 2650 頃 (第 1～2 王朝)	前 3000 頃　ナルメル王エジプト全土を統一，王朝を築く
古王国時代 前 2650～前 2180 頃 (第 3～6 王朝)	前 2650 頃　ジュセル王のピラミッド建設 前 2550 頃　クフ王が大ピラミッドを造営
第一中間期 前 2180～前 2040 頃 (第 7～11 王朝)	前 2180 頃　王の権力が弱まり，国内が乱れる
中王国時代 前 2040～前 1785 頃 (第 11～12 王朝)	前 2040 頃　メンチュヘテプ 2 世がエジプトを再統一 前 1800 頃　ファイユームの大規模な開拓
第二中間期 前 1785～前 1565 頃 (第 13～17 王朝)	前 1785 頃　王権が弱まり，国内が乱れる 前 1680 頃　ヒクソスがエジプトを占領
新王国時代 前 1565～前 1070 頃 (第 18～20 王朝)	前 1565 頃　イアフメス王がエジプト再統一，首都テーベ 前 1520 頃　王家の谷の造営始まる 前 1400 頃　王朝の絶頂期 前 1365 頃　アクエンアテン王の宗教改革 前 1350 頃　ツタンカーメン王即位 前 1275 頃　ラムセス 2 世がヒッタイトと戦う 　　　　　　同王の治世時に出エジプトが起こる 前 1170 頃　ラムセス 3 世が海の民を撃退
第三中間期 前 1070～前 750 頃 (第 21～24 王朝)	前 945 頃　国内が乱れ，異民族による支配が始まる
末期王朝時代 前 750 頃～前 305 (第 25～30 王朝)	前 750　ヌビアのピアンキが第 25 王朝を樹立 前 664　サイスに第 26 王朝が樹立 前 332　アレキサンダー大王がエジプトを支配
プトレマイオス朝 前 305～前 30	前 305　プトレマイオス朝始まる 　　　　アレキサンドリアがヘレニズム文化の中心に 前 30　クレオパトラ 7 世が自殺，エジプト王朝滅亡
ローマ支配時代 前 30～後 395	前 30　エジプトはローマの属州となる 後 391　神殿閉鎖令が発布，各地の神殿が破壊される
ビザンチン時代 395～641	395　ローマ帝国分裂，エジプトは東ローマ領に
イスラーム時代 641～	641　アムル将軍率いるイスラーム軍がエジプト征服

164　8. 歴史と環境

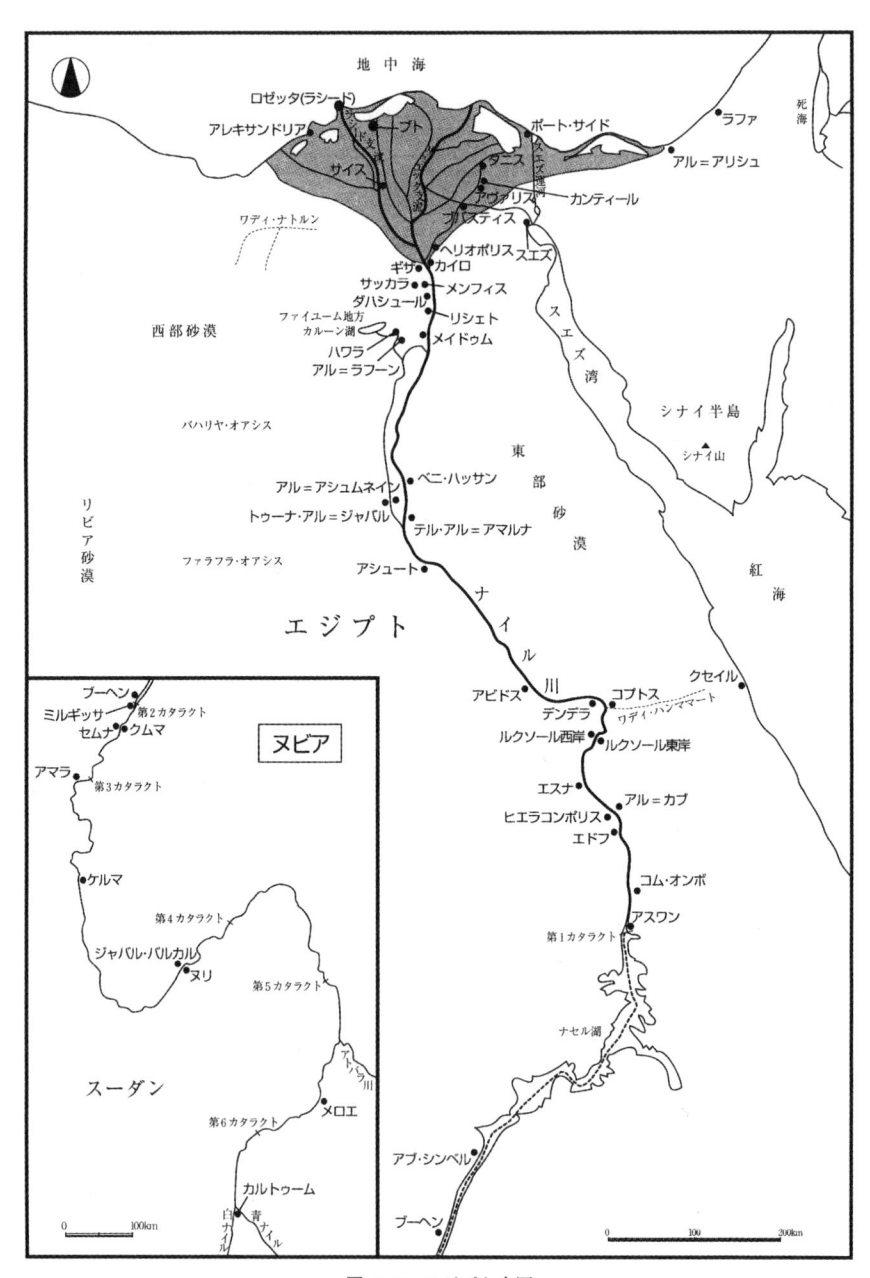

図 8.5　エジプト全図

族が現れるようになり，エジプトの南端を脅かしはじめた．ヌビアとは古代名でイアムといい，エジプトの南端の町アスワン以南の砂漠地帯を言う．ここには古代エジプト王朝時代を通じ小部族国家が存在していた．このヌビアに備えるためエジプト王国は軍備をもち，実際にヌビアとは闘いはじめる．紀元前750年頃にはナパタ出身のピアンキ王がエジプトに攻め入り70年間ほどエジプトを治めたりもしている．しかしエジプトは文明の交差路周辺の国々のように都市国家同士の攻防といった緊張感を絶えずもっていたわけではない．時代が新しくなるにつれて，エジプト王国はその北部や北東部の攻防戦に巻き込まれていくが，そのこと自体がエジプトの存亡に直接つながることはなかった．いわゆる文明攻防の蚊帳の外にいて安閑としていられたのである．

本当にエジプトがその攻防に巻き込まれはじめるのは，紀元前1170年頃のラムセス3世代のことである．海の民と呼ばれる地中海の北側からやってきた外来の民がエジプト王国に押し寄せるが失敗に終わる．ラムセス3世はエジプト王国を侵略者たちから守ったのだが，そういった傾向はそれより100年ほど前にエジプト王国に君臨していたラムセス2世代に起きていた．

ラムセス2世はエジプト王国を国際化したファラオ（古代エジプト王朝時代に国家に君臨していた人物の総称．語源は大きな家を意味するペル・アアで，ギリシャ人が訛って使ったのが用語となった）であるが，その中で一番重大な事件はモーゼ率いるヘブライ人たちの出エジプトであろう．もっともこれは旧約聖書をはじめとしたヘブライ側にはひとりよがりとも思えるほどの詳細が書かれているが，エジプト王国側には何の記録もない．思うにこのモーゼの出エジプトというイベントはエジプト王国にとってはとるに足らないものだったのであろう．この時代は王朝時代の中間を少し越えた頃である．

(3) 古代エジプトにおける輪廻思想　このようにして平坦ではないにしろ，エジプト王国がその宗教観や価値観を守ってきたことが，古代エジプト王国は保守的であったと語られるゆえんであろう．それをなしえたのは，地理的条件は前提としても，古代エジプト人の思想体系が大きくかかわっていたことも忘れてはならない．その思想の根本は輪廻の思想で，それは古代エジプトの宗教となって表れている．

通常古代エジプトの宗教は多神教で，自然の中に神を見出し，自然を崇めることと言われている．もちろんこのとらえ方は間違いではないが，その裏に輪廻思想があることは忘れてはならない．この輪廻思想はヒンドゥー教における輪廻転生とはかなり違うもので，死者の魂がこの世とあの世とを行ったり来たりできる

という意味で，死者が人間でないものに転生する，あるいは前世に人間以外の存在であったというような展開はまったくない．ある人物は永遠にその人物であり，ほかのものからその人物になったり，その人物がほかのものになったりすることは，王が死後あの世でオシリスに化身すること以外ない．ちなみにこのオシリスとは古代エジプトの神で最高位の神で古代エジプト語ではウシル神といい，エジプト創世神四柱のうちの一柱であるが，弟セト神の奸計により2回にわたって殺害される．しかしその度に，妹であり妻でもあったイシス女神（古代エジプト名アスト神）に救われ，神々により冥界の王に指名され，その後は死者の裁判長となった神である．また，古代エジプトには前世はない．厳密に言うならば，前世はあの世であり，その前世はこの世である．すなわち真の意味における輪廻思想であり，人間はこの世とあの世を永遠に回っていると考えていた．

b. 古代エジプトの来世観

(1) 死への備え　ここで古代エジプト人の来世観をおさらいしておくと以下のようになる．まずこの世に生まれたある人物について考えてみる．その人物は通常幼年期を過ごし，青年期を経て老年期となり，死を迎える．このあいだ，青年期には結婚をし，次世代を継ぐ子どもを産みその家系を存続させる義務をもつ．そのため一夫一婦制度はとっていない．が，おおむね初めての結婚によって子どもが産まれているので，ひとりの夫にひとりの妻のケースが多くなっている．もちろん王家ではまた違った考えであり，同じ子供でも体力，気力，知力のすぐれた子を必要としていたため，妻は複数いるケースがほとんどであった．

　さて，青年期に子を産むため結婚をすると，その人物は親の家から出て独立する．いわゆる戸主となり分籍するわけだ．その時点でその人物は自分の墓を造営しはじめる．日本の場合のように代々の家の墓に入るという考え方ではなく，ひとりひとり自分の個別の墓をもつという考え方である．一つの墓にはおおむね，夫と妻が入ることが通例となっている．ときには複数の男子の像が一つの墓に入っていることがある．それも幼児，少年，青年，老人の姿で，である．しかしこれは，実はそれぞれの姿は同じ人物の異なる人生の時期を示しているのであって，その人物の子どもたちがその墓の中に埋葬されているというわけではない．自らの成長過程を彫像を入れることで示しているというわけである．

　墓はその人物の地位や財力で大きさなどの規模が決まるが，墓を造営する場合はその道のプロに頼んだ．いまで言うブローカーのような人がいて，依頼人はその人に自分の経済力や地位に合わせた希望を述べ，つくりはじめてもらう．墓を造営できるのは貴族以上の人である．ここでいう貴族というのは，土地所有者と

いう意味であるから，国王から所有を許された人，国王の家系の人や友人，その地域での歴代の有力者などがなる場合がほとんどだ．そのため第一中間期や第二中間期のように世の中が混乱した時代にはこのシステムは壊れ，力ずくで土地をもった人も多くいた．

　貴族や王族は競ってその地域のネクロポリス（集団墓群を指すギリシャ語であり，エジプトでは現在メンフィス・ネクロポリスとテーベ・ネクロポリスが有名．両者に限らずネクロポリスは中部エジプトのベニ・ハッサンなど一部を除いてすべてナイル川西岸に存在する）に自分の墓を造営したが，当然都の近くのネクロポリスは土地がなくなる．その場合ネクロポリスは横に広がるわけだが，その余地のないところでは，100年から200年も前の墓をリニューアルする．そういった墓を筆者らはいくつも発掘したり，クリーニングをおこなったりした．

　よく言えば再利用というわけだが，発注者はおそらく実際に墓をつくる場所には行かずに墓づくり人の話だけで発注したのではないだろうか．内部の壁に新たに漆喰を塗ったり，壁画やレリーフを描いたりしている例が少なくない．ときには前の墓よりさらに深く掘ってミイラ（永久保存処理をされた人間の遺体．そのほかに自然にミイラ状になったものも含む．日本語のミイラはポルトガル語の没薬を意味するミルラが訛ったとされていて，英語のmummyは瀝青(れきせい)を意味するmumiyaに由来するとされる）を納めたお棺を安置する玄室をつくり直す場合も少なくない．そういった墓づくりをするブローカーは良心的なブローカーと見ていいのかもしれない．ともかく発注者が初めて墓を見るのは，皮肉にも自分が死んで埋葬を執りおこなうときだ．

(2) 再生復活への関門　　古代エジプト人が墓をつくる重大な意味は，その死生観にある．すなわち自分が死ぬと，肉体と精神が分離すると考えていた．そしてその精神はこの世に残り，自分の肉体を見張って盗賊や悪魔に壊されないようにする霊（カー）と，死後あの世に行って，あの世の住人である神々と永遠に暮らす魂（バー）に分かれるとした．ただし霊であるカーは姿がないので，生前に自分の姿に似せた彫像を石などでつくっておいた．そうすれば，死後カーはすぐに肉体から離れその彫像に入れるので安心できたのである．バーは，自分の生前の顔をもつ鳥の姿をしており，大空を西のほうへ飛んでいくと考えられた．

　このバーがあの世においてその人物そのものとして認知されるためには，あの世にたどり着く前に二つの試練があった．一つ目の関門は，罪の否定告白の儀式である．古代エジプトでは生前やってはならない行為が42項目あり，人間はそのタブーを生きている内にやらないことを求められていた．死者が冥界の王，オ

シリスの前にて例えば次のように生前 42 の罪を犯していないことを述べる場面がある（石上, 1980；杉ほか, 1978）.

「人に対して不公平なことをしたことはない」
「盗みをしたことはない」
「暴力をふるったことはない」
「他人を殺したことはない」
「他人をだましたことはない」
「神殿の物を盗んだり，神像を壊したりしたことはない」
「理由なしに他人を怒ったことはない」
「他人の妻と姦通したことはない」
「他人を煽動して事を大きくしたことはない」

これは『死者の書』の 125 章にあり，パピルス文書だけでなく墓の壁面にも描かれている.

　この罪の否定告白のあと，場面は天秤の儀式に移る．この儀式は，罪を否定した死者が本当に生前罪を犯したことがないかを検査するものである．図には大きな天秤が描かれ，片方には真理の女神マアトの印である真理の羽根が置かれており，もう片方には死者の心臓が載せられている．この二つが平衡を保てば，死者が罪の否定告白の儀式で 42 の罪を犯したことはないといったことが正当化される．このことから古代エジプト人は本人の言い分のほかに客観的な判断を求め，それを公的におこなっていたという見方をすべきだろう．すなわち自らの弁明には嘘の可能性があることを認める文化であったことがわかると言えよう．

　ではこの天秤の儀式で平衡が保たれなかったとするとどうなってしまうのか．実はそういった不都合な図は少なくとも筆者の観た 200 点余の中にはなかったし，いままで報告されたものの中にもないが，実際には均衡が崩れたケースが書かれている．それによると心臓のほうが重く天秤が傾くと，心臓は天秤の皿から床に落ち，そこにいる怪獣アメミトに食べられてしまうことになる．また，同時に審判所の上を飛んでいる鳥の姿のバーは急に飛ぶ力を失い，床に向かって急落下してしまう．その床面は二つに割れバーは割れ目に落ちてしまうのだが，割れ目の下は火炎地獄なのでバーは落ちた瞬間丸こげとなり灰と化してしまい，二度ともとに戻れなくなるのだ．これを再死といい永遠にその人物は消え去ってしまい，再生復活は叶わなくなってしまう．これはかなり厳しい処分であり，この思想を継いだユダヤ教，キリスト教，イスラーム教に火葬の習慣がない理由がわかるというものだ．

8.2 古代エジプト文明論

(3) 確立された来世観　さて，最後の審判所の二つの審理をパスした人物のバーは裁判長のオシリス神からアンク（再生復活の鍵）を受け取り，いよいよあの世（イアル野）への旅を続ける．古代エジプト人にとってのあの世は四方を海に囲まれた緑あふれる場所であったことは数々の墓の図で示されているが，そこに行くまでの道程はやはり砂漠であった．というのも古代エジプト人は，あの世は太陽の沈む西の砂漠の果てにあると考えたからである．その図案は冥界の様子が墓内壁に描かれていることで有名な，デイル・アル＝メディーナにある第19王朝の真理の下僕（法務大臣）であったセンネジェム墓（TT1）に描かれている．死者の魂バーが鳥の姿となって西方に続く砂漠を飛び，西方の果てに広がる海に着くと，そこに待機している船に乗っていよいよ待望の永遠の国に向かう．

たどり着いた永遠の国は，地位に関係なくすべての死者に農業に従事することが課せられている．が，一つだけそれを免れる方法があった．それは死ぬときに墓の中にシャブティというファイアンス製の人形を納めることであった．シャブティは古代エジプト名をウシャブティといい，通常ミイラの姿をした小像の副葬品の総称である．その意味は「主人の命に答える者」で，冥界で主人の代わりに仕事をする．そして古代エジプト人は1年の日数360日分の360個をきちんとした箱の中にしまって入れることになっていた．もし生前1日ひとり以上の農業従事者が必要なほど広い土地をもっていたとするならば，必要な人数に360をかけた数だけシャブティをつくって納めたため，墓からの出土品のうちシャブティは土器と匹敵するくらい多くの数が発見されている．あの世に着いた死者はその後も生前と同じかたちの人生を永遠に保障されていた．食べるものも着るものも，そして家族もであった．その上1年に1回この世に戻る機会を与えられていた．

この世に戻る場合，死者は自分の墓へ戻るのだが，このときは太陽とともに東の空から戻ることになる．墓にはあらかじめ死者の魂があの世から戻ったときに入る入口，偽扉がつけられており，そこにはあの世からの長旅をねぎらう供物台が墓の内部に置かれてあった．飲み水と食べ物が置かれ，中にはビールやワインすら用意されているものもあった．もちろんそれらは本物ではなく，石製の供物台に彫られたものであるが．墓に着き一息ついた死者の魂は，すでにこの世にいてミイラを守っていた霊（カー）とともに早速入り，墓の中にミイラとなって安置されている自分の肉体に再生することになっている．

これが世に言う三位一体の本義である．ここで初めて完全復活となったわけで，これに対しこの世に残された生者，死者の家族や友人たちが礼拝をおこなうのである．礼拝は墓の前に生者がやってきて，食べ物などの供物を捧げお祈りをする．

そのとき生者は死者がこの世から去った日からその日までの出来事を報告するのだが，口でいうだけでなく，オストラカに文字を書いて墓前に埋めた．オストラカとは陶片や土器片，石灰岩片を指すギリシャ語で，エジプト学ではそれらに文字が書き記されたものを指し，書かれたのは手紙，スケッチ，練習書きなど多様である．こうして埋められたオストラカへの返事は，その日の夜，死者がお祀りをした生者の夢の中で告げると考えられていた．そしてお祀りが終わると使者は再びあの世へと去っていくのである．

　以上が古代エジプト人の来世観であったが，この考えはすべてこの世は循環しているという思想にもとづいている．この思想はユダヤ教，キリスト教，イスラム教へと踏襲されて現在に至っている．すなわち人間の一生にあの世という概念をつくり，この世で悪いことをしなければ，あの世に復活，再生できるという考えを明確にしたのはいまから5000年ほど前の古代エジプトであったのだ．

c. 古代エジプト人と自然

(1) 自然との共存　　次に古代エジプトの自然崇拝について考えてみよう．現在，日本をはじめ世界中の国で注目されている地球温暖化をはじめとする環境問題は，根源を探ると地球という自然を人間が自分勝手に搾取していることにはじまる．地球が危ないと言うより，地球に住んでいる人類が危ないと言ったほうが正しいのに人間はなんと，「地球を守ろう」などと悠長なことを言っている．実際は一部環境論者の言う「地球にやさしく」などという状況ではないほど，地球の環境は人間の継続生存に難しいものとなっていることに私たちは気づくべきなのに，である．それは私たちが，地球という人間にとって一番重要な存在を搾取しすぎているということに由来する．とくに石油をはじめとする化石資源の乱採掘，乱用に代表される．すなわち自然に対する畏敬の念をもっていないことを意味している．

　それに対し古代エジプト人は自然を敬っていたと言えよう．というのも古代エジプト人にとって自然は神であったからだ．自然，すなわちそれが起こす現象を科学的にとらえるのではなく，神の仕業であるととらえたのである．風が吹くのも，太陽が昇るのも，川が流れるのもすべて，風の神，太陽の神，川の神の考えや御心によるものと考え，それを尊重した．これに対し古代ギリシャ人は，自然には自然の摂理があって，その摂理にしたがって自然は法則をつくり，法則通りに活動していると考えたのである．これがいまで言う科学であり，当時の古代ギリシャ人は哲学と称していたものだ．昨今科学は進歩するなどと言う人がいるが，法則化された自然の動きは進歩しない．進歩するのはそういった法則を人間が応

用し，人間の希求する形にした技術，すなわち科学技術が進歩するのである．これは単なる原則論であるが，学問を探求する者にとっては重要な原理であると思う．

(2) **循環の思想**　さて，古代エジプト人は神と崇めた自然の活動をできる限り手を加えたり，変化させたりしなかった．例えばナイル川の動きを変動させなかった．周知のようにナイル川は季節によって水位が変化する．夏は水位が上がり川から水が溢れ田畑に浸水する．いわゆる氾濫が起きる．

通常ほかの古代文明であればこの浸水を堤防やダムで防ぐ．またそれがその文明の支配者の必要かつ重要な能力であった．しかし古代エジプトでは治水はおこなわれず，ナイル川の神が氾濫を望んでいるのにそれを止めてはならないと考えたのである．そのため堤防をつくったり，ダムをつくったりするようなことはせず，ナイル川の氾濫を黙認した．その代わり氾濫によって仕事を失う農民には生活を保障した．それがピラミッド建設だったことは，20世紀初頭にエジプト学者K.メンデルスゾーンによって提唱され，実際に当時の経済理論に応用された．ここでピラミッド建設の目的を説くことは，紙面の量からしてもこの本の主旨からしても適当でないと考え，多くを語ることはしないが，ピラミッド建設は王個人の墓というより，国民の生活にかかわる国家事業であったということである．

このほか，地理的，気候的特質もあるが，王宮をはじめとする人間の住む家は多くが日干しレンガでつくられた．エジプトを南から北へ縦断するナイル川は，東アフリカ大湖地帯を水源とする白ナイル川とエチオピア高原タナ湖を水源とする青ナイル川が，現スーダンの首都カルトゥームで合流しエジプトに流れ込む，全長6700 kmの地球上最長の川である．「エジプトはナイルの賜物」（ヘロドトス, 1971）の言葉で有名だが，このナイル川が上流から運んできたシルトとよばれる泥は農業に適している．シルトが肥沃な土といわれるゆえんだ．しかし何年もその土を使って農作をしていると土も疲弊してくるので，そういった土をレンガにして家の壁などに使う．このことで土は何年かの休養を与えられる．そしてその家の主が死すれば休養を与えられた土は再び畑に返され，作物を育てることに参加するというわけだ．

だから家は一代限りで取り壊されることになっていた．独立する男子は自らの家をつくらなければならない．これはいまでもアフリカの部族で慣習化されている．ただしここで重要なことはレンガを焼かないという点だ．土は火を通すことで二度と土には戻れない．すなわち焼きレンガは，土と燃料である木の両方を失うことになるため，古代エジプトではそういう愚行はおこなわれなかったという

ことである．ここでも古代エジプト人の自然に対する考えが理解できようというものだ．

このような例はあげればきりがない．しかし私たちはこういった例で古代エジプト人の自然に対する畏敬の念を理解できると思う．この根本思想が古代エジプトの王朝時代が3000年の長きにわたって続いた理由の大きなものであったと言えよう．もちろんこうした一つの理由だけでなく，前述した数々の理由が相互に作用したことで古代エジプト文明がかくも華やかに，かつ長く続いたのであるが，私たちはそこからかなり重要な示唆を受けることができるはずである．

いま私たちは近年の日本における台風や地震という災害をはじめ，地球規模で大きな災害を受けている．これは自然の人間に対するリベンジであると説く人もいるが，そういうことも含めて私たち人間は自然を人間の搾取の場と考えるのではなく，共存していく対象と考えていくべきではないだろうか．そうでないと，あと何世紀人類がこの地球に存在し続けられるか疑問である． 〔吉村作治〕

<文　献>

Bratton, F. G.(1968)：*A History of Egyptian Archaeology,* Thomas Y. Crowell, NY.

Breasted, J. H.(1906)：*Ancient Records of Egypt,* 5 vols., Russell & Russell, NY.

ツェーラム，C. W.；大倉文雄訳（1972）：神と墓の古代史―図説・考古学―，法政大学出版局，東京．[Ceram, C. W.(1957)：*A Picture History of Archaeology,* Thames & Hudson, London.]

コットレル，L.；酒井傳六訳（1973）：古代エジプト人　教養選書20，法政大学出版局，東京．[Cottrell, L.(1955)：*Life Under the Pharaohs,* Pan Books, London.]

Fakhry, A.(1974)：*The Pyramids,* The Univ. of Chicago Press, Chicago.

ヘロドトス；松平千秋訳（1971）：歴史（上），岩波書店，東京，p.164.

メンデルスゾーン，K.；酒井傳六訳（1987）：ピラミッドを探る　教養選書57，法政大学出版局，東京．[Mendelssohn, K.(1974)：*The Riddle of the Pyramids,* Thames & Hudson, London.]

石上玄一郎（1980）：エジプトの死者の書，人文書院，東京，pp.201-210.

岡島誠太郎（1940）：エジプト史，平凡社，東京．

杉　勇ほか（1978）：古代オリエント集　筑摩世界文學大系1，筑摩書房，東京，p.522.

鈴木八司（1970）：エジプト王と神とナイル　沈黙の世界史2，新潮社，東京．

中島健一（1973）：古オリエント文明の発展と衰退，校倉書房，東京．

9 文化と環境

9.1 人間科学と文化の生態系 ―食文化を巡って―

　いきなり尾籠な話となるが，筆者が生まれ育った北関東の田舎町では，昭和30年代初頭まで在郷（近在）の農家が肥を汲み取りにきていた．何しろ水洗トイレなどという文化装置とは無縁の世界である．農民がリヤカーに肥桶を積んで通りを往還する風景が日常化していた世界でもある．だが，そこには人と人，家と家とを結ぶすぐれて社会的なつながりがあった．町家を訪れる農民は，肥を汲ませてもらった返礼として野菜や米を置いていき，さらに収穫が終わる秋の夜長には，「お日待ち」という家単位の収穫祭に町家の者たちを招待し，筆者のおぼつかない記憶によれば，田楽やソバ，餅，山菜料理などを盛大に振る舞ったものだった．貧しい田舎の子どもにとって，それは正月同様，何日も前から心を弾ませる宴でもあった．こうした肥が取り結ぶ町家-農家の関係は，しかしお日待ちだけにとどまらなかった．それは互いの家族の慶弔や選挙活動，そしておそらくは金銭的な互助関係にも及んでいた．

　だが，やがて化学肥料が登場するようになると，この互酬慣行は変化を余儀なくされ，今度は町家のほうが肥を汲みにくる農家になにがしかの報酬を差し出すようになる．それは，お日待ちに象徴される家族的・互助的関係が消滅ないし希薄化する契機ともなった．そして，昭和40年代ともなれば，いよいよ市役所差し回しの汲み取り車，通称バキュームカーが各家を回るようになり，いささか極端な言い方をすれば，これにより町と村（在郷）との日常的な関係――より正鵠を期していえば，共属関係――が乖離することになる．

　かつてP. ブルデューはハビトゥスや文化資本という概念をもって，現代社会の営みを切り結んでいったが，上述した話は，まさに肥汲みを巡る生活-生産のメカニズムと人間-家族関係が，技術的・行政的装置によって解体していくプロセスを端的に物語っている．つまり，肥という紛れもない文化資本が単なる排泄物として処理されるハビトゥスによって，社会のありようが変容を余儀なくされるのである．そのかぎりにおいて，肥は日常生活の無意味な残存物などではなく，まさに文化の生態系（eco-culture）に欠かすことのできない決定的に重要な役

割を帯びていたといえる．

本節は，こうした文化の生態系を，人間科学の研究対象として，近年とみに重視されるようになっている食文化から探るものである．本論に入る前に，まず人間科学の領域を確認しておこう．

a. 人間科学の領域

たとえば，フランスの市販学術誌である"*Sciences Humaines*"（人間科学）誌は，2002年9–11月の特集号「人間科学のabc」（No. 38）において，人間科学の研究対象を以下のように列挙している（フランス語表記のアルファベット順）．

主題： アボリジニー，食，人類学，動物，アルトリュイスム（利他主義，愛他心，集団本位主義），貨幣（マネーロンダリング），権威，郊外，嬰児，生命倫理，仏教，幸福，カニバリズム，資本主義，シャーマニズム，市民性・市民権，文明，認識，社会階層，コミュニケーション，社会構成，能力（人間資本の管理），身体，犯罪，民主主義，依存，個人的発達，持続的発達（リサイクル観），贈与，権利・法，学校（民主化の化身），エコロジー，文字，経済，エスプリ（の哲学），国家，家族，女性，性差，地理（距離の終焉），戦争，統治・支配，英雄，相続（遺伝子），歴史，大脳断層画像（脳の活動），アイデンティティ（国家的アイデンティティ），イマジネール（入れ墨），認識的無意識，個人，知性，不公平，インターネット，裁判（正義），遊戯，社会的紐帯，マネージメント，市場，記憶，混血（対立と融合），モンディアリゼーション（世界化），死（安楽死のジレンマ），神話，多文化主義，国民，ネアンデルタール人（高度な技術的・社会的組織），人類の起源，意見（世論調査の怖さ），教育学，親族，貧困，哲学，父親，ポスト＝モダン，心理療法，心理学，力，理性，宗教，現実なる者，社会的表象，ネットワーク，第三次産業革命，儀礼（ゲーム，スポーツ），危機・危険，スキゾフレニー，政治科学，家族の秘密，性，セクト，ショア（ホロコースト），社会学（社会学者の役割），スポーツ，ストレス，自殺，テクノサイエンス，テリトリー（空間意識），第三世界，マニア，全体主義，伝統（再構築される過去），労働，功利主義，ユートピア，ヴァカンス，都市，加齢，暴力，人間動物園（植民地主義）．

人物： H. アーレント，J. L. オースティン，R. バルト，G. ベイトソン，H. ベッカー，J. S. ブルーナー，F. ブローデル，P. ブルデュー，M. カステル，N. チョムスキー，A. ダマシオ，ダーウィン，F. ドルト，N. エリアス，デュルケム，フロイト，F. ヒュレ，M. フーコー，H. G. ガダマー，C. ギアツ，E. ゴフマン，C. ギンズブルク，J. グッディー，J. M. ケインズ，I. カント，Th. クーン，B. ラトゥール，J. ラカン，レヴィ＝ストロース，マリノフスキー，マルクス，M. モース，M.

ミード，ニーチェ，ピアジェ，K. ポッパー，P. リクール，F. ソシュール，トクヴィル，P. ヴェイヌ，M. ウェーバー．

　このリストに提示されている主題や人物（理論）は，理解度を別にすれば，いずれもわが国でよく知られているものばかりである．たしかに人物はもとより，主題にしても，たとえば他者性や言語，自然・社会環境，情報，制度，認知科学，パラサイエンス，シンボルシステム，ミメーティックスなど，今日の人間科学にとってきわめて重要なトピックを欠いており，決して網羅的とはいえない．トピックの選択自体にも，何ほどか恣意性がみてとれる．だが，周知のように，人間科学を標榜する学部が国内各地の主要大学に設けられ（パリ，ストラスブール，モンペリエ，トゥールーズほか），人間科学書のコーナーが大規模書店のかなりのフロアを占めている，いわば人間科学の「先進国」とされるフランスである．その代表的な学術誌において，こうした多様なテーマが人間科学の射程内に入れられているということは，起源や歴史こそなおも定説をみていないものの，この学問が現代社会を解読し，ときにその問題の解決法を提出する可能性を帯びていることを如実に物語っている．そしてそれは，とりも直さず人間科学に対する人々の期待を過不足なく反映しているともいえるだろう．

　と同時に，ここではこれらのプロブレマティックが互いに学問的な生態系を織りあげているという点も看過してはならない．紙幅の都合もあり，詳述は控えなければならないが，たとえば冒頭のアボリジニーひとつとってみても，ほかのトピックスと，濃淡の差こそあれ確実に結びついているのだ．人間科学の学際たる所以は，おそらくここにある．では，食の問題，とりわけ食文化の変容は現代フランスにとっていかなる示標性を帯び，いかなる生態系を構築しているのか．

b．現代フランスの食と共食文化

　「貧しい者の食卓は，神が臨在するがゆえに幸いなり」とは，たしかリルケの言葉だったと記憶するが，この言葉はリルケを生んだドイツだけでなく，フランスやほかの西欧諸国においても，食事が本来宗教的・儀礼的実践であったことを物語る．しかし，キリスト教の確実な衰退にともなって，たとえば復活祭前の潔斎時期である四旬節をなおも厳格に守るようなごく敬虔な家や，共食に教義的ないし秘儀的・象徴的な意味を見出す一部の秘教的結社を除けば，食の世界的なメッカを自他ともに認めるフランスの日常的な食文化から，host を語源とする主/客の関係性で成り立つ共食の風景が後退してすでに久しい．

　改めて指摘するまでもなく，たとえば筆者の調査地であるバスクやアルザス地方などの祝祭で，通りや広場にテーブルを並べ，ゆうに 100 人を超える参加者や

ヴァカンス客が，大道芸人や素人楽団のパフォーマンスを見物しながら，盛大な郷土料理に舌鼓をうつ風景は，これまで筆者がさまざまな機会に調査報告として紹介してきたように，たしかに今も健在である．絵画や映画でみるような華やかな婚宴や婚約式，洗礼式，あるいは友人たちを招いてのささやかなホームパーティもまた，都市部と農村部を問わずみられる．むろん一部の人々は，ありふれた日常的な振る舞いとして，友人や知人とレストランで食事をする．そのかぎりにおいて，（共）食が人と人をつなぐ重要な契機となっていることは確かである．

だが，こうしたすぐれて伝統的な（共）食の風景だけをもって，フランスの食文化を語るのは——少なくとも現代においては——短絡にすぎる．何よりもそこには，摂食慣行自体のドラスティックな変容がみてとれるからだ．では，それはいかなる変容であるのか．まず，統計学のデータから検討していこう．あくまでも統計である以上，それを行う側と行われる側の操作性や恣意性，蓋然性，さらに換喩性などは留保しなければならない．文化人類学（民族学）が統計にさほど重きを置かない所以のひとつがここにあるが，フランス最高の統計一覧として定評のある≪Quid≫（Frémy and Frémy, 2005）の数値は，たとえ統計学自体の方法論的限界を差し引いても，国立統計局をはじめとする公的機関の全国的な悉皆調査をもとにしているだけに，全体的な動向をある程度正確に伝えてくれるはずだ．早速，本論と関係する統計をみてみよう．

表9.1からは，現代フランス人の一般的傾向として，家族との食事が基本となっていることがわかる．朝食については，ひとりだけでとする数値が家族との共食を1％上回っているが，むろんこれは，成人に達する前に親元を離れる単独居住者が多いことに，つまり複数世代の同居が少ないという社会的条件に起因する．昼食については，友人と一緒にするという数値が比較的高いが，これは次にみる職場や学校で食事をする機会が多いことを物語っている．しかし，こうした食事に割かれる時間は朝食で17分，夕食であっても40分に満たない．加えて，食事の準備時間も36分（1999年）であり，そこからはわれわれ日本人同様，そそくさと食事の準備をし，そそくさとこれをすますというフランス人一般の行動様式

表 9.1　食事の相手（1999年）と平均食事時間（1995年）

	ひとり（％）	家族（％）	友人（％）	平均食事時間（分）
朝食	49	48	3	17
昼食	20	65	15	33
夕食	14	77	9	38（34*）

＊：2001年

が克明に読みとれる．

このことをより具体的に示す統計としては，レトルト食品と冷凍食品の生産・消費動向がある．前者は，1996年の生産高1万9600 t が，2003年には2万7600 t とじつに40%（！）も激増し，後者は，1996年に生産高172万8000 t, 総売上高310億フラン（約46億2000ユーロ）だったのに対し，2003年にはそれぞれ187万9000 t（家庭内消費96万2000 t），53億3000万ユーロとなっている．つまり，7年間で生産量は9%, 売上高は15%増大していることになるのだ．前述した食事の準備時間は，従来からの総菜店やデリバリーサービスの利用に加えて，まさにこのレトルト食品や冷凍食品の利用とも不可分な関係にあるといえる．

たしかに，冷凍食品の場合，国民ひとりあたりの消費量は年間30 kg で変化はないが，むろんそれは電子レンジの普及にともなう冷凍食品の消費層拡大を否定するものではない．事実，1996年に140万台だった電子レンジの国内需要は，2002年には175万台（普及率74%）へと25%もの伸びを示しているのである．とすれば，少なくともここに，家族や友人たちとの愉しい団欒の場として展開する，ゆったりとした食事の姿はみられない．では，彼らはどこで食事をするのか．表9.2はそれを端的に示すデータである．

ここでもまた，彼らフランス人の食事が，日常的には圧倒的に自宅を中心になされていることがみてとれる．たしかに夕食を友人宅でとるという数値が高いが，これとても12%のうちの比率，つまり全体の約4.6%にすぎない．一方，レストランでの昼・夕食については，企業の福利厚生の一環として，額面数百円程度の「レストランチケット」が広く支給されている点を看過してはならない．ただし，こうしたチケットを用いて食事をするレストランは，統計に明示こそされていないものの，当然安価な店である．つまり，月152時間労働に対する最低保証給与（SMIC）が月額1300ユーロあまり（2008年1月現在，税別），日本円換算

表 9.2 食事の場（1999年）

	朝食（%）	昼食（%）	夕食（%）
自宅	96	75	88
自宅外	（学生食堂を除く）		
職場		25	6
社員食堂		21	2
友人宅		12	38
レストラン		11	18
カフェテリア		8	4
ファーストフード		3	5

で約21万円たらずのフランス人にとって，家族3人で行けば，どれほど安価な料理を選ぼうと，100ユーロ以上の出費は覚悟しなければならない高級レストランなど，余程のことがないかぎり縁遠い存在なのである．

このことは，家計に占める食費の動向からも裏づけられる．食料品とノンアルコール飲料にかける費用は，1960年の23%から1970年には18%，1980年には14.5%，1990年には13.1%と確実に減少し，2000年にはついに11.1%にまで落ち込んでいる．2001年には辛うじて14%へと上昇しているが，いうまでもなくこれは，ユーロ移行にともなう食料・飲料品の実質的な値上げに起因する現象である（むろんこうした食費の減少傾向を，エンゲル係数理論にもとづいて収入増にのみ求めるのは，現状を無視した楽天的な見方にすぎない）．

では，学生を含む若者たちはどこで外食するのか．いったいに経済的余裕に乏しい彼らであってみれば，星つきレストランなどは文字通り高嶺の花であり，その結果，より安価なレストランやファーストフードを頻繁に利用することになる．表9.3はそんな若者たちや外国人旅行者たち（2004年：平均滞在日数7.6日）を主たる得意客とするファーストフード店の統計である．

1979年，アルザス地方の中心都市ストラスブールに第一号店を出して以来，マクドナルド・フランスの勢いはとどまるところを知らず，1000店の大台を超えた現在も，1971年にベルギーで創設された先発のクイックを抑えて，年間の売上は1店舗あたりじつに3億円にも達している．マクドナルドに象徴されるファーストフードがフランスの食文化を変えたとされる所以だが，むろんそれには，ハンバーガー大国の米国人旅行者や滞在者が大きく寄与していることは間違いない．興味深いことに，1997年の調査では，じつはフランス人一般は，伝統的なサンドウィッチをハンバーガーの8倍（！）も多く食しており，4回に1回はこれらファーストフード店を含むレストランチェーンを利用しているという（米国は4回に3回）．つまり，ファーストフードの世界は，アングロ・サクソン資本とフランス資本とのせめぎ合いのなかで発展を遂げており，従来の「フランスの味」を守るレストランは，そうしたせめぎ合いの谷間に位置しているともい

表 9.3 主要ファーストフード店（フランス国内）

店名	1996年		2002年		
	総売上高(ユーロ)	店舗数	総売上高(ユーロ)	店舗数	売上高/店舗(ユーロ)
マクドナルド	12億	541	21億	1010	216万
クイック	4億3000万	258	5億6000万	313	179万
フランチ	3億2000万	153	3億8000万	177	214万

えるのだ．表 9.4 はそれを明確に示している．この統計から明らかなように，今日フランスの外食文化を支えるのは，前 3 者の安価店である．≪Quid≫に店舗数全体の数値に関する記述はないが，基本的に孤食ないし短時間の共食を旨とするこれら

表 9.4 レストランの種別分布（1999 年）

	かっこ内店舗数比率
アングロ・サクソン系 FF	39（22）%
セルフサービス店	19（14）
フランス系 FF	14（32）
伝統的レストラン	7（7.6）
その他	21（37.4）

安価店が，種別（72%）においても店舗数（64%）においても，外食産業の主体となっているという事実は，フランス（のみならず，おそらくほかの多くの西欧諸国）の（共）食文化の現状を語ってあまりあるものといえるだろう．

c. 共食文化の変容と特徴

　以上の統計数値から多くを語ることは，もとより短絡との誹りを免れないだろう．そこには地域や年齢階梯，性別，出自などといった，本来統計が注目すべき偏差（パラメーター）すら示されていない．だが，これだけのデータからでも，かつて料理に科学の目を導入したブリア＝サヴァランや，世界に冠たる宮廷料理を確立したヴァルテルを生んだフランスの食文化が，少なくとも 20 世紀末以降に著しく変わってきていることだけは間違いなく指摘できる．では，それはいかなる要因により，さらにどこに向かおうとしているのか．最後にそれを指摘しておこう．

　（1）食の簡略化　ミッテラン政権時代の 1998 年，雇用の創出と労働者の生活向上を目指して制定されたオーブリ法（労働時間の週 35 時間制）にもかかわらず，食事時間——とりわけ都市部の——は明らかに減少傾向にある．これに対し，食事により多くの時間をかけよとの提言も一部「知識人」たちからすでになされているが，外国資本によるファーストフードの著しい普及と相まって，こうした食の簡略化は，かつてそれが担っていたさまざまな社会的・象徴的役割，たとえば聖体拝領と同義の共食（communion）という言葉に託された，宗教的役割や統合シンボル，さらにはソーシャビリティや帰属意識（アイデンティティ）を（再）確認するための契機としての役割を急速に喪失させている．世代や暦日，経済的格差，都市部／農村部などの偏差を留保していえば，コミュニケーション（communicatio）のためではなく，ひたすらコンソマシオン（consommation）のためだけの食．あるいはそうもいえるだろう．食の記号化ともいえる．そして，この傾向は，折からのダイエット志向と相まって，間違いなく一般的な家族的な（共）食の場をも席巻しつつある．

ちなみに，フランス語で「食事（時間）」をルパ（repas）という．この語は，語源をラテン語で「飼育する」を意味するパスケーレ（pascere）の過去分詞パストゥス（pastus）を語源とし，そこから派生した古フランス語のルパ（repast），すなわち「猟犬に与える獲物の一部，飼料」を古型とする．慣用句で「畜獣の食事をする（faire un repas de brebis）」とは，「飲み物なしで食事をする」，つまり貧しさや質素さ，味気なさの謂いだが，いささか極端な言い方をすれば，現代生活における食の簡略化は，まさに repas の原義を彷彿させるものでもある．

(2) 食の平準化　こうした食の簡略化と不可分な関係にあるファーストフードや冷凍食品の普及は，その一方で食の平準化をももたらしている．かつてフランスの食文化を南北に分けていた，バター/オリーブ油の伝統的境界は希薄なものとなり，地域や家庭で伝統的に培われ，「食の王国」という矜持を調味料として差異化ないし個別化された味は，マニュアル化された外在的かつ平準的な味にとって代わられつつある．いずれコンビニエンスストアが出現し，そこでの味覚が商品化すれば，この傾向にさらに拍車がかかることだろう．これを新しい味覚の誕生と呼ぶべきかどうか，今は即断を控えなければならないが，その結果，文化的・歴史的に規範化されてきた「フランス的」ないし「伝統的」な味は，おそらく共食文化ともども，一部の特権的家庭や，地方（郷土）料理を売り物とするレストラン（ヌーヴェル・キュイジヌを除く），さらに特定のコンジョンクションにおけるエスノポール（民俗慣行の軸）となりつつある．

たしかに，わが国のファミリーレストランに見られるような，「家族」を呼称に織り込みこそしないものの，低廉な価格設定と迅速な食事の提供による共食を旨とする中間項的なレストランは存在している．しかし，これとても料理のメニューは差異性とはほど遠い平準的なものであり，そこに「フランス的」ないし「伝統的」な味を求めることはできない．たとえひとときの語らいの場が設定されているとしても，である．

はたしてそれが時代の要請なのかどうかはさておくとして，現代フランスにおける食の風景はこうして確実に分極化（ないし分節化）の過程にある．前述したP. ブルデューは名著『ディスタンクシオン』において味覚の源泉を社会に求めているが，その顰みに倣えば，食の分極化はフランスの社会的変容の表象ともいえるだろう．孤食の階級と共食の階級．簡略化された食と伝統的な食．そして平準化された味と特権的な味．文化である以上，食もまたたえず何ほどかの変容をこうむるはずである．こうした現代の分極化にしても，その内容を問わなければ，過去幾度となく繰り返された対立軸――食べられる者と食べられない者，選ばれ

た者と見捨てられた者，美食＝高価と粗食＝廉価など——の再現と思えなくもない．しかし，顕示的＝象徴的食と機能的＝記号的食に速やかに収れんされるこの分極化は，女性による家事時間を削減する労働市場の女性化と，職住遠隔化を生み出す都市化という点で，つまり構造化された現代社会のメカニズムと過不足なく符合しているという点で，過去のいかなるそれとも異なっている（Jean-Luc, 2000）．

d．おわりに

かつて筆者は，『異貌の中世』の中で，一回起生の法則を凌駕して，常にねじれながら反復される歴史現象の自律的な作用因を，「歴史の遺伝子」と命名したことがある（蔵持，1986）．そういえば，進化生物学者のR. ドーキンスも，1976年に著した『利己的な遺伝子』で，（科学的）模倣子とも訳される「ミーム（文化遺伝子）」——文化の伝達や複製の基本単位——なる分析概念を立ち上げている（ドーキンス，1991）．この奇妙な符合自体は，しかしさしたることではない．ここでより重要なのは，いたずらにミメーティックスに寄り添うのではなく，むしろ文化の生態系が異分子の侵入によって撹乱され，それがいつしか定常化するという，一種の文化的ピジン＝クレオール現象に目を向けることなのだ．

前述したように，変容を習性とする文化の生理であってみれば，こうした定常化もまたむべなるかなといえるだろうが，現代フランスにおける（共）食文化の変容は，それが伝統や生活様式のみならず，人間関係（社会的紐帯），社会システム（性差，労働），経済活動，行動様式，ひいては嗜好や審美観，さらに都市の風景といった方面にまで構造的な変化をもたらす点において，つまりM. モースのいう全体的社会事実としてある以上，フランス社会にとって決して座視できるものではない．これこそがまさに食の風景が本質的に内包し，寡黙な言葉で発信する能弁な示標性なのである．たしかにそこには，郷土料理ないしスローフードや会食，さらに祝宴やパーティといった，いわゆる文化のゼロ・ポイントもみてとれる．だが，ことの善し悪しはさておくとして，この風景が確実にフランスの食文化にかかわるイマジネール（社会的想像力）を新たに構築し，イマジネーション（個人的想像力）を簒奪していくことに微塵の疑いもない．そのかぎりにおいて，食文化の変容は本来能動的であるべき（共）食慣行の受動化をもたらし，畢竟するところ伝統が織り上げてきた文化の生態系を撹乱し，衰退させていくだろう．とすれば，食文化への人間科学的なこだわりは，まさにこうした文化のデグラデーションに対するきわめて重要な異議申し立てとなるはずだ．

〔蔵持不三也〕

<文　献>

ドーキンス, R.；日高敏隆ほか訳 (1991)：利己的な遺伝子　科学選書 9, 紀伊國屋書店, 東京.
Jean-Luc, V. (2000)：*Enquête sur les consommations alimentaires,* INCA, Paris.
蔵持不三也 (1986)：異貌の中世, 弘文堂, 東京.
蔵持不三也 (2007)：エコ・イマジネール, 言叢社, 東京.

9.2　言語の接触と復興
―日本人移民とハワイ先住民の接触およびハワイ語復興運動を例に―

　本節では，言語接触についてハワイ諸島における日本人移民と先住民との接触，そしてハワイ語復興運動を例に取り上げる．小論での目的は言語接触による言語学的特徴の変化を記述するのではなく，言語を取り巻く状況，歴史と社会といった言語社会学的な視点から言語接触状況を照射することにある．具体的には，ハワイにおける日本人移民とハワイ先住民の接触を歴史的に振り返り，その上で最近 20 年間で盛んになってきたハワイ語復興運動について触れることが本節における目的である．

a. 言語接触研究

　言語接触とは，「異なる二つ以上の言語が同時に同じ場所で接触する現象」を指す．広義の言語接触とは，地域的，社会的方言も含めた言語変種が，さまざまな方法によって時空を共有するときに起こる現象と言うことができる．狭義においては，異なる言語，文化圏に属する言語話者が，物理的に接触するときに起こる言語現象を指す．

　言語接触が起きたときに，どのような現象が見られるのであろうか．S. G. トマソンは，言語接触について，①言語変化，②言語混淆，③言語死の 3 種類に分類している（Thomason, 2001）．しかし，本節で取り上げるように，この類型には，さらに「言語復興」を別途定める必要があろう．消滅の危機に瀕した言語に関する研究は，最近日本でも「環太平洋の〈消滅に瀕した言語〉にかんする緊急調査研究」（文部科学省科学研究費補助金特定領域研究，宮岡伯人代表）などのように大規模な共同研究プロジェクトが組まれており，多数の研究成果が発表されているが，言語接触のもう一つの展開として，消滅寸前の状態から息を吹き返しつつある言語について，取り上げる価値が認められる．例えば，"*The Green Book of Language Revitalization in Practice*"（Hinton and Hale, 2001）では，アメリカ先住民諸言語，ウェールズ語，マオリ語，ハワイ語など復興しつつある言語について，言語政策，識字，メディアとテクノロジー，教員養成などの観点

からの調査報告があり，その研究成果は徐々に脚光を浴びつつある．また，日本国内においても琉球方言については，沖縄方言普及協議会や琉球大学の琉球語データベース作成などの地道な活動があり，そのほかにも「地域語」としての方言復興運動が種々報告されている（ことばと社会編集委員会，2004）．

では，言語復興はどのような形で起こり，進行しているのだろうか．ここでは，その全体像を示すのではなく，あくまで一事例としてハワイにおける言語接触，言語復興を取り上げてみたい．

b. ハワイ先住民と日本人移民との接触

（1）ハワイ諸島とハワイ先住民　ハワイ諸島の誕生は，プレートの移動とマグマの動きによって説明される．ハワイチェーンと呼ばれるハワイの島々は，2500万年ほど前から太平洋プレートが西北に移動する過程において，マグマが海上へ吹き上がり冷却しできあがった．したがって，南東へ行くほど島は新しく，現在では約100万年前にできたハワイ島がもっとも若い島である．ハワイ先住民とて，最初からそこに住んでいたわけではない．彼らの祖先たちは，遙か彼方から太平洋上を航海して渡ってきた人々である．

一説では，ハワイ語は台湾の言語と類似しており，中国大陸から台湾に移り住んだモンゴロイド系の人々の一部が，紀元前3000年から2000年に，アウトリガー・カヌーで太平洋上の島嶼地域を島伝いに南下し，その後，南太平洋の島々を起点に一群は南のニュージーランドへ，もう一群は東のイースター島へ，そして他の一群は北上しハワイにたどり着いたと考えられている．西はマダガスカル，東はイースター島，南はニュージーランド，北はハワイにまで及ぶオーストロネシア語族の中でもっとも古いのが台湾原住民の言語（Formosan languages）と考えられており，それがハワイ語の台湾起源説の根拠ともなっている．もっとも，台湾諸語は，オーストロネシア諸言語の第一次分派で，東西オーストロネシア諸言語とは対立する関係にあるという見方が優勢である．また，ハワイ語は，厳密に分類すればポリネシア諸語の中のプロト中央東ポリネシア諸語に属し，マオリ語，タヒチ語，マルケサス語，イースター島の言語などと多くの共通点をもつ．

ハワイへの人の移動に関しては，紀元250年頃には，マルケサス諸島からポリネシア人が移住し，そののち900年頃から14世紀まで継続的にタヒチ島などのソシエテ諸島から新たな移住があったというのが定説になっている．その後は，クックが「発見」し「サンドウィッチアイランド」と命名するまでは，ハワイへの目立った移住はなかった．

ハワイの主な島では，その後，各島に族長が仕切る群雄割拠の時代を迎えた．

そして，カメハメハによる統一，白檀貿易，捕鯨基地などに特徴づけられる外界との接触，プロテスタント系の米国海外伝導評議会による宣教師の派遣，サトウキビプランテーション経営による移民集団の流入，ハワイ王朝転覆，アメリカの属領，準州，そしてハワイ州の時代へと続く．その過程で，言語面での宣教師のはたした役割は大きく，功罪半ばする貢献であった．先住民たちの伝統的な風習や文化は卑俗なものであるとみなしキリスト教に改宗することを勧める一方で，文字のなかったハワイ語にアルファベットを用いた正書法を導入した．1839年にはハワイ語訳の聖書も刊行されて，ハワイ先住民たちの識字率は短期間で急速にのびた．ハワイ王国，最初の公教育制度が開始されたのが1841年，当時ロッキー山脈以西では，最初の高校も設立された．ハワイ語テキストの出版，新聞の発行などを通して，ハワイ先住民の識字率は90%を超え，当時，世界でももっとも識字率の高い地域の一つとなった．しかし，1893年にハワイ王国が滅亡すると，1896年には米国に統合されたため，ハワイ学校制度は崩壊．学校でのハワイ語使用は禁止され，ハワイ語を使用すると罰せられた．1898年には米国の属領となり，ハワイ語はますます表舞台から姿を消していった．

(2) 日本人移民　一方，日本人が集団としてハワイを訪れたのは1868（明治元）年に渡航した「元年者」であり，本格的な移民の渡航は1885年の官約移民以降とされている．しかし，すでに1258年と1270年に日本船と思われる船が漂着したと伝えられている．後者の漂流船は，マウイ島カフルイ港にたどり着き，その船頭の名は「カルイキアマン」で軽井喜衛門の転訛という説がある．この船頭は後に先住民と結婚し，皮膚の黒くない種族の祖先となったとも言われているが，信憑性は定かではない（ハワイ日本人移民史刊行委員会編，1964）．仮に，そのことが事実であったとするならば，1778年にJ. クックの「発見」の50年前の話である．

　日本側の記録としては，1804年にロシア軍艦ナデジダ号に便乗し，日本へ帰還する前にハワイに立ち寄ったという仙台の水主津太夫ら一行4名の記録がある．その後，19世紀にかけて多くの日本人漂流者がハワイにたどり着いた．よく知られているのがジョン万次郎，ジョセフ彦である．ふたりともハワイに住むことはなかったが，万次郎とともに助けられハワイに連れていかれた4人は，しばらくオアフ島での生活を経験している．寅右衛門は大工の徒弟に，重助と五右衛門は宣教師ゲリット・マーメレ・ジャッド宅の下男となった．また，伝蔵（もと筆之丞）は王立学校（1840年創立のハワイ王室の教育機関）の守衛兼小使となった．病気がちであった重助は，1846年に病に倒れ帰らぬ身となった．伝蔵

と五右衛門は日本帰国をはたすが，寅右衛門はハワイで生涯を閉じた．興味深いことに，重助，五右衛門，寅右衛門は，ハワイに帰化したことが，ハワイ州古文書館に保存されているハワイ語と英語で記された帰化証書の存在によってわかっている（宮本, 1992）．

(3) ハワイ先住民と日本人移民の接触　ハワイに渡った多くの日本人はサトウキビプランテーションで働き，個別のエスニックキャンプでの生活を送っていたが，ハワイ先住民との接触も少なからずあった．サトウキビプランテーション以外の場所，例えば，ハワイ島のパーカー牧場ではパニオロと呼ばれるハワイアンカウボーイの中に日本人がいて，ハワイ語をよく話した．

1918（大正 7）年に，『日英布會話書　付録日英書簡文八十篇』という日本語，英語，ハワイ語の会話書が発行されている．この会話書は Hawaiian News Company 社発行の "Hawaiian Phrase Book"（1906 年）に日本語訳をつけ，付録として英文書簡の文例集を補足したものを布哇便利社編輯部が発行したものである．紙幅の関係で細かな内容について触れることはできないが，当時，英語のほかにハワイ語を含んだ会話書を出版するだけの需要があったことがはかり知れる．ただ，この『會話書』で指摘しておかねばならないのは，会話には主人と召し使いのあいだで使用されるような表現が多いという点である．2, 3 例をあげると，「靴は磨いて有りますか」（英語：Are the shoes brushed? ハワイ語：Ua plakiia anei na kamaa?），「床を綺麗にお掃きなさい」（英語：Sweep the floor clean. ハワイ語：Pulumi i ka papa a maemae.），「日曜日には教会に連れてお行きなさい」（英語：Take them with you to church on the Sabbath. ハワイ語：E lawe ia lakou me oe i ka halepule i ka Lakapaki.）などであるが，これらの表現に，20 世紀初頭のハワイにおける「ハオレ」とハワイ先住民の主従関係が透けて見えてくる．しかし，上述の表現を日本人移民とハワイ先住民のあいだで，どの程度使う機会があったのかは疑問である．日本人移民にとって日英語表現の例文は役に立ったかもしれないが，日布の例文の多くは実用的ではなかったと思われる．

戦前，ハワイの人口の約 4 割をも占めた日本人移民を，ハワイ先住民たちはどのように見ていたのであろうか．移民 1 世は基本的に出稼ぎ労働者であったからハワイに帰化することは稀であったし，米国の属州となってからは 1952 年に法律が改正されるまで，日本人は帰化不能外国人としての身分に甘んじなければならなかった．しかし，生地主義の国籍法にもとづいて，2 世は自動的に市民権を獲得できた．したがって，日系 2 世が成長し社会に進出するようになると，次第

にハワイ先住民の職場を脅かすようになっていった．とりわけ公務員や教師などの職から，ハワイ先住民は閉め出されていく結果になった．1930年代半ばにハワイ先住民について調査したE.ビーグルホールは，ハワイ先住民のあいだで，政府関連の職を日系人が奪っていくことを快く思っていなかったと記述している (Iwata, 2003)．

c. ハワイ語復興運動

(1) ハワイ・ルネッサンスとハワイ語復興運動 「ハワイ・ルネッサンス」が芽生えはじめたのは，1970年代から80年代にかけてで，特に若者たちのあいだで伝統的な音楽，ダンス，言語，歴史に対して関心が高まった．1978年には，ハワイ語を英語とともにハワイ州の公用語とする法案が提出され可決した．しかし，当時，200人ほどの母語話者からなるニイハウ島のコミュニティを除いて，ハワイ語を話せたのは1920以前に生まれた高齢者に限られ，ハワイ語はすでに消滅の危機に瀕していた．この危機を救うために，1983年にハワイ語教師が集まり「アッハ・プーナナ・レオ（言語の巣の集い）」という名の非営利団体を立ち上げ，幼児期からのハワイ語教育をはじめた．当時，先住民の言語・文化復興運動は米国に限らなかった．ニュージーランドのマオリ語は，先進的に言語復興の活動を「テ・コーハンガ・レオ（言語の巣）」という名称の学校組織のもとで進めており，ハワイのアッハ・プーナナ・レオは，マオリの運動から名を借りたのであった．翌年には，カウアイ島のケカハに最初のプーナナ・レオ校が開校した．1985年にはプーナナ・レオ・オ・ホノルルがオアフ島ホノルルに，プーナナ・レオ・オ・ヒロがハワイ島ヒロに開校した．当時，ハワイ州法では，教育現場でのハワイ語の使用はまだ禁止されていたが，1986年には同法を変更せざるをえなくなった．そして，「パパハナ・カイアプニ・ハワイ」（ハワイ語環境）と名づけられたハワイ語プログラムは，1999年に最初の高校卒業生を出した．生徒たちは，週1回の英語の授業を除いて，すべてハワイ語で教育を受けた．

現在，プーナナ・レオは州政府や民間から財政的援助を受けている．ハワイ諸島の中で，五つの島にプーナナ・レオ関連の学校が14校存在する（Wilson and Kamanā, 2001）．ハワイ語イマージョンスクールの中で，オアフ島のケ・クラ・カイアプニ・オ・アーヌエヌエとハワイ島のナーヴァヒーオカラニ・オーブップウには，中・高学年クラスも併設されている．大学教育段階になると，ハワイ大学マノア校，ハワイ大学ヒロ校にハワイ語プログラムが設置されている．後者には，カ・ハカ・ウッラ・オ・ケッエリコーラニ（ハワイ語学部）が設立され，ハレ・クアモオッ（ハワイ語センター）も併設して，カリキュラム策定，教員養成，

言語プログラム開発をおこなっている．ハワイ語学部がつくられたことによって，学部でのハワイ語による学位取得のみならず，大学院におけるハワイ語，ハワイ文学の修士号と教員免許の取得が可能になっている．博士課程も新設され，北米本土に在住するハワイ先住民の中に通信教育（e-learning）受講者も増えているが，担当者不足が悩みの種であるという．

ハワイ語復興運動が成功しつつある背景には，ハワイ語がハワイ王朝時代，学校，行政，そして移民によってピジン英語とともに意思伝達の手段として使われていたことがあげられる．ハワイ王朝が転覆させられ，学校でのハワイ語使用が禁止されてからも，言語復興のための貴重な言語資源は残されていたと考えてよかろう（ウィルソン，2004）．

(2) ハワイ語復興運動と日系人の支援　パーカーランチで働く日系2世の父親とハワイ人，アメリカ先住民，スコットランド人などの血をひく母親のあいだに生まれたL. キムラは，現在ハワイ大学ヒロ校においてハワイ語新語辞典編纂を統括する役割を担っている．半生を振り返って彼は次のように述べている（キムラ，2004）．

> 1940年代，50年代にハワイ島の牧場で育った私は，ハワイ人と日本人の豊かな文化を持ち合わせながらも，米国の新たな思考様式へと以降する流れに身を任せていた．米国人になるためには，教養ある人間の資質とみなされていた高い水準の英語力を米国の教育制度の中で身につけなければならなかった．私と私の兄弟は，ハワイ人の血を受け継いでいるので，12歳になったときに英語で教育を施すハワイ先住民のために設立された寄宿学校に入学した．それは，当時，私たちの両親に与えられたもっとも条件のよい選択肢であった．労働者階級の両親の子ども5人は皆，この寄宿学校に入学し，創設者であるハワイの王女が遺言に残したように，「健全で勤勉な男女」となることが期待された．この学校で受けた教育は，流入する移民の文化が加味された米国文化という表向きの顔をもちながらも，基底部にはハワイ文化への強い絆を堅持した教育であった．
>
> ハワイ文化と密接にかかわる道を選んだ私は，敗者としての先住民の立場に立った者ととらえられるかもしれない．あるいは，先住民の知恵を生かし継承していくという意味において，文化的多様性を推進する人間と理解されるかもしれない．私のからだに流れているもう一つの血である日本文化を選択しなかったということは，しかしながら，日本的でなくなるということを意味するものではない．むしろ，それぞれの母国における母語の奨励に関する私の個人的信念を強固にしたと言える．

図 9.1 カウアイ島ケカハのハワイ語学校ケ・クラ・ニイハウ・オ・ケカハで学ぶニイハウ島出身の子どもたち

ハワイ人の血をひく個人として，ハワイ語，ハワイ文化の復興に心血を注ぐL.キムラであるが，一方で日本人としての血をもつことで葛藤は生じることなく，むしろ内在する文化の多様性を肯定的にとらえ現在の活動に生かしていることがわかる．学会で日本を訪れた際にも，父方の出身地である広島県を訪れ，もう一方のルーツの確認作業も怠っていない．

ハワイ先住民と日本人移民の接触を示す例は，ハワイ語復興の教育現場だけを見てもL.キムラに限ったことではない．例えば，カウアイ島ケカハにあるケ・クラ・ニイハウ・オ・ケカハは，唯一のハワイ語母語話者であるニイハウ島出身の子どもたちにハワイ語で授業をおこなう学校である．同校のハウナニ・スィワード校長も日系2世の父親とハワイ先住民の母親をもつ（図9.1）．スィワード校長は，筆者が同校を訪問した際に父方の家族史 "*Chronicle of the Families : Azeka & Takimoto*"（1988年）を誇らしげに見せ，父親にも引き合わせてくれた．

ハワイ語復興運動を推進していくために必要な政治的支援においても，日本人を先祖にもつ人々の役割は大きい．とくに1990年に，米国議会でハワイ選出のダニエル・イノウエ上院議員が「アメリカ先住民法」を通過させたことは大きな意味をもっている．この法案は，アメリカ先住民（ハワイ先住民も含む）の言語に関する連邦政府の政策を180度転換させるものであった．連邦政府は，先住民の言語継承，言語復興，そして教育現場における言語使用を支援する政策を打ち出した．また，現在ハワイ教育局でハワイ語教育を側面から支持している人物の中にも日系人は少なくない．

d．おわりに

本節では，ハワイにおけるハワイ先住民と日本人移民の接触を歴史的に概観したが，多民族社会ハワイにおける異民族間の接触のパターンは多種多様で，ここではそのごく一部を拾い出したにすぎない．日系の血をひく人々のハワイ語復興運動への貢献度は特筆するに値する．しかし，中国系やフィリピン系など，ほかの言語的，民族的背景をもった人々も，それぞれの方法で貢献していることにも

目を配る必要がある.

　ハワイでは標準的な米国英語，ハワイ・クレオール英語，移民の諸言語が日常生活の中で混在し話されている．ハワイ語はピジンやクレオールに部分的に取り入れられ，独特な特徴を残しながらも英語の中に溶けて消え去るかのように見えたが，20年あまり経過したハワイ言語復興運動は組織化され地歩を固めつつある．ここに至るまでの運動は「純血」なハワイ人が築き上げてきたものではない．異なる言語的，民族的背景をもった人々が混ざり合う中で，むしろ非ハワイ的要素を合わせもった人材が中心になって運動を推進しているのが実情である．

　人種的にも言語的にも異種混淆のハワイにあって，ハワイ語が今後どのような進展を遂げていくのかを予測するのは難しい．しかし，少数言語が次々に消えていく中で，ハワイ語は復活の条件がそろった稀な事例である．そして，その運動が継続的に発展していくためには，イングリッシュオンリーでもなければハワイアンオンリーでもない多言語，多文化の共存共栄を認めざるをえないであろう．

〔森本豊富〕

<文　献>

ハワイ日本人移民史刊行委員会編（1964）：ハワイ日本人移民史, 布哇日系人連合協会, p.33.

Iwata, T.(2003)：Race and citizenship as American geopolitics：Japanese and native Hawaiians in Hawaii, 1900-1941. *Ph. D. dissertation Univ. of Oregon*, 226-227.

キムラ，L.；森本豊富訳（2004）：ハワイアン日系三世―21世紀のハワイ語とハワイ語の新語作成にかかわって―. 第14回年次大会発表抄録集, 日本移民学会.

ことばと社会編集委員会編（2004）：ことばと社会―特集　地域語発展のために―, **8**, 27.

宮本　永(1992)：ハワイにおける万次郎の漂流仲間たち. ジョン万次郎のすべて(永国淳哉編), 新人物往来社, 東京, pp.96-97.

Thomason, S. G.(2001)：*Language Contact：An Introduction,* Edinburgh Univ. Press, Edinburgh.

Wilson, W. H. and Kamanā, K.(2001)："Mai loko mai o ka 'i'ini：Proceeding from a dream"：The 'Aha Pūnana Leo connection in Hawaiian language revitalization". In *The Green Book of Language Revitalization in Practice* (L. Hinton and K. Hale Eds.), Academic Press, San Diego, CA.

ウィルソン，W. H.；森本豊富訳（2004）：アメリカ合衆国におけるハワイ言語復興. 第14回年次大会発表抄録集, 日本移民学会.

9.3　人間科学と社会　―植民地における人類学・精神医学―

a. 人間科学の人文学的考察について

戦前日本の精神医学者が植民地台湾に赴いたとき，そこでいかなる学問的営為

がおこなわれたのだろうか．彼らは台湾で何を問題と考え，どう対応したのか．その背景には何があったのか．これらの問題について，ここで十全かつ網羅的に答えることはできないだろうが，解答のいくつかの側面を明らかにしたいと思う．医師ではない私のこれらの問題に対する関心は，さまざまな状況における人間の精神のありように対する歴史学的関心である．植民地台湾で日本人精神医学者がなしたことは，今日の医学の教科書に載ることはほとんどないだろうし，また，多くの一般の歴史書においても，台湾の政治や経済，社会とはあまり関係ないとみなされ，抜け落ちてしまいがちだと思う．しかし，植民地統治下といういまは消滅した政治状況下での精神医学と社会のあいだの往復運動を具体的に跡づけることは，現在の日本の版図の中のみでの過去の精神医学という日本精神医学史に対するわれわれのイメージを揺さぶり，われわれの知的地平を問い直し，また拡大することにつながるだろう．人間の精神は社会や政治・経済からまったく独立しているわけでもなく，一方それらから決定論的に記述することもできないのであり，そのような人間の精神と社会との複雑な相互作用についての感覚を養うことに，歴史学的・人文学的研究の一つの意味があるのである．

b. 人類学と帝国日本

植民地期台湾の精神医学の歴史について考えようとするとき，参考になる興味深い科学史研究がある．1884年に坪井正五郎が東京で人類学の小さな研究会を開いてから1950年代初めに至るまでの日本の人類学を政治的・社会的コンテクストに位置づけて記述し，とりわけ人類学者の自己と他者をめぐる言説の政治性に力点を置いて分析した，坂野徹の『帝国日本と人類学者』(坂野, 2005) である．坂野は，近代日本の人類学史について，いわゆる「学説史」的な記述，つまり，過去の人類学の「学説」の展開についての，とくにデータや理論の関係性に限定した記述をおこなうのではなく，人類学の言説と国民統合や植民地支配との関連性という視角をもつことによって，より陰影に富んだ，包括的な人類学史像を表している．

ここで扱われているのは，自然科学的な色彩の強い自然人類学と，社会科学的あるいは人文学的な民族学（文化人類学）の両方である．自然科学的な学問は社会科学とは異なって政治性とは無関係であり，客観的な実験，観察により自然をありのままに自然科学的言語に写しとるものだという科学観があるが，なるほど自然科学は自然についての知であるゆえに自然の事実に依存している部分がきわめて大きいとは言えるものの，自然科学的言説というものが人間が社会の中で作り上げるものである以上，自然のみならず人間の精神，社会にも依存している部

分があることもまた確かである．どのような研究をおこなうかという「認識関心」，自然についてのどのような知識が科学的に正当であるとみなされるかという「規範」，作り出された科学的言説の「意味」，それらは自然科学の実践に不可欠の要素であるが，人間の精神の「意味」の世界に所属するものであり，「存在」としての自然とは異なる次元のものである．人類学に限らず，科学研究におけるそのような，研究論文上には現れにくい意味の世界の政治性は，研究者自身にはしばしば対象化されず，忘却されるか，あるいは研究の内容以外のものとして周辺化される．そのような周辺化，忘却は研究をスムーズに遂行させるよう機能する．これはもちろん，研究をおこない，いまこれを記述している私自身も当てはまらないとは言えないことだろうし，また一方で，現在の人類学は，過去の経験をふまえて，自己言及的にそのような意味の世界の政治性を積極的に意識化しようと心を砕いていることも確かである．そして坂野がおこなおうとしたのは，そういった政治性を現在，すなわち対象とする言説が紡ぎ出された時代のもつ思考の拘束性からは比較的に自由な（とはいえ現在には現在の束縛があろうが）特権的な位置から糾弾・断罪することではなく，逆に安直に擁護しようということでもなく，人類学という知と政治・社会のあいだの複雑な関係を明らかにして人間の精神についての理解を深めることであった．それはまた同時に，自ら研究をおこなうものとしての自己反省も含むものであった．

　坂野は，もともと「観察者としての西欧」と「被観察者としての非西欧」という非対称性をもっていた人類学が「非西欧」社会である明治日本に導入されたとき，日本人人類学者が西欧に対して抱いた屈折，葛藤を記述する．そして，坂野によれば，日本の人類学者は日本の帝国主義的拡大にともない，西欧の立場になりかわり，植民地支配下に置かれた非西欧たるアジアの人々に特権的な観察のまなざしを向けていく．そこで安易に推測されるのは，植民地拡大の過程で人類学の学知が植民地支配に積極的に応用されたということだろうが，現実の歴史過程はそう単純なものではない．例えば台湾での人類学研究における原住民の呼称の変更（「生蕃」，「熟蕃」から「高砂族」へ）には，原住民を中華文明の影響から切断し，文明化＝日本化するという台湾総督府の統治政策が反映されていたものの，その一方で，植民地統治の確立を急ぐ総督府からすれば，原住民の文化への興味・好奇心にもとづく人類学者の調査は迂遠であり，固有文化尊重を唱えた研究者はむしろ不審の目で見られることとなった．

　しかし，太平洋戦争がはじまると，人類学はより直接的に政治状況と関係していくことになる．人類学は異民族統治におけるその応用面での価値を喧伝し，大

東亜共栄圏を確立するために新たに多数設立された調査研究機関に拠りながら民族研究を推進していく．それまで人類学がミクロネシアにおいて関心をもっていたミクロネシア人の「怠惰」が，日本人移民の南方移住において日本人の「熱帯馴化」の問題として取り上げられたり，現地住民との混血が進むことによる「原住民化」が日本人の自己同一性の確保という問題意識から論じられていくことになるのである．

坂野が示した人類学の軌跡は，植民地において人間を研究したほかの専門分野でいかなることが出来したのかを考える上で少なからず参考になる．精神医学においては，例えば1942年に台北帝国大学医学部精神病学教室の奥村二吉がおこなった台湾原住民の自殺の調査，また1941年の台北帝大の海南島調査以降顕著になる熱帯馴化の検討など，人類学的調査と類似した研究がおこなわれており，人間の行為と精神を科学的に討究しようとする点で，人類学と精神医学には多くの共通要素が見出せると言えよう．しかし，当然のことながら，人類学と精神医学にはやはり少なからぬ違いが存在する．それは人類学が人間の身体や行動に広く関心を寄せるのに対し，精神医学は人間の行動から精神の病的状況だと言えるものを切り出し，人間のそうした側面にのみ注目する傾向にあると言えるし，より重大な相違は，精神医学では学的認識を施した病的状態について，医療行為で直接介入するところにある．そして，医療行為をおこなう病院という施設の空間は人類学がまったくもたない特別な空間である．そこで，精神医学という学知と病院という空間に着目しつつ，植民地期台湾の日本人精神医学者について考えてみよう．

c．精神医学と植民地社会

台湾において初めて精神医学的研究をおこなったのは誰だったか．研究のために台湾を訪れた精神医学者ということで言えば，それは日本の精神医学史におけるキーパーソンのひとり，呉秀三である．呉は1910年1月，「クレチン病」（先天性甲状腺機能低下症）調査のために，台湾中部の都市，台中に3ヶ月滞在した．これはあくまで短期的な研究旅行での滞在にすぎないが，その折，呉の助手として同行した中村譲は，台湾における近代的精神医学の不在に気づき，東京の王子脳病院で医療経験を積んだあと，1916年5月，台湾北部の港湾都市基隆にあった台湾総督府基隆医院に院長として赴任する．つまり，近代的精神医学のトレーニングを受け，初めて台湾に常駐した精神医学者といえば，この中村だということになるのだが，中村の赴任の経緯についてはまだよく知られていない．林によれば，中村は台北医院あるいは台湾総督府医学校専任教授も望めたが，自らの研

9.3 人間科学と社会 —植民地における人類学・精神医学—

究を自由に進めるために制約の少ない基隆医院をあえて選択したのだという（林，2005）．中村は同年10月に，台湾総督府医学校において，それまで課程表にはあったが講義がおこなわれていなかった精神医学の講義を開始し，1918年には台湾総督府医学校の医学専門部教授（1919年には学制改定により，医学専門学校教授）となる．1929年4月には教職を辞し，本格的な精神病治療施設として，台北市宮前町に養浩堂医院（41床）を開院したが，まもなく患者による放火で焼失する．

では中村の精神医学観および精神病観はどのようなものだっただろうか．中村は，人間の精神・心霊は大脳皮質の機構であり，それを取り扱う精神病学は内科の一派，細かく言えば「神経ないし脳髄病理学」の一部にほかならないと述べており，身体，とりわけ大脳の病いとして精神疾患を見る，いわば呉門下の基本的な見方を踏襲している．とくに中村の言説において顕著なのは，犯罪を犯す反社会的存在としての精神病者像だった．中村は精神病学には裁判医学としての社会的重大性があると強調し，「犯罪精神病学」に強い関心をもっていた．実際，彼は裁判における精神鑑定を実践しており，その経験を利用して『犯罪心理学及精神病鑑定例』，『精神病者鑑別手引』など犯罪精神医学に関する実用的な書物を著している．中村の精神疾患分類に特徴的なのは，「早発性痴呆」や「躁うつ病」といった当時主な精神疾患と考えられていた分類を用いず，社会に有害な「反社会的精神病」，無害な「非社会的精神病」という社会的な意味にもとづいて分類している点である．この背景には，いまだ医学専門学校に精神病学教室が設けられず，臨床講義場もなく，仁濟院という患者収容施設の庭先で野外臨床講義を行ったり，患者を医学専門学校の講堂に連れてきたりしているという状況があり，中村はこれを「斯界の恥辱」であるとして，社会に注意を喚起した．中村が精神病を反社会的疾病として描き出した意図をいま完全に理解することはできないが，そうすることが危険な疾病としての精神病像を社会に広め，その疾病を制御する学知としての精神医学の必要性を社会に広めるという機能をはたしたと言えるだろう．

実際，精神病者は社会不安のもとであるという中村の精神病者観は台湾における社会事業関係者にも広く共有されていくこととなった．その精神病者観は中村が広めたという部分もあろうし，逆に，そういった社会意識のなかで中村が犯罪精神病学に傾倒していったという面もあるだろうが，1920年代の終わりから社会事業関係者の中で，経済の不況，失業者の増大への懸念とともに「精神異常者がますます増加していく不安と危惧」が語られていくのである．社団法人台湾社

会事業協会は精神病者の治療という観点ではなく，ハンセン病患者と同様に社会に害をなす不安を与えるものとして精神病者をとらえ，社会から隔離すべきだという観点から，1928年3月の第一回全島方面委員大会で精神病院設置に関する件を決議し，その後繰り返し台湾総督府に建議し，1931年度予算に初めて官立精神病院設立が計上されることになる．

台湾で初めての本格的な精神病院である総督府立養神院は1935年に開院し，台北医学専門学校の実習病院となる．100床を備える養神院は当時の台湾では最大規模であり，モデルは福岡県立筑紫保養院（1931年設立）で，その院長は台北医学専門学校教授，中脩三だった．中は九州帝大の下田光造のもとで精神医学を学び，1926年に卒業，1930年に九州帝大医学部講師，1934年に台北医学専門学校教授，1937年に台北帝大教授となる．中は患者収容施設ではなく治療機関としての精神病院を志向し，治療するというよりも隔離，監置するのみというそれ以前の施設とは明らかに異なった病院像を提示した．中がもっとも重視していたのは，「麻痺性痴呆」，「早発性痴呆」，「躁うつ病」という3大精神病であり，台北帝大では麻痺性痴呆に対するマラリア発熱療法，早発性痴呆および躁うつ病に対する持続睡眠療法，インシュリンショック療法，カルジアゾールショック療法，電気ショック療法などの身体療法の研究を積極的におこなった．

また，「熱帯神経衰弱」をめぐる医学的言説については，医学史家の巫毓荃，鄧恵文が興味深い研究をおこなっている（巫・鄧，2004）．台湾への植民当初より，総督府では気候風土の違いによる「民族の退化」が危惧されていたが，1930年代，米国の地理学者ハンチントン，ミルズらによる文化の気候決定論を受けて，熱帯の気候が作業能率，精神作用の低下をもたらし，心身に悪影響を及ぼすという議論が台北帝大の心理学者らによっておこなわれる．1940年代，日本が南方進出を加速させるにつれ，国会においても，熱帯移民は日本民族の素質を低下させるため，民族の素質を保持するには南進策をとらず満州開拓の方針を堅持すべし，といった議論も登場する．このような退化論の流行や南進策の放棄の主張は，熱帯の気候が神経衰弱をもたらすという熱帯神経衰弱の解釈についても影響を与えた．すなわち，巫と鄧は，中らは日本の南進政策を継続させるため，気候決定論である熱帯神経衰弱の身体的，器質的説明モデルから心因性モデルに転換したと論ずるのである．

これらを考えるに，中らが神経衰弱の分析において，日本の南方進出をめぐる危惧を念頭に置いていたことは間違いないだろう．30年代には熱帯と精神病との関連について，副交感神経の緊張，それにともなう血管拡張，血行の遅延といっ

た，ごく一般的な推測にもとづく議論はしているが，厳密な研究をおこなっていたようではない．しかし1941年以降，太平洋協会が熱帯神経衰弱についての執筆を依頼されるなど，南進の準備の要請が高まるにつれて熱帯馴化研究への関心が高まっていくのである（太平洋協会，1942）．そして，神経化学的研究が専門であった中にとって必ずしも使い慣れていたとは思えない森田療法をコミュニケーションが困難な台湾人にも用いることができるよう改良し，神経衰弱の治療をはかっていく．本国日本による支持を希求する台湾の精神医学者にとって，台湾を経由する南進策の維持は重要事項であり，その障害となる，気候による精神病という問題はぜひとも解決するべき課題であったのである．

　さてここまで植民地期台湾におけるふたりの精神医学者に焦点を当てて台湾の精神医学史を論じてきたが，ここで見えてくるのは，植民地政府が植民地支配のために精神医学の学問的知を意図的，道具的に応用した，という単純な歴史像ではない．植民地という不安定な政治状況のなかで，社会不安の解消のための精神医学の重要性を植民地社会に訴え，支持を求めるとともに，日本の南進策を支え，植民地経営を守るべく研究をおこなってきた精神医学の姿である．もちろん，植民地政府は資金投入などを通じて精神医学をコントロールし，利用してきたのではあるが，精神医学は一方的に制御されていたわけではなく，精神医学者が自ら社会的要請を意識し，それにこたえることで自らの発展をはかるというかたちで，当時の社会，政治によって規定されてきたのである．　　　　　　〔加藤茂生〕

＜文　献＞
林　吉崇(1997)：精神病學簡史. 台大醫學院百年院史(上)日治時期(一八九七一一九四五年)，國立台灣大學醫學院，台北，114-117.
坂野　徹(2005)：帝国日本と人類学者（一八八四一一九五二年），勁草書房，東京．
太平洋協会編(1942)：南方医学論叢第一輯，南江堂，東京．
巫毓荃・鄧惠文(2004)：熱，神經衰弱與在台日人―殖民晚期台灣的精神醫學論述―. 台灣社會研究季刊，**54**，61-103.

10 地域文化環境論（1）
―ヨーロッパ地域―

10.1 ナチ政権下の外国人強制労働者

a. 労働力不足と外国人導入

　1933年1月，ドイツでナチが政権を取ってから1945年5月の敗戦までのあいだに，じつに多くの人たちが強制労働に付せられた．

　まず，同国人の政治的敵対者，エホバの証人のメンバー，犯罪常習者とか同性愛者などの反社会的，非社会的とみなされた者，国内のユダヤ人，ロマ，シンチなどの少数民族である．この人々は逮捕拘禁され，このうち殺害を免れた者たちが収容所に送られ，後に強制労働を課せられた．この時期の収容所が強制収容所の原型である．

　1939年9月1日，ドイツ軍がポーランドに侵攻，2日後，英国，フランスがドイツに宣戦布告，第二次世界大戦がはじまった．大戦中に英国を除くヨーロッパのユダヤ人900万人のうち，600万人がホロコーストの対象になったと推定されているが，その多くは強制労働の後死んだか，あるいは殺害された．50万人が殺されたロマ，シンチ，それに被占領諸国の反ナチとみなされた人たちも同様である．

　ほかに捕虜と被占領諸国を圧倒的多数とする，ヨーロッパのほとんどすべての国籍の民間人労働者とがいた．後者は，初めは自由応募のかたちだったが，やがて応募せざるをえない状況に追い込まれ，後に国によっては文字通りの強制連行による場合も多かった．両者はひっくるめて当時のままに「フレムトアルバイター（外人労働者）」と呼ばれていたが，1980年代頃から実態にふさわしい「ツヴァングスアルバイター（強制労働者）」という呼び方が一般化した．

　ドイツの戦時経済を底辺で支えたのは彼らであって，戦争末期には労働者の4人にひとりを占めた．例えば主要な軍需産業都市でもあった首都ベルリンでは，労働者3人にひとりが強制労働者だった．北海の港に通じるブレーメン一帯では，開戦時に4万人の労働者が徴兵され，代わりに1944年までに2万5000人余の強制労働者が投入された．その数は当時の人口の1/3だったという．

　1944年8月時の統計によれば，ドイツの就労者（2885万人）に占める外国人

労働者の率は 26.5%（765 万人．うち，民間人男性は 380 万人，同女性 192 万人，捕虜 193 万人）だった．

産業別では，第一次，第二次産業が当然ながら多い．農業では 46% と約半数を占める．これに鉱業が 34%，建設 32%，金属 30%，化学 28% と続く．第三次産業では交通だけが 26% と突出している．いずれも戦時経済の重要部門であり，これらに限れば 1/3 がほとんど敵国民である外国人労働者によって支えられていたと言っていいだろう．

出身国別を主な国で示せば，ロシア（当時，ソ連）が圧倒的に多く 276 万人（うち民間人 213 万人，以下同じ），ポーランド 169 万人（166 万人），フランス 125 万人（65 万人），イタリア 59 万人（16 万人），以下ベルギー，オランダで 25 万人前後だった．

性別については，同年 9 月の民間人労働者のみの統計によって男女別に示せば，全体で 399 万人，199 万人．国別では，ロシアは 106 万人，111 万人と女性のほうが多く，ポーランド 112 万人，59 万人．そのほかの国は，例えばフランスが 60 万人，4 万人と女性の数は少ない．ナチの政治的人種的ヒエラルキーにおいて低い位置にあるロシア，ポーランドが，女性の数も断然多い．

b. 募集から強制連行へ

ポーランド侵攻 1 ヶ月後，ポーランド軍捕虜がまず約 10 万人，年末までには 30 万人近くが主に農業に従事させられた．

同時に，軍にしたがうようにしてドイツ労働局の役人がポーランドにのりこみ，15 歳から 25 歳の民間人労働者を募集した．農業季節労働者としてドイツで働く伝統もあって，応募する者も初めは少なくなかった．一方で就業義務制をしき，仕事のない者にそれまでポーランドになかった失業保険金給付制度を導入，同時に失業者登録を強いた．この場合の「仕事」とは，ドイツにおける仕事を含んだ．

ナチ政権下のドイツで働くことは通常の出稼ぎと違うという不安が，噂となってとくに都市部で広がり，翌 1940 年になると，ポーランド全体で拒否反応を示すようになった．同年 4 月までに応募したのは約 21 万人で，当初の募集予定の 100 万人，次にポーランド総督府に課せられた 50 万人の割当てにも遠く及ばなかった．医師から労働不適の診断書をとったり，地方では森へ隠れたりして逃れる者も出た．市町村への人数割当て，配給と失業保険給付の停止などの措置による事実上の強制が行われ，やがて人々の集まる場所や路上などから，地方の場合は包囲した村から，ナチ親衛隊による人間狩りがはじまった．

ナチの人種政策にしたがって、ポーランド人労働者に対してさまざまな規制が設けられた。ユダヤ人に「ダビデの星」章を義務づけたと同様に、一目で識別できるようにポーランド人を表す「P」の胸章をつけさせられた。ドイツ人との接触、交通機関を含む公共施設の利用、一般の飲食店への出入り、夜間外出などの禁止。とくにドイツ人の異性との性的交際が発覚したとき、男性がポーランド人の場合は死刑になった。労役収容所での集団居住も義務づけられた。宗教活動、とくにドイツ人の教会に通うことは厳禁された。従来、一般的にあったスラブ民族に対する差別観をあおり、敗戦国民でもあるポーランド人を、労働によってドイツに奉仕するためだけに存在している「下等人間」と位置づけた。

ドイツ国民に対しても、仕事場で必要な接触以外は厳罰が課せられた。ポーランド人用の宿泊所、飲食店への出入り、ポーランド人に金や衣服を恵んだり、あるいは代わって手紙を出したり鉄道切符を買ったりすることも、「ドイツ民族の名誉と尊厳を損なう行為」とされ、拘禁や強制収容所行きの対象となった。ポーランド人男性と性的交渉をもったドイツ人女性は、頭髪を丸刈りにされ晒しものになったあげく、強制収容所へ送られた。要するにドイツ国民にとって、ポーランド人は「居て居ない存在」でなければならなかった。ただ農家とか個人経営、家事労働においては家族同様に扱われたり、その処遇は雇用者次第で国家の方針通りにはいかなかった。工場でも、ある強制労働者は、5％の労働者が同情の目をもって見てくれたと言う。

西欧では1940年6月にドイツ軍がパリを占領、続いてフランスとのあいだに休戦条約が結ばれた。フランス兵捕虜を労働力として投入することは、占領政策に織り込みずみだったので、10月末までには120万人がドイツに送られた。

秋にはフランス、オランダ、ベルギーで民間人労働者の募集がはじまった。翌年10月までに、西欧被占領国から約30万人が応募した。西欧諸国の場合、ポーランドに比べるとドイツ当局の圧力は弱かったが、後に申告義務、職場変更の制限、就業義務、職業研修義務などの制度が施行された。労働力不足が深刻になると、町中で失業者を拉致、あるいは家から連行するなど、ポーランドと同様のこともおこなわれた。ドイツにおける西欧労働者に対する規制は、ポーランド人に対するほど厳しくなかった。初めは人種によって差別されることもなかったが、やがてナチの人種政策が当てはめられ、オランダ、ベルギー、デンマーク、ノルウェーなど北欧系とフランスなどの「異人種」に分けられた。後者に入るイタリア人はもっとも評判の悪い労働者だった。同盟国のあいだはその態度は甘受されていたが、イタリアが連合軍に降伏してからは裏切り者扱いされた。

1941年6月，ドイツ軍がロシア領に侵攻，独ソ戦がはじまった．緒戦のドイツ軍の勝勢のうちに，11月までに158万人のロシア兵が捕虜となった．

c. 底辺のロシア人

共産主義体制で生活し組織的に反ナチ教育を受けてきたという理由から，ロシア兵捕虜を労働力として使うことは当初，問題にもされなかった．さしあたり，ほとんど食糧も与えられず，大半が野天に放置された．その後2ヶ月間で40万人が飢えと病気で死んだ．大戦中を通じて530万人のロシア兵捕虜のうち，少なくとも250万人が死んだ（570万人が捕虜となり370万人が死んだとも言われる）．

しかし長期戦が必至になり，経済界の要請もあって1942年秋までに約70万人のロシア兵捕虜が労働力として使われることになった．ナチの人種政策と反共主義の立場から，ロシア兵捕虜は労働現場でもっとも苛酷な扱いを受けた．

ロシア人民間労働者募集の手段は，ポーランドの場合よりさらに強引で暴力的だった．自由応募というかたちもとったが，その効果はまったく当てにしていなかった．

ロシア人労働者は，青地に白文字で「東」を意味する「OST」の胸章をつけさせられた．捕虜同様に収容所に閉じ込められ，休日といえども監視つきでなければ外出は許されなかった．ロシア人労働者のいる現場にはゲシュタポが常駐した．「反抗を緊急に抑えるため」には，現場責任者に「身体に対する行動」が許されていたので，ロシア人は頻繁に殴られた．

人種的偏見と政治的イデオロギーによって，ロシア人労働者はポーランド人労働者より下位に置かれ，そして最下等はロシア兵捕虜だった．ロシア兵捕虜は死んでも姓名も記されぬままだった．彼らはまさに「物」であり，それも消耗品だった．

男子労働者の国別の作業能率をドイツ人労働者と比較した一例を，クルップ鋳鉄工場（エッセン市）の1942年11月時の評価で示してみる．

ドイツ人を100として，フランス兵捕虜84.7，フランス民間人77.7，イタリア人73.7，オランダ人62.0，ロシア民間人57.0，ロシア兵捕虜41.7とある．この順位は労働者のすでにもつ専門性，熟練度の結果でもあろうが，一方で処遇の程度が原因と言えよう（オランダ人は例外扱い．彼らは外国人労働者の中でゲルマン系として最高の処遇を受けていたが，ドイツ人から「高慢で労働意欲が低い」と見られていた）．

とくに鉱業でロシア兵捕虜は苛酷な扱いを受けた．シュレージエン南部のある

企業は，1944年初頭から6ヶ月間で5万1000人余のロシア兵捕虜のうち，1万1000人弱の「損失」があったと報告している．損失とは病気，死亡，逃亡を意味する．この場合，死亡は639人，逃亡は818人だというから，5人にひとりの高率で病気により就労不能だったことになる．しかも病気であることもなかなか認めてもらえなかったという．同時期に鉱業全体の18万人余のロシア兵捕虜のうち，損失は約3万2000人だった．

1942年，ナチスドイツ政府は，労働力不足を一気に解消するため，捕虜をふくめて300万人以上の外国人労働者の導入を決定した．この大規模な導入政策の成果を，4月から11月末までで275万人と発表した．別の統計では，前記の数字は誇大で前年9月末から数えても116万人増にすぎないとされている．いずれにせよ後者の数字さえ，占領各国の地方自治体への強制割当てでもかなわず，人間狩りが，東欧は言うまでもなく，西欧占領地域でもおこなわれるようになった．

この300万人以上という目標値には，同時期に決めた家事労働に従事させるロシア人女性50万人が算入されていた．

この頃，戦線拡大は頂点に達し，東部ではドイツ軍はスターリングラードをほぼ占領するところまでいっていた．一方，国内では食糧をはじめ物資不足などで国民の生活条件は悪化していた．加えてナチ本来のイデオロギーとは逆に，勤労奉仕が強化され女性の負担が一層増した．

d. 家事労働者

家事労働者50万人導入という政策には，女性の重荷を軽減する目的のほか，戦勝ドイツの威信を国民の身近に示し，かつ家庭内に「主従」関係を持ち込んで不満をおさえる意図もあった．そこで，すでにこの面でも強制労働に狩り出されていたポーランド人女性に加え，主にウクライナ地方から，思想上危険ではあるがロシア人女性を多数，家事労働に従事させようとした（ポーランド人労働者も規則で縛られていたが，ロシア人にはさらに厳しかった．外出一つとっても前者は夜間禁止だったが，ロシア人は仕事以外は禁止だった）．家事労働者と言っても，就労義務年齢の下限が15歳，あるいは12歳であり，とくに「子守」として配置される場合，年少者が当てられた．

強制労働者たちは人間としての尊厳，プライドを踏みにじられたが，この少女たちも例外ではなかった．例えば，ロシアで貨車に詰め込まれ，ポーランドを横断，ドイツに向かう．途中，ポーランドで貨車の扉が1回だけ開き，少量の食事が与えられる．このあいだ，負傷したドイツ兵の輸血用にと血を抜かれ，殺されるのではないかと恐怖に駆られながら，ドイツへの国境を越える．一方，使用者

側は職業斡旋所から呼び出しを受け，主婦たちがロシア人の少女たちの品定めをする．同時に主婦たちは，彼女たちをどう扱うか，厳しい指示を受ける．まず家に入れると同時に，シラミ駆除のため衣服から靴まで脱がし風呂に入れ，主婦自身の手で徹底的に洗う．こうして彼女たちに残された心的物理的な最小の砦である自分の体という領分さえ，貶められ侵害される．

　少女たちは，粗末なバッグや布袋に，途中の食糧として必ず黒パンを入れてくる．ほかにタマネギ，ニンニク，ヒマワリの種が入っていることもある．しかし布袋に入ったパンの残りや，コルホーズの畑から取ってきたヒマワリの種などは，ただちにゴミとみなされ，身につけてきた衣服ともども暖炉で燃やされる．

　こうして少女たちは強制連行，あるいは就労を強いられた上，理由も告げられぬまま他人の前で裸を強要され，おまけに母親が焼いてくれたであろうパンの残りが火にくべられることによって，故郷の最後のひとかけらも奪われる．ときには名前さえ，ドイツ風に変えられることもある．

　強制労働者の実態がどうだったか．それは民間人か捕虜か，国籍，職種，時期，場所（都市か地方か，空襲があったかどうか）など，さまざまな要因によって左右された．特異な例だが，偽札づくりに従事させられていた労働者もいた．彼らはドイツの敗北が近いことを知ってぎりぎりまで悟られぬようにサボタージュを続け，死を免れた．

　強制労働者の中には生き残って故国に帰っても，ドイツで人間である感情を砕かれたことから病気になったり，自ら命を断った者も少なくなかったとも伝えられている．

e．ドイツ敗戦

　ドイツ敗戦の約1年前，1944年の春から連合軍の空襲は工業地帯を中心に激しくなった．破壊された工場には応急に修復がなされたとしても，強制労働者用の収容所までは手が回らなかった．労働者や就労していた捕虜は，周辺の焼け残りの収容所を探すか，あるいは宿なしの状態になった．農家に食と住を求めて地方に散った者たちもいる．空襲の範囲は広がり，夏までに行きどころのない者たちの数は各工業都市で激増した．強制労働者を縛っていた「秩序」が崩れはじめた．

　1945年5月，ドイツは無条件降伏した．強制労働に就いていた者たちは労働を放棄した．「戦争が原因でドイツにいる外国籍の者」は，強制収容所から解放された人々も含め，連合軍によって「DP（displaced person）」と呼ばれ，その数は1000万人を超えた．連合軍が予期しない数だった．各地で混乱が起こった．

とりあえず出身国別に分け，収容所にまとめなければならなかった．次の課題は一刻も早く帰国させることだった．帰国をいやがり，連合軍の作業の網をくぐって隠れる者も少なくなかった．

西欧諸国出身のDPの関心は，すぐにも故国に帰ることであり問題がなかった．帰りたがらないのは故郷をソ連領とされたポーランド東部の出身者およびロシア国籍のうち，もとから反ソ的と見られていたバルト3国とウクライナ出身者に多かった．苦役からは解放されたものの，新たな問題が待ち構えていた．

ロシア人の場合，強制労働者であれ捕虜であれ，ドイツのために働いた者はコラボレイター（敵の協力者）とされ，銃殺かシベリア送りになるという噂が広まっていた．極端な例だが，ドイツ軍の捕虜になっていたウラソフ将軍のもとに，反スターリニズムを掲げ結集したウラソフ軍団やコサックのような場合は，死刑を含む厳罰が待ち構えていたのは明らかだった．

とにかくヤルタ会談で全員を帰国させることに決まっていた．祖国の労働力不足もあった．各地の収容所でロシア軍担当将校と人民委員が，帰国者には祖国での諸権利と保護を保障するが帰ろうとしない者は反逆者とみなすという硬軟両面の呼びかけをおこなった．石つぶての雨で彼らを迎えた収容所もあった．

子守としてロシア人女性を雇っていたドイツ人たちが，当時を振り返って記した文章にも，この噂に触れた部分が散見される．スターリンとその政府はドイツで働いていた人たちを冷酷無情に扱う．強制労働者は故国でまた収容所に入れられる．国境で強制労働者であった母親たちは子どもたちと引き離され，暗い土地にある収容所に引きずられていく．スターリンは女性たちがドイツで働いていたこと自体を有罪とみなし，むしろ自殺すべきだったと考えている……等々．

他国籍の人間と結婚して帰国を免れようとするケースも少なくなかった．女性の場合，将校と結婚して帰国時の障害を避けようとする者もいた．

当時のドイツの新聞報道によると，ロシア人帰国者は，もっとも軽い措置でも帰国時に内務人民委員会の審問を受け政治教育を授けられる．多くは移住させられたり，故郷へ戻ったとしても強制労働の前歴ゆえに制度的社会的に迫害される．軍隊の管轄下に置かれ，労働大隊に組み入れられるなどであった．結局，1945年6月までに150万人，年末には合わせて98％にあたる200万人余が帰国した．彼らが故国で完全に復権したのは，ゴルバチョフ政権下のペレストロイカ後だったという．

f. 強制労働者の子どもたち

強制労働という政策によりもっとも苛酷な運命を背負わされたのは，ポーラン

ド人およびロシア人強制労働者を母として産まれてきた子どもたちだろう．

　外国人労働者に子どもができると，ナチの人種政策により人種にしたがって選別がおこなわれた．少しでもドイツ人の血が混じっていれば，あるいは同血統の子であれば，ドイツ人として特別ホームで育てられた．

　一方，父親も「下等人間」である子は，企業などが設置した保育施設に収容された．施設は衛生的に劣悪な環境であり，医師や同国人の無資格の保母は収容人数に比べてきわめて少なかった．子どもたちは，誕生後じきに母親から引き離された．例えばフォルクスワーゲンの場合，はじめは6～8週間後，これが後には8～10日後に短縮された．子どもの死亡率は栄養不足と病気が重なってきわめて高かった．クルップ工場の施設では1944年の後半に120人のうち48人が死んだ．ほぼ同時期に，ヘルムシュテット市近くでは新生児ばかり110人のうち96人が病気，栄養不良，衰弱で死んだ．フォルクスワーゲンの施設では，降伏直前の1945年3月の月報に，「20人収容，20人死亡……」と記されていた．敗戦前後の混乱を考え合わせれば，子どもたちのうち，父母と帰国できたのはむしろ稀だったと見ていいだろう．

　死んだ子どもたちは，フォルクスワーゲンの場合，まず洗面所に片づけられ，墓掘り人が3体，あるいはそれ以上を一つの段ボール箱につめ，自転車に積んで墓地に行く．かたちばかりの浅い穴に箱づめか剝き出しの死体を置いて，その上に土をかける．墓というよりごみを埋めた小山に似ていた．墓は今日ではならされて，たいてい跡形も残っていない．もちろん子どもたちの数もわかっていない．

　1944年，ポーランド人女性が4600人，ロシア人女性が7000人働いていた地方で，それぞれ242人，141人が妊娠していたという．この率を同年の両国出身の女性労働者の総数に仮に当てはめてみると，それぞれ3万人，2万人を超す．またこの数がただちに子どもの数につながらないとしても，ドイツ敗戦までの6年近い期間をも考えれば，子どもの数も万単位で数えなければならないだろう．何の抵抗力ももたない多数の嬰児，幼児が，ナチの人種政策に翻弄され，ごく短い生を終えた．　　　　　　　　　　　　　　　　　　　　　　　〔神崎　巌〕

<文　献>

Benz, W. et al. (1998)：*Enzyklopädie des Nationalsozialismus,* Deutscher Taschenbuch, München.
Burger, A. (1997)：*Des Teufels Werkstatt,* Neues Leben, Berlin.
林　健太郎編（1988）：ドイツ史新版　世界各国史3，山川出版社，東京．
Herbert, U. (1986)：*Fremdarbeiter-Politik und Praxis des "Ausländer-Einsatzes" in der*

Kriegswirtschaft des dritten Reiches, Dietz, Bonn.

ヒルバーグ，R.；望田幸男ほか訳（1997）：ヨーロッパ・ユダヤ人の絶滅（上下），柏書房，東京．

Kogon, E. (1997)：*Der SS-Staat. Das System der deutschen Konzentrationslager,* München.

Kohne, H. und Laune, C. (1995)：*Mariupol-Herford und zurück.* Bielefeld.

Krausnick, M. (1995)：*Wo sind sie hingekommen? Der unterschlagene Völkermord an den Sinti und Roma,* Gerlingen.

Mendel, A. (1994)：*Zwangsarbeit im Kinderzimmer.* 〈*Ostarbeiterin*〉 *in deutschen Familien von 1935-1945,* Frankfurt/M.

Rother, T. (1994)：*Untermenschen Obermenschen,* Essen.

Schwarz, G. (1996)：*Die nationalsozialistischen Lager,* Frankfurt/M.

Siegfried, K. J. (1988)：*Das Leben der Zwangsarbeiter im Volkswagenwerk 1939-1945,* Frankfurt/M.

テーラー，J.・ショー，W.；吉田八岑監訳（1996）：ナチス第三帝国事典，三交社，東京．

10.2　抵抗のアンビヴァレンス
　　　―日独政治文化比較試行の一切片として―

　国家とはそこに住む人間が作り上げている組織であり，その歴史もまた人間の営為である．その限り，歴史の考察も「人間科学」の一端たる資格を有するであろう．また，歴史の一時期において共通の，あるいは，そこまで断定はできぬにせよ，かなり類縁性を感じさせる道筋をたどった二つの国家が，その時期において明確に異なる特徴を示していたとすれば，その比較は，これまたごくごくささやか，かつ縁辺的ではあれ，「人間科学」研究の試みとして認められるべきものと理解している．

　以下では，上の基本的理解にもとづいて筆者が続けている，ヒトラー政権期におけるドイツの抵抗の問題を紹介する．

　ところで，標題の「抵抗」になぜ「アンビヴァレンス」という言葉を加えねばならないのか．ヒトラーあるいはナチ政権ないしその体制に対する「抵抗」は，はっきりした概念ではないか．どちらともつかない，などということがあるものなのか．

　この最後の問いには「ある」と答えるしかない．ナチ時代のどのような行為を「抵抗」と呼び，誰を「ナチに対する抵抗者」として評価するかは，時として非常に複雑で，結論に至るのが困難な問題である．

　本節では，ナチ政権時代，つまり実際に「抵抗」がおこなわれていた時期と，戦争が終わり，「抵抗」が評価，考察の対象になった時代に分け，それぞれにお

10.2 抵抗のアンビヴァレンス ―日独政治文化比較試行の一切片として―

ける「抵抗」の問題を概観し，記述する．前者と後者の境界は，ドイツの終戦（記念）日1945年5月8日とする．

本節が扱うのはドイツ国内でドイツ人がおこなった抵抗である．厳密には「ドイツ」の国境線をどこと考えるのか，ドイツ国籍のユダヤ人はドイツ人か，亡命者は含むのか等々問題点も多いが，ここではあえて大雑把に「ドイツ国内でドイツ人」がおこなった「抵抗」とする．この言い方の意味するところは，ドイツの侵略を受けた，あるいはドイツと戦争状態に入った国や地域の人ではなく，自分はドイツという国に属するドイツ人だと意識している人たちがおこなった，ヒトラー政権に対する「抵抗」ということである．

言うまでもなく，実際の「抵抗」は1945年5月8日以前におこなわれた．それ以降における「抵抗」の問題とは，要するに「抵抗」をいかに評価するか，であり，「評価」がいかに評価者の立場，思惑，あるいはその時点での政治，社会状況に影響されてきたか，が記述の中心になる．

ところで，そもそも「記述」は「評価」なしに存在しない．したがって，まずここで，本節の「記述」者たる筆者の立場を明らかにしておく必要があるだろう．

筆者は日本で生活する日本人である．すなわち，筆者が生活の本拠とする社会においては，ナチ政権に対する「抵抗」の評価が，社会に大きく影響し，変化をもたらすことは考えられない．また，多くの日本人同様，筆者は「共産党」＝人権を蹂躙する全体主義国家の担い手，とは感じていない．政治的立場は大きく異なるにせよ，「共産党」や「左翼」に対するイデオロギー的アレルギーはない，ということである．その点で，少なからぬドイツ連邦共和国の国民とは異なる．以下におけるナチ体制への抵抗の記述は，以上の立場からおこなわれるものである．

さて，ヒトラー政権に対する抵抗を考えるためには，まず，ヒトラーとその党，国民社会主義ドイツ労働者党（Nationalsozialistische Deutsche Arbeiterpartei）を知る必要がある．アドルフ・ヒトラー（1889-1945）はオーストリアで生まれ，ろくな教育も修了せぬまま，オーストリアの首都ヴィーンをいわば食い詰めて，当時のドイツ帝国を構成する王国の一つ，バイエルン王国の首都ミュンヒェンにやってきた．バイエルン王国軍，つまりドイツ帝国軍に志願して第一次世界大戦に参戦．軍功により顕彰されたが，一兵卒で終始し，終戦により多くの兵士同様失業する．

戦後まもなくヒトラーはミュンヒェンの公安警察から依頼を受け，いわば警察のスパイとして「ドイツ労働者党」という小さな右翼政党に潜入，その政党が気

に入り，結局 1920 年には乗っ取ってしまう．ただし 1923 年まで，ヒトラーも国民社会主義ドイツ労働者党と改名したその党も，弱小の地方右翼団体とその党首として，知る人ぞ知る存在でしかなかった．

　ヒトラーの名をドイツ全土に広めたのは，周知の通り，1923 年ミュンヒェンで第一次大戦時の帝国軍の実力者ルーデンドルフ将軍と組んでおこなったクーデター未遂事件とその裁判である．クーデターは尻すぼみに終わり，ヒトラーは「国家反逆罪」に問われて裁判にかけられた．しかし結局，この裁判で「愛国者」アドルフ・ヒトラーは一気に名をあげ，判決も『わが闘争』をまとめるのにちょうどよい，いい加減な禁固刑にすぎなかった．

　何よりも重要なことは，この裁判以降ヒトラーが暴力革命ではなく，「合法的」に選挙で議会の議席を獲得してヴァイマル体制を打倒する戦術に転換したことである．選挙戦にはそれなりの資金や組織を要し，派手なパフォーマンスや街頭での殴り合いだけでなく，多少の論戦も必要である．そこで主張されたのが「人類の敵」ユダヤ人と「社会の敵」ボルシェヴィストの敵視と排除であった．ただし，ここでの「ボルシェヴィスト」とは，単なる共産党員より範囲が広く，日本で言えば大雑把に「社会主義者」とか「アカ」と呼ばれたような人たち全体を指していたと考えられる．

　いずれにせよ，共産党や社会民主党は，国民社会主義ドイツ労働者党が政治の表舞台に登場してきた当初から，それが自分たちとはイデオロギー的に相容れない政党であると認識していたはずであり，ヒトラーに「抵抗」する，ないしヒトラーに政権を握らせまいとして活動するのは，むしろ当然であった．実際，ヒトラーの政権獲得以前から，さまざまな左翼の「抵抗」活動がおこなわれている．繰り返すが，それは何よりも双方が互いを「敵」と認識していたからである．

　ヒトラーの党は選挙ごとに得票を伸ばし，1932 年には国会にあたる「帝国議会」の第一党となる．しかし，単独過半数には至らない．ヒトラーの首相就任には，軍人，貴族を含む，旧来の権力層の力が大きく働いた．すでに 1930 年以降，ドイツでは本来の議院内閣制が機能不全に陥り，大統領が首相を指名して少数内閣を組閣させ，やむをえない場合には大統領令によって政治を動かす状態が続いていた．とりわけ，ヒトラーが首相になる直前の，ともに短命で終わったパーペン，シュライヒャーの二内閣は，まったく議会内に支持基盤をもたなかった．

　国政を牛耳る保守，あるいは反動的な権力政治家たちは，議会制民主主義を信用しておらず，民族主義的な言動で話題を提供し続ける，人気政治家ヒトラーに魅力を感じた．ヒトラーを首相に据えれば，少なくとも議会第一党の党首が首相

になり，それまでに比べて大いに民意を反映することになる．同時に実務を担当させることで，極端な主張に走りがちな右翼革命主義者の牙も抜ける．言わばヒトラーの傀儡化をねらって大統領ヒンデンブルクの側近たちが動き，党勢の衰えを恐れていたヒトラーがそれに乗った結果，1933年1月30日ヒトラーの首相就任が実現した．軍幹部を含む権力政治家たちこそ，ヒトラーに政権を提供した責任者なのである．

ヒトラーの首相就任直後，議会は解散され，選挙戦がはじまり，そのさなか，帝国議会議事堂が放火によって炎上した．ヒトラー政権はこの機に乗じて共産党を即刻事実上非合法化し，社会民主党にも厳しい規制をかけ，やがて労働組合もろとも激しい迫害の対象とした．国民社会主義ドイツ労働者党の「政敵」としての左翼陣営は，こうして国内組織を壊滅され，残存組織による非合法の抵抗活動も，ドイツ国内においては1936年までにほぼすべて破壊された．

選挙が終わり，国民社会主義ドイツ労働者党は単独過半数には至らなかったものの，ヒトラー政権は連立で過半数を確保する．さらに，恫喝とおためごかしで議会の2/3の票を確保して「全権委任法」を成立させ，議会自らに議会の機能停止を決議させた．まだ逮捕されず，議会に出席できた社会民主党の議員だけがこれに反対の投票をした．

こうして全権を確保したヒトラーは，「国民革命」と「一元化」を推進する．傀儡のはずのヒトラーが指導力を発揮し，保守的な権力政治家には「民族ボルシェヴィズム」にしか見えない政策を推し進めることに，保守層は不安と不満を募らせた．同時に，ヒトラーの盟友レームを頂点とする突撃隊による人々は，ヒトラーの政策が中途半端であると不満を抱き，強硬に「第二革命」を要求する．1934年6月30日の「レーム粛清」により，ヒトラーはこの双方の不満を暴力的に排除した．

この事件の結果，正規軍である国防軍がヒトラーの側につくことが明確になった．ヒトラーは暴力的，かつ不当な暗殺の連鎖によって，党内の第二革命派と党外の民族主義的保守派を排除したのだが，「突撃隊」の社会的評価が非常に低かったため，かえってヒトラーの「英断」が高く評価されるかたちになった．この後，大統領ヒンデンブルクの死去にともない，ヒトラーは首相と大統領の職を兼ねる「総統」となり，国防軍兵士は「総統」アドルフ・ヒトラー個人に忠誠を誓うことになる．

こうしてヒトラーは権力を握り，ヴェルサイユ条約を無視して再軍備を推進，ドイツ人の「生活圏」拡大に乗り出した．国内のみならず国際的にも，当時のヒ

トラー政権はドイツを代表する正統な政府と認められており，1939年9月のポーランド侵攻までは，外交的な横車も結局ヒトラーの勝利に終わっていたことを忘れてはならない．当時すでに，ヒトラーの拡大政策に対する不安から，軍幹部，外務省幹部の一部などに，クーデター計画の動きがあったものの，華々しいヒトラー外交の成果の前に，成功の見込みがないと計画は断念された．

しかし，権力掌握後，かつて必要であった保守権力層の後ろ盾が無用になるにつれ，ヒトラーは軍事，政治を問わず，旧権力層に属する人材を排除し，党に忠実な新進の者に入れ替えていく．そうして排除された旧権力者たち，そして，ヒトラーとその党のやり方に不安と不満をもつ（主に旧権力層の家系に属する）次の世代の人々が，徐々にネットワークを形成していった．その代表的なものがH. V. モルトケを中心とするクライザウ・グループであり，1944年7月20日，ヒトラー暗殺およびクーデターを試みた軍幹部を中心とするグループである．

上に述べた以外にも，ヒトラー政権に抵抗を試みた人々は存在する．完全に単独でヒトラー暗殺を試みた人物から，戦争を（ドイツの敗北によって）早く終わらせようと試みた，かなり広がりのあるグループまで，規模も多様であるし，その思想的背景も，宗教的信念からマルクス主義まで多岐にわたっている．本節では個々の抵抗グループを細かく見ることはできないが，すでにあげた左翼政党や，軍人，官僚など旧来のエリートに属する人々と対照的な存在として，「白バラ」を取り上げる．

このグループはミュンヒェン大学医学部学生を中心とするグループであるが，「左翼」系でもなければ，旧権力層の保守派でもない．かれらは出自から言えば「小」がつく場合も含めて「市民層」に属する，「普通の」ドイツ人であり，グループの中心になった学生たちは，ヒトラー政権とともに成長した年齢層に属する．これらの若者たちにとっては，党も政権も最初から「権威」「権力」として存在し，社会で自己実現をはかるには，その政府が示す条件の中で動くしかなかった．

青年たちの大半は，内心はどうあれ，その条件に黙ってしたがったが，「抵抗」した者も少数存在した．その中で「白バラ」グループの際立った特徴は，以下の三点にまとめられよう．①大学生，大学教員という市民層出身の知的エリート，ないしその予備軍である，②自由の束縛や画一性の要求に対する強い反発が見られる，③宗教的，思想的な背景をともなった，強烈な政治的責任感が見られる．

戦後のドイツにおける「抵抗」評価において，「白バラ」は常に多少特別扱いされてきた．後述するが，その特別扱いと，グループの特徴のあいだには，当然密接な関係がある．

10.2 抵抗のアンビヴァレンス ―日独政治文化比較試行の一切片として―

さて，1944 年 7 月 20 日，ようやく実行されたヒトラー暗殺とクーデターも結局未遂に終わり，計画に直接，間接にかかわった多くの人々が処刑されたのみならず，それまで弱まりつつも残っていた，国防軍に対する政権と党の遠慮が払拭され，国防軍の一元化が完遂された．統計によれば，ヨーロッパ戦線における死者は，1944 年夏以降極端に増加した．旧保守・権力層の抵抗は失敗したばかりか，少なくとも数字の上で，一時的にはドイツをより厳しい状況に追い込んだとさえ解釈できる．

モスクワにいたドイツ共産党幹部や，英国などに散らばっていた社会民主党系の亡命活動家は，「ナチ・ドイツ」敗北の日以降の準備をはじめており，その日を早めるべく，ドイツ国内でも多少活動を強化したが，実効はなく，結局ドイツは連合軍の東西からの攻撃によって軍事的に追い詰められ，ヒトラーは自殺し，国防軍が無条件降伏して，ようやくナチ・ドイツに終止符が打たれた．

周知の通りドイツは米英仏ソの連合国四ヶ国によって分割占領され，結局ソ連占領地域はドイツ連邦共和国とは別の「ドイツ民主共和国」として，戦後世界に登場した．この国の存在，また，その原因である東西対立や冷戦は，ドイツにおける「抵抗」評価にも大きく影響した．その限り，ドイツ民主共和国は重要であるが，本論で「抵抗」に対する戦後ドイツにおける評価という場合，このドイツは「ドイツ連邦共和国」，いわゆる西ドイツを指す．

さて，分割占領期を経た「自由で民主主義的」なドイツ，ドイツ連邦共和国創成の時期，ドイツにおける「抵抗」者の存在は，あまり語られなかった．新生ドイツは「ナチ・ドイツ」否定の上に誕生すべきものとされ，「ナチズム」否定に正面切って反対するドイツ人はいなかった．その限りで，「ナチ・ドイツ」を終わらせようと努力した「抵抗」者を評価する可能性は，当時のドイツ社会にも存在したはずである．

しかし，当時の社会の主流は，「悪いのはナチ政府」であって，自分たち無辜の国民は，誤り導かれて，ひどい目にあった「被害者」だ，という主張にあった．どう見ても「被害者」とは言えない者でさえ，「当時の状況では，命令にしたがわないわけにはいかなかった」と主張し，それが容認される社会的雰囲気が強かったという．また，自分たちは「ナチ」ではなく，「ドイツ」のために行動したのだ，という正当化の論理もしばしば用いられ，戦犯として有罪になった人たちの減刑，恩赦が続いた．それには，「連邦共和国建設に協力する者の過去を厳しく問うことはしない」という，連邦共和国初代首相 K. アーデナウアーの発言に代表される，「国家再建」を最優先に掲げる政策も大いにかかわっていたであろう．

このような風潮のもと，ナチの旧党員が大手を振って社会復帰をはたす一方で，7月20日事件のために処刑された人たちについては，「裏切り者」，「反逆者」，「国家転覆」をはかった大逆罪人という評価が続いていた．軍人や公務員はヒトラー政権当時「総統アドルフ・ヒトラー」個人に忠誠を誓うことを義務づけられていたため，その誓いを破ってヒトラーを除こうとした行為は法的，道徳的に許されない，という論理が社会の少なからぬ人々に共有されていたのである．

あえて心理学的に解釈すれば，上の状況は次のように理解できるだろう．当時のドイツ国民の大半は，ナチ時代を普通に生きていた．熱狂的なナチ信奉者ではないが，積極的にナチに反対もせず，必要に応じ，社会に適応して生きてきたのである．彼らにとって，戦争に敗れ，外国の軍隊に占領されて不自由を強いられ，あまつさえそれまでのドイツの行動は「ナチ・ドイツ」の犯罪的侵略行為だと国際的に非難されるのは，すべて非常に不愉快で，辛い．その上にさらに，じつは同じドイツ人の中に，戦争中からヒトラー・ドイツの行為に異を唱え，ヒトラーを排除せねばならないと考えて，命がけでそれを実行しようとした人たちがいた，などと知らされるのは，我慢ならなかったに違いない．そんな行動を正しいと認めてしまえば，自分たち，何もしなかったドイツ国民の立場はなくなってしまう．そんな連中は，戦争中に自分たちが我慢していたことを我慢できなかった，とんでもない奴らにすぎない．

同様の反応は，ヒトラー・ドイツを逃れて亡命していた人たちや，強制収容所から解放されたユダヤ人などに対しても見られた．一言でまとめれば，当時のドイツ人は一般的に，自分たちこそ一番ひどい目にあった被害者だと思っていたのである．これは，原爆こそ落とされなかったにせよ，多くの都市は空襲で廃墟と化し，領土内で地上戦がおこなわれ，占領軍による時として理不尽な支配を経験し，出征した男たちは帰ってこない，東方に土地をもっていた人たちは着の身着のまま，命がけで引き揚げねばならなかった等々，一連の敗戦にともなう苦しみを思えば，理解できる反応ではある．

しかしそれは「正しい」状況判断とは言い難い．「抵抗」に関してそれがはっきり修正されるきっかけは「レーマー裁判」であった．これは，右翼の活動家レーマーが7月20日事件を起こした人たちについて，売国奴呼ばわりを繰り返し，それに対して事件関係者の遺族がレーマーを名誉毀損で訴えてはじまった．訴訟を立件した検事F．バウアーの尽力により，判決の中で，不当な政権であったヒトラーのナチ政府転覆の企ては，「国家」に対する「反逆」ではなく，法治国家秩序回復の試みであった，と明確に述べられた．これにより，7月20日事件にか

10.2 抵抗のアンビヴァレンス ――日独政治文化比較試行の一切片として――

かわってナチ政権による裁判で処刑あるいは処罰された人たちは，すべてナチ政権の及ぼした被害を回復するための「連邦補償法」の対象となりうることが定められた．

「反逆者」ではなく，ドイツをあるべき姿に引き戻すため命がけで戦った人々．レーマー裁判によって法的根拠を得た「抵抗」者の新たな姿は，遺族たちの想いの結実であると同時に，当時の連邦共和国に必要なものでもあった．冷戦激化の中，東西両陣営の最前線に位置するドイツ連邦共和国は，再軍備を決定する．しかし，「軍」はプロイセン以来の「軍事国家」ドイツの重要な装置であり，その復活は，同盟西側諸国にも悪夢を想い起こさせる可能性があった．アーデナウアー政権は，「連邦軍」は「国防軍」とも「帝国軍」とも違う，と国際的にアピールする必要があったのだ．

実際の連邦軍創生においては，ナチとの親和性を疑われる旧国防軍幹部が圧倒的な影響力を発揮していたと言われるが，しかし，政府は7月20日事件の中心となった軍人たちの存在を十分以上に利用できた．連邦軍は，ヒトラーの手先となって周辺諸国を蹂躙した「国防軍」ではなく，「独裁者」排除のため身命をなげうった，7月20日事件の伝統にのっとると主張しえたのだから．軍の手で「ヒトラーに抗した軍人たち」という展示がつくられ，現在まで改訂を繰り返しつつ続いている．

こうして，7月20日事件にかかわった軍人，クーデター後の政権担当を予定されていた，広く保守から社会主義に至る政治家たち，さらにその周囲のクライザウ・グループや外務省，諜報局によった人たちについては，政治的，社会的な名誉回復がおこなわれた．その人たちは軍のみならず，連邦共和国が依拠する伝統をつくった，「良心的」な「もう一つのドイツ」の代表とされたのだ．

この「良心的」な「もう一つのドイツ」の代表者に，「白バラ」のメンバーは含まれていたが，最初期にナチと戦った，社会民主党系の政治家や労働組合の活動家，とりわけ共産党系の政治家はほとんど含まれていない．これはまさに，現実政治上の価値観が歴史評価に反映された好例である．1972年東西ドイツが国連に同時加盟して，問題が国際的に公式に棚上げされるまで，東西ドイツはドイツの「代表権」を巡り対立を続けた．当時の連邦共和国の公式見解では，ドイツ民主共和国は正式な国家ではなく，「ソ連占領地域」と呼ぶ政治家さえいた．その地域は自由で民主主義的な体制を求めるドイツ人同胞を不当に抑圧する，全体主義的な権力の支配下にある，とされていたが，この場合の全体主義的な権力とは，旧ドイツ共産党を主体とする「社会主義統一党」政権を指す．

この政権は不当な政権である．この不当な政権を構成しているのは旧ドイツ共産党である．したがって旧ドイツ共産党の活動はさかのぼっても不当であり，「良心的」な「もう一つのドイツ」の代表者として顕彰すべき「正しい抵抗」とは認められない．このような三段論法が働いて，共産党系とみなされた抵抗グループについては，無視，ないし否定的に言及する時代が長く続いた．

また，「抵抗」が法的根拠をもって公式に認められ，その担い手が連邦補償法の対象となったがゆえに，法と行政の側から，連邦補償法の対象とすべき抵抗と，対象としないものの区別がおこなわれた．行政の常として，補償の対象をなるべく少なくしようとする方向に判断が傾くものだが，「抵抗」に関しても同じことがおこなわれた．すなわち，その抵抗活動がかなりの程度「成功の見込みがあり」，成功した暁にはナチ体制転覆の可能性ありと判断されるものが「正しい」抵抗であり，そう判断できないものは「無駄」な抵抗なので補償法の対象にはしない，というのである．

この判断は，本来，行政的，法的判断にすぎない．しかし，一つの非常に明確な主張であり，かつ国家権威をともなっていたため，単に連邦補償法の対象とするか否かという判断を超え，一般的に抵抗に対する「価値判断」の基準になってしまっていた観がある．筆者の個人的な経験だが，1970年代終わりから80年代半ば，ドイツの公的機関に研究助成を申請し，対象が「白バラ」であると述べると，必ず「結構なことであり，『白バラ』は道徳的に非常に高い価値をもつ存在だが，彼らのしたことは『有効』な抵抗ではなかった」という答が返ってきた．「そもそもドイツに『有効』な『抵抗』があったのか」と反問したくなるほど，過去の歴史に対する「現在」の「権力」の側からの価値判断に，強い違和感を抱かされた．

違和感をもったのは外国人に限らなかったらしく，1980年代半ば以降ドイツでも徐々に現代史，歴史研究の対象として，より広い背景の中で「抵抗」が取り上げられ，研究が広がりと深みを増すようになった．これは一つには，ようやく発表の段階を迎えた，各地域の記録を収集し分析するという，非常に根気のいる地域史研究の成果である．また，これと並行するかたちで「社会史」研究の手法が徐々に多くの研究者に採用されるようになり，この双方から，「普通の」人々の生活中に生じた出来事の一つとしての「抵抗」行動が認識されるようになったのである．

権力の近くにいた者たちの，いわば「権力闘争」の一種としての「抵抗」だけでなく，日常生活の中，生活の諸相において，権力からの強制に反発し，服従し

ない，というかたちで選択された「抵抗」行為がじつは結構見られた．これは，噂話としては繰り返し語られていたとしても，実証的，学問的裏づけをもって，それが明確になったことの意味は小さくない．

このように，「普通の」人々を対象とする地域史，社会史の研究が進んだことが，「日常生活におけるささやかな抵抗」の存在を明らかにし，「抵抗」評価にも大きな変化をもたらした．俗な言い方をすれば，「ドイツ人もなかなかがんばっていたではないか」という安堵を生んだのだ．しかしこれらの研究の進展は同時に，「日常生活」の中で，「普通の」ドイツ人がいかに「ナチ・イデオロギー」に便乗して，隣人を密告して陥れ，ユダヤ人の財産を奪い，いじめ，場合によっては大量殺人の片棒を担いでいたかをも明らかにした．米国の社会学者 D. ゴールドハーゲンの著書や，ハンブルク社会研究所が制作した「殲滅戦―国防軍の犯罪展」は，このような研究の展開の上に生じた成果である．

「抵抗」研究発展に大きく寄与したものとして，ベルリンの Gedenkstätte Deutscher Widerstand をはじめとする，抵抗記念館や記念施設での活動を忘れてはならない．ベルリンの抵抗記念館は，7月20日事件の中心人物，シュタウフェンベルクの執務室を中心につくられていることからも明らかなように，もともと7月20日事件関係者遺族の意思を受け，ささやかな記念施設として発足した．1980年代半ば，ベルリン市長であった後の連邦大統領 R. V. ヴァイツェッカーの意向でこの施設が拡大，拡充され，研究，出版，教育に携わるスタッフを備えた，ドイツの「抵抗」全般にわたる研究の一つの中心地となった．この記念館のある建物はドイツ国防省の所有であり，毎年7月20日にはこの建物の中庭で7月20日事件の記念式典がおこなわれ，多くの軍・政府関係者も参列する．記念館の本旨が「顕彰」にあるのか研究なのかを巡っては，しばしば議論が持ち上がった．

ベルリンの抵抗記念館は明確に，ヒトラー政権に対する抵抗全般を対象とすると謳っているが，そのほかの記念施設は多くの場合，その地に縁の特定の「抵抗」者に対象を限定している．以下では先にあげたミュンヒェン大学医学部学生を中心とするグループ「白バラ」の記念施設を紹介する．1980年代後半，「白バラ」の活動にかかわった人たち，遺族，友人，関係者有志が集まり，非営利団体「白バラ財団」を結成した．財団はナチ政権の独裁に対して抵抗を試みて処刑されたメンバーの遺志継承を目標に掲げて，教育，啓蒙活動をおこなうもので，1990年代にはミュンヒェン大学の一室に「白バラ記念室」を開設し，以来そこで「白バラ」の事跡を示す常設展示をおこなうとともに，研究員を置いて見学者に対応

している．また，展示には外国語のものも含めて巡回展示版が作成され，ドイツ内外に貸し出されている．財団の財政は一般からの寄付と，白バラに縁の深い都市やバイエルン州などからの公的助成によりまかなわれている．

これは白バラに限らないことだが，1990年の共産圏崩壊により，それまで「東」にあって，ほとんど未整理，未公開だった資料に手が届くようになった．白バラ財団の年次報告によれば，財団としても，それによって可能になった歴史研究の新たな可能性に対応を心がけているという．

また，直接の関係者の高齢化への対処も急務である．「白バラ」はメンバーが若く，逮捕時は高校生だった人もおり，7月20日事件などに比べると，ほとんど一世代違うが，年とともに亡くなる人も増え，高齢化のため，事件関与者自らが啓蒙活動を続けることは困難になってきている．完全な世代交代後の社会に「白バラ」の遺志を伝える方法の模索中というところであろう．

詳しく述べる余裕はないが，残念ながら，白バラ財団は必ずしも「白バラ」関係者全体によって支えられているとは言い切れない．既述のとおり，直接のメンバー，遺族を含め，高齢化ないし世代交代が進んでいるが，それぞれの宗教的，政治的立場の違いによって，「白バラ」の活動に対する解釈も異なり，時としてかなり厳しい感情的反発，対立が見られ，マスコミを賑わせることもある．

以上の記述からも明らかなように，現在のドイツ社会は，アクセントの違いはあるが，全体として，ナチズムに抵抗を試みた人たちを，自由で民主主義的な連邦共和国市民の「モデル」として，顕彰しようとしていると言ってよい．無論，問題もある．例えば，日常的「不服従」と命がけの「抵抗」をどう評価し分けるのか，という問いに，一義的な答は出ていない．また現在でも，さまざまな立場の違いから，個々の「抵抗者」の評価が大きく異なることは，記念日が近づくたびに表面化する．アンビヴァレンスが解消したとは言えないのだ．

また，もう一つ大きな問題は，ドイツ国内ではこうして，ほとんど疑問の余地なく高く評価されるようになった「抵抗」とそれを担った人々の存在が，国外ではほとんど知られていないという点である．この問題に関しては，はたしてドイツの「抵抗」を国外に「喧伝」するのが適当であるか否かを含めて，今後の進展を見守りたい． 〔村上公子〕

<文　献>

Blaha, T.(2003)：*Willi Graf und die Weiße Rose,* K. G. Saur, München.

Rösch, M.(2004) : *Erinnern und Erkennen,* Verlag Ernst Vögel, Stamsried.
Schüler, B.(2000) : *"Im Geiste der Gemordeten…"* : *Die "Weiße Rose" und ihre Wirkung in der Nachkriegszeit,* Schöningh, Paderborn, München, Wien, Zürich.
Sösemann, B.(2002) : *Der Nationalsozialismus und die deutsche Gesellschaft,* Wissenschaftliche Buchgesellschaft, Darmstadt.
Ueberschär, G. R.(2002) : *Der deutsche Widerstand gegen Hitler,* Wissenschaftliche Buchgesellschaft, Darmstadt.
Vogel, T.(2001) : *Aufstand des Gewissens* ; *Militärischer Widerstand gegen Hitler und das NS-Regime 1933 bis 1945* ; *Begleitband zur Wanderausstellung des Militärgeschichtlichen Forschungsamtes.* 6. Auflage, Verlag E. S. Mittler & Sohn, Hamburg, Berlin, Bonn.

10.3 フランス文化社会論

a. 人間科学とフランス

人間科学とフランスは，きわめて密接なつながりがある．「人間科学」ということばは18世紀後半にフランスで生まれたものである．フランス語では，「人間科学」を表す表現としては，les sciences humaines という言い方と，les sciences de l'homme という言い方の2種類が用いられている．前者は，直訳すれば「人文科学」ともなってしまうが，フランスのユマニスム（これまた直訳すれば人文主義ともなる）の影響のもとに，ルネッサンス期から連なる伝統を想起させ，古代ギリシャ・ローマの規範にもとづいた文献研究や古典研究を通じての人間形成をはかる人文主義の意味合いが強い．それに対し，後者では，あくまでも「人間を研究対象とした科学」というニュアンスが強い．18世紀末の思想家たちが用いたのは主に後者の表現である．

「人間の科学が諸科学の中でも第一の科学である」とバルテス（1734-1806）は言い（Barthez, 1778），カバニス（1757-1808）は「生理学，諸観念の分析，そして道徳は人間の科学という唯一の科学の三つの分枝にほかならない」と述べた（Cabanis, 1802）．さらには「心理学」「記号学」「歴史学」「社会学」「人間学人類学」が誕生したのも19世紀のフランスである．中でもメーヌ・ド・ビラン（1766-1824）は，新たな「人間学」を構築しようとした哲学者である．彼の言う「人間学」とは原語で anthropologie（アントロポロジー）であり，現在では「人類学」の意味で使われている．メーヌ・ド・ビランは形而上学とも機械論的物理学や自然学とも異なるものとして「人間の科学」をとらえ，「内的経験」にもとづく「心理学」と「外的経験」にもとづく「生理学」を「人間の科学」の両面と考え，これら二つの面，つまり内と外，魂と身体との連関の問題を考えようとし

た（メーヌ・ド・ビラン，1997, 2001；Maine de Biran, 1932 a, 1932 b）．また，サン=シモン（1760-1825）は『人間科学覚書』（*Mémoire sur la science de l'homme*, 1813 年）を書き，生理学と心理学を基礎にして人間の精神の進歩の歴史社会理論を探求する「人間科学」を構想した．こうした考え方は現代に至るまで多くの哲学者や思想家に引き継がれている．現代では，「人間科学」の思想家として，M. メルロー=ポンティ，M. フーコー，G. ギュスドルフ，L. フェーブルや L. ゴルドマンの名前をあげることができる．学際的研究としての「人間学」または「人間科学」の視点はフランスにおいては，早くから存在しており，Humanités（ユマニテ）の総称のもとで，フランスの教育，研究の中ですでに伝統的な分野をかたちづくっていると言っても過言ではない．

このように人間科学研究ときわめて関係の深いフランスを研究対象として，筆者は地域文化研究としてのフランス文化社会研究という側面と並んで，表象文化研究を担うという認識にもとづいて，フランス文化社会研究をおこなっている．人間を取り巻く環境を考えるにあたって文化というものの重要性は言をまたないであろう．言語を含めた文化社会環境の中で人は生まれるのであり，そうした文化社会環境の刻印を負って人は生きるものであるからである．

b. 地域文化研究

地域文化研究の面を語るならば，フランスも変化している．とくに現代のフランスの抱えている問題や課題を考えることを通して，逆に歴史をさかのぼってフランスの社会や文化に新たな光を与えることが可能であろうとの考えに立って，20 世紀と 21 世紀の現代フランスの研究にとくに焦点を当てている．ヨーロッパ統合へと向かっている動きからも目を離せない．

「文化」（culture）というものが問題化されている今日，フランス文化への視線もこの傾向を免れ得ない．むしろ，フランスにおいてこのような「文化」の問題視はもっとも盛んであったし，現在もそうである．

かつてフランスでは，とくに 18 世紀以後，「文明」（civilisation）という呼び方が一般的に用いられた．第一次世界大戦が，「文化」のドイツに対する「文明」のフランスの戦いとして喧伝されたことは記憶に新しい．フランスは 2 世紀以上にわたり全人類的な普遍的価値である「文明」の代表者を任じていたのである．それに対し，「文化」という認識が広まっていったのには，文化相対主義の動きによるところが大きい．植民地を抱えた帝国主義下のヨーロッパ先進諸国では，文明対野蛮という図式でものを考えることが多くあったのだが，それに対する反省という意味でも，文化人類学などが提供した「あらゆる文化は相対的に同じ重

要性をもつ」という考え方はきわめて重要であった．1960年代以後，こうした文化相対主義あるいは多文化主義が現在のフランス文化の基調をなしている．現在のフランスは，文字通り人種の坩堝と言ってよく，多くの亡命者や移民を抱えている．とくに北アフリカのアルジェリア，モロッコ，チュニジアなどのマグレブ地域からの移民の数は300万人以上を数え，いまやイスラーム教がカトリック・キリスト教に次ぐフランス第二の宗教となっている．また，旧植民地で現在は「海外県，海外領土」と呼ばれているカリブ海のグアドゥループ，マルティニック，西インド諸島の弧の先にある南米の仏領ギアナ，インド洋のレユニオン島，南太平洋のニューカレドニアなどの出身者や出稼ぎ者たちもフランス人である．1998年のワールドカップサッカーでのフランスチームの構成員にそれらの地域出身者が多くいたことは記憶に新しい．フランス国籍は，「血統主義」の日本やドイツなどとは異なり，「出生地主義」の建て前にもとづいており，それが外国出身者の数を増大させる一因ともなっている．しかし，移民や外国人の排斥を唱える極右政党の国民戦線の主張にもかかわらず，フランス共和国はこのような多様な構成員からなる多文化を推進する方向に進んでおり，それが現在のフランス文化を活性化する原動力ともなっている．例えば，文学や音楽の面でも，フランコフォニー（フランス語使用圏）やクレオールの文学や音楽がその豊かさを開示している．フランス本土においても多くの面で「差異への権利」を尊ぶ傾向にある．プロヴァンスやアルザスは言うにおよばず，ブルターニュ，コルシカ，バスクなどといった地方独特の文化や少数言語を尊重しようという方向性は，1981年のミッテラン大統領の公約以来今日まで継続している．

　フランス社会研究ということでは，歴史学と社会学の寄与するものが大きい．フランスの歴史を見ると，フランスの社会は，歴史・伝統と変化・革新の両極のあいだを揺れ動いていると言うことができる．フランスのアカデミズムもまた同様であって，保守的で伝統を重んじるソルボンヌを代表とする学界の権威と前衛革新的な研究とが切磋琢磨し合うところにそのダイナミズムは存する．そのような中で生まれた清新な研究ということでは，近年になってアナール派歴史学がもたらしたもの，そして最近ではP.ノラによる『記憶の場』（ノラ，2002, 2003）というテマティックな歴史のとらえ方などがあげられる．フランスにおける歴史社会的なものの見方も確実に変化を遂げてきており，それはわが国の歴史や社会を考える際にも示唆するところが大きい．また社会学の面ではP.ブルデュー（1930-2002）の仕事がわれわれに多くのことを教えてくれる．ブルデューは『世界の悲惨』（Bourdieu, 1993）で現代フランス社会の底辺の人々の声を響かせたばかり

でなく，文化というものの文化資本としての側面の研究によってきわめて重要な寄与をした．教育制度もこうした文化資本を所有する階層のエリートを再生産するための装置として機能していることを『ホモ・アカデミクス』（ブルデュー，1997）をはじめとする著書で詳細に分析した．社会学的な手法による「文化」に対する批判的な問いかけこそ，彼の研究の真骨頂であり，晩年には，テレビをはじめとするメディア批判，「市場」独裁主義によるグローバリゼーションの批判などを展開し，現代世界の文化社会に関して大きな問題提起をおこなった．

　現代のフランス文化およびフランス社会の課題は何であろうか？　まず第一にヨーロッパ統合があげられる．二度にわたる世界大戦を戦った敵国同士を含むヨーロッパの 15 ヶ国が戦後以来の長い積み重ねを経て，まず経済面での統合の象徴である通貨統合に踏み切ったとき，世界中の誰もが驚きとも賛嘆ともつかない声をあげたのはつい最近の 1999 年のことである．現在では EU（ヨーロッパ連合）への加盟国は旧中東欧諸国を含め 27 ヶ国に拡大し，ユーロも国際通貨として堅調である．乗り越えがたい差異を越えて「多様性の中の統合」を進めている現在のヨーロッパのあり方からは学ぶべきことが多々ある．

　それと関連して第二の課題は，異文化との共生，共存，とくにイスラーム文化との共生ということであろう．現在でもイスラームのスカーフ問題に見られるようなさまざまな軋轢は日常茶飯事のごとくに起こっているが，それにもかかわらず，共和国の原則である公共の場でのライシテ（非宗教性，政教分離）の原理を貫くことで，宗教の介入をはばむことによって，異文化との共生を可能にしている．ここでも，いわゆる他者（との共生，共存）の問題に対するフランス文化の並々ならぬ配慮と感受性が活かされている．ここに至るまでには 19 世紀の帝国主義と植民地主義による拡張政策による植民地支配とそれに引き続く独立運動による戦争など手痛い打撃を何度もこうむった歴史の教訓があるのである．フランス国内部でもドレフュス事件以来顕在化したユダヤ人差別の黒々とした過去がある．こうした負の遺産を将来への布石の貴重な踏み石としてとらえ，こうした反省の上に，全人類的理想である「自由，平等，友愛」さらには「人権」の旗手としての自覚を示しうる点が，フランスの「文化大国」であるゆえんであろう．環境問題に対する取組みにおいても，この他者に対する配慮と多様性の擁護という基本姿勢はつらぬかれていると言ってよいであろう．危機意識の持続，旺盛な批判意識が，強い文化的伝統と同時に雑種文化という性格も併せ持つフランス文化を支えている．

c. 表象文化研究

表象文化研究ということでは，人間と環境とのかかわりという点に関して次のようなことに注意して筆者は研究をおこなっている．

人間はさまざまな表象によって取り巻かれている．人間は表象を通じて，多くのメッセージを受け取り，思考し，表現し，行動している．表象（représentation）は，記号（signes）やシンボル（symboles）やイメージ（images）を含んでいる．人間はこれらの表象を身の回りに作り出し，それを介して，文化活動をおこなう．知の伝播，コミュニケーション，時代の先取りや予想をおこなう．マルクス主義の用語を使えば，下部構造に対する上部構造を作り出す．そして今度はこの上部構造である文化が人間を取り巻く環境を作り出し，下部構造にまで大きな影響を与えるのである．同じ文化内の輻輳する構造のみならず，他者＝異文化とのかかわりという側面も強調しておかねばならない．こうして表象文化は人間を意識や無意識を通じて変革することもできる強い影響力をもった環境要因となるのである．

人間の創造性の発露である表象文化を研究するという観点から人間のおこなう表象行為に焦点を当てることができる．表象行為には，大別して創造，伝達・流通，受容という三つの局面がある．言い換えれば，創造行為，受容行為，伝達・流通行為という三つのそれぞれの局面から表象行為を眺めることができる．

まず第一に，創造行為とは，表象の作り手が表象をつくるに至る過程全般にかかわる営為である．創造行為という局面でとくに考えなければならない問題として次のような問題があげられる．それらは，まず作り手が表象行為へと向かう動機の問題であり，人間の創造性の問題であり，人間のもつイマジネーションの問題である．具体的にはリアリズムの問題，ミメシスの問題，パロディ本歌取りの問題，間－テクスト性（intertextualité）の問題などがある．第二に，受容行為とは，受け手が表象を受け取る際にかかわってくるさまざまな要素の複合的な営為である．受容行為という局面で問題となるのは，解釈の問題，解釈学（herméneutique）の問題，リテラシーの問題などである．最後に，伝達・流通行為とは，表象を作り手と受け手の双方の媒介となるように伝達流通させる営為であり，メディアや表象装置，文化産業などが絡んでくる．伝達・流通行為という局面で問題となるのは，出版，翻訳，異文化，異なるコード，インターネット，スペクタクル社会などの問題である．

人間が表象として用いる媒体としては，身体，音，ことば，文字，画像，映像，具象物などがあげられる．身体を使った表象行為としては，ジェスチャー，バレー，

ダンス,演劇,スポーツなどを考えることができる.音を使ったものとしては,口承文学や音楽がある.言葉や文字を使ったものとしては,テクストを作り出す言説や文学がある.画像を用いたものとしては,絵,デッサン,絵画,漫画,イラストなどのイメージ表現が考えられる.映像を使ったものとして,写真,映画,テレビなどがある.さらには,彫刻や建築などといった具体物を用いた表象活動もある.

それらを受容する際には,それぞれのリテラシーが必要とされる.聴くこと,見ること,視線,視点,視角,読むこと,理解すること,またメディアとの付き合い方を含めたメディアリテラシーが必要となる.

これらの媒体はさらに,それらを支えるメディアと関係をもっている.科学技術の発展によってはじめて可能となったさまざまなメディアがある.例えば,グーテンベルクによる印刷術が活字文化を築いたように,写真,映画,テレビ,ラジオ,インターネットをはじめとするデジタル技術に至るまで,新しいメディアによる新しい表象表現がわれわれを取り巻くことになる.したがって,表象文化とメディアとの関係の研究がいまぜひとも必要とされているのである.

また,美術館,図書館,劇場といった表象装置のはたす役割にも注目する必要がある.例えばエッフェル塔やルーブル美術館,フランス国立図書館の例を引くまでもなく,こうした表象装置はある特定の文化の中で時としては象徴的な意味を担うことさえある.表象装置はメディアと協同して,ある文化内での環境として人に影響を与えるのである.こうした環境をひっくるめて,「文化産業」とアドルノが呼んだものが組織されることになる.ここで,現代の表象文化および現代性(モデルニテ)の問題を考えるにあたって,ぜひとも参考にしなければならない先行研究について簡単に見ておきたい.

d. 先行研究

現代の表象文化の特徴としてあげられるのは,まず大衆文化が成立したことである.マスの文化,いわゆるポピュラー文化(民衆文化,大衆文化)研究の視座が必要不可欠となったことである.1920年代から1930年代には,映画とラジオの普及,文化の大量生産,大量消費,ファシズムの台頭,またいくつかの欧米の社会に民主主義の成熟といった現象が見られ,ポピュラー文化が質的な大変化を遂げた.

その意味でもまず最初にあげられる先行研究としては,フランクフルト学派の仕事がある.1930年代以降のフランクフルト社会研究所のグループおよびその周辺に集う知識人,アドルノ,ホルクハイマー,マルクーゼ,ベンヤミン,ルカー

チ，クラッカウアー，アンダース，そして H. アーレントといった人々の仕事を一つに括ることはきわめて困難であるが，彼らのもたらしたものの重要性は，21世紀を迎えた今日，乗り越えられた過去として減少していくどころか，逆に日増しに増大していっていると言ってよい．マルクス主義からの影響を強く受けて近代的・技術的・工業文明批判を展開したこれらのユダヤ系ドイツの知識人たちは，戦争とファシズムを経験し，多くが亡命を余儀なくされた経緯をもつ．かれらにとってアウシュヴィッツとホロコーストの経験はその後の彼らの仕事の核として存在し続けた．アドルノは『文化批判と社会』（アドルノ，1996）の中で「アウシュヴィッツ後，詩を書くことは野蛮である」と述べ，このことばは多くの識者に衝撃と物議とをもたらした．アウシュヴィッツという「文明社会の野蛮への回帰」は，実は西欧文明社会の「衰退」ではなくむしろ道具的理性の「肥大」の帰結だったということを明らかにしたのも彼らであった．ベンヤミンの研究は「パッサージュ」に注目した『パリ―19世紀の首都―』以来，その『複製技術時代の芸術作品』に至るまで，一部では現代表象文化研究のバイブルのごとくに読み継がれている（ベンヤミン，1995-97, 2007；Benjamin, 2000）．

　フランスはきわめて豊かな表象文化を生み出してきたし，表象文化研究の面においても多くのすぐれた研究を世に問うてきた．とくに現代表象文化の先行研究として，フランスの構造主義と記号学がもたらしたものの大きさはいまさら言うまでもない．ソシュールの言語学にはじまり，レヴィ＝ストロースの文化人類学，M. フーコーの歴史学的権力批判論，J. ラカンの精神分析学，R. バルトや U. エーコの記号学などの成果は，見すごすことはできない．とくに R. バルトは文化と文学の記号論の先鞭をつけた点で重要な研究を残した．『神話作用』（バルト，1976）においてプロレスから映画までを論じた文化の記号論的研究，『表徴の帝国』（バルト，1974）における日本論，『明るい部屋』（バルト，1985）における写真論，『モードの体系』（バルト，1972）におけるファッションの記号論的分析は大変ユニークな試みとして表象文化研究に弾みをつけたし，イタリア人 U. エーコも構造主義的記号論の手法により J. ボンドを分析してみせるなど，エリート文化と大衆文化にまたがる文化の理解に新風を吹き込んだ．

　現代の表象文化に関する先行研究として見すごすことのできないもう一つの潮流がある．それはカルチュラルスタディーズと呼ばれるもので，主にアングロ・サクソン文化圏で盛んになった文化研究である．カルチュラルスタディーズは1970年代の英国を中心に起こり，バーミンガム大学現代文化研究センターを中心にして S. ホールや R. ウィリアムズらによって進められていった研究である．

この研究の背後には，時代的な問題，世代的な問題が潜んでいる．1960年代から1970年代は主に先進諸国では大変熱い時代であった．1960年代の若者たちの反乱（米国のベトナム反戦運動と結びついたヒッピーやフォークロック世代，フランスの1968年5月の学生運動，日本での学生運動）は確実にそれまでの社会体制の枠組みの何かを変えたと言うことができる．それはまた，世代の問題でもあって，「戦争を知らない」世代，戦後生まれのベビーブームの世代（babyboomers），日本でいわゆる「団塊の世代」が，文化，社会の一翼を担うかたちで登場してきたことと関係している．また，それら先進諸国の若者たちは，同じ時期に同じような主張をし，同じような文化を共有したことが注目される．これはある意味では，世界共通の問題の顕在化と言ってよいであろう．われわれ現代に生きるものは，こうした同時代性を国境を越えて生きることを余儀なくされているのであり，世界共通の若者文化と言ってよいものも成立している．こうした世界規模の大衆文化，民衆文化，マスの文化の存在こそ現代文化研究の出発点になければならないと言える．

　カルチュラルスタディーズはこうした大衆文化の成立，マスの文化，ポピュラー文化（民衆文化，大衆文化）を真正面から見据えた研究であるという特徴がある．その研究の2本の柱のうちの一つはサブカルチャー研究である．文化の主流からは顧みられることのなかった周縁的な民衆文化を俎上に上げた．ロンドンの音楽文化におけるサブカルチャーを階級と人種という二つの要因のからみ合いという観点から分析したヘブディジの『サブカルチャー』（ヘブディジ，1986）はその代表作である．もう一つの柱は，S.ホールの「エンコーディング/デコーディング」モデルによるオーディエンス研究である．これは，表象行為の創造行為と受容行為をエンコーディングとデコーディングと言い換えたものととらえることができる．エンコーディングの局面をテクスト生産に向けて接合された諸契機の複合的な過程としてとらえる点が強調される．またデコーディングはエンコーディングからの相対的自立性を保持していることに注意が向けられており，コミュニケーション過程の中に，単なる解釈の多様性ではなく，価値やイデオロギーの衝突，ねじれ，せめぎ合いを見出す点が新しかった．フランスの構造主義的記号論の成果も批判的に摂取しているが，構造主義的記号論があくまで文化＝テクストについての記号論的，精神分析的な構造分析であったのに対して，カルチュラルスタディーズは文化＝テクストが生きられ，経験されていく場，それらが創造され，受容されていく場についてのコンテクスト重視の分析への転換をはかったと言うことができる．一方では，文学から映画，新聞，ポピュラー音楽，テレビま

でを含む文化的テクストについての精密な読み,他方では,そうしたテクストを生産し,流通させ,消費していく社会のしくみについての奥行きのある分析,この二つの分析次元をアクチュアルに結びつけていくことがカルチュラルスタディーズの特徴である.

　これらの先行研究を参考にすることによって,現代の表象文化の研究がいかに深く現代社会の現実の研究とからみあっているかを理解することができる.筆者のおこなっているフランスの文化社会研究の大きな特徴はまさにこの点にある.その一端として現在筆者が取り組んでいるスペクタクル社会の研究について簡単に触れることによってこの節を締めくくることにしたい.

e. スペクタクル社会研究

　スペクタクル社会ということは,フランスにおいては,G.ドゥボールによって問題化された.ドゥボールは『スペクタクルの社会』(ドゥボール, 2003)の中で社会のスペクタクル化を描いた.スペクタクルとは広い意味での見世物のことである.現在われわれは政治も経済も戦争もまた人々の日常生活も,すべてがスペクタクルと化している印象をもつことが少なからずある.例えば,人々は,議員の選挙にあたっても,メディアに顔を出しているタレントや映画俳優やスポーツ選手のほうを政治や経済,法律などの専門家よりも高く評価する傾向がある.よいことであろうと悪いことであろうとにかかわりなく,とにかくマスメディアに話題を提供し,頻繁にマスメディアに顔を出している人間がこのスペクタクル社会の重要人物であり,価値はスペクタクル社会のほうが付与するのである.

　こうした社会のスペクタクル化を促進してきたものは,一つには大衆社会の成立であり,他方では狭い意味でのマスメディアの発達と肥大化である.この二つの原因はともに,量的変化が質的変化に転じるという共通点をもっている.M.マクルーハンはメディアは人間の諸機能の拡張であるととらえた(マクルーハン, 1987)が,そうしたさまざまなメディアを用いて人間は舞台をしつらえ,スペクタクルを演じている.自ら演じるスペクタクルに気づいていないものも大勢いるが,また意識的に自己演出さえしている者もいる.スペクタクルを眺める者のほうは,完全な観客になりきっている.現実の事態にまるでテレビでも見ているかのような反応を示すものの多いことはその証左である.デジタル技術をはじめさまざまなメディアの発達が著しい今日,こうしたメディアの変化とともに人間の感受性がどのように変化したのかということについては話題にされることこそ多いものの,いまだ十分な研究や考察がなされてきたとは言いがたい.その意味で,バルト,ドゥボール,マクルーハンらの少数の先駆者の存在は貴重であるが,現

在はさらに進んだ研究が求められていることは確かである．

　今日の人間がどのような状況や環境に置かれているのかを考えるとき，このスペクタクル社会的状況に思いを致すことが重要である．20世紀は戦争の世紀，大量虐殺の世紀，難民の世紀であった．アウシュヴィッツ，広島，長崎の経験のあとで，はたして人間はこうした愚行に対する反省を十分にしたと言いうるのだろうか？　21世紀を迎えた今日にあってもさまざまな悲惨なニュースが日々飛び込んでくる．こうした非人間的な状況を前にして，いままでに人間が犯してきた愚行を繰り返さないためにも，メディアと人間のかかわりの問題やスペクタクル社会の抱える問題に対するより精緻な研究が必要となっているのではないだろうか．

〔中村　要〕

<文　献>

アドルノ，T.W.；渡辺祐邦・三原弟平訳（1996）：プリズメン―文化批判と社会―，筑摩書房，東京．［Adorno, T.W.(1955)：*Prismen：Kulturkritik und Gesellschaft,* Suhrkamp, Frankfurt.］

バルト，R.；佐藤信夫訳(1972)：モードの体系，みすず書房，東京．［Barthes, R.(1967)：*Système de la mode,* Ed. du Seuil, Paris.］

バルト，R.；宗　左近訳（1974）：表徴の帝国，新潮社，東京．［Barthes, R.(1970)：*L'Empire des signes,* Skira, Genève.］

Barthez, P. J.(1778)：*Nouveaux éléments de la science de l'homme,* Montpellier, J. Martel aîné.

バルト，R.；篠沢秀夫訳(1976)：神話作用，現代思潮社，東京．［Barthes, R.(1957)：*Mythologie,* Seuil, Paris.］

バルト，R.；花輪　光訳(1985)：明るい部屋，みすず書房，東京．［Barthes, R.(1980)：*La chambre claire：Note sur la photographie,* Paris, "Cahiers du cinéma", Seuil, Gallimard.］

ベンヤミン，W.；浅井健二郎編訳（1995-97，2007）：ベンヤミン・コレクション，筑摩書房，東京．

Benjamin, W.(2000)：*Œuvres：Walter Benjamin,* trad. de l'allemand par Maurice de Gandillac, Rainer Rochlitz et Pierre Rusch, Gallimard, Paris.

Bourdieu, P.(1993)：*La misère du monde,* ［sous la dir. de］Pierre Bourdieu, Ed. du Seuil, Paris.

ブルデュー，P.；石崎晴巳・東松秀雄訳(1997)：ホモ・アカデミクス，藤原書店，東京．［Bourdieu, P.(1984)：*Homo academicus,* Ed. de Minuit, Paris.］

Cabanis, P. J. G.(1802)：*Rapports du physique et du moral de l'homme,* Caille et Ravier, Chez Crapart, Paris.

ドゥボール，G.；木下　誠訳(2003)：スペクタクルの社会,筑摩書房,東京．［Debord, G.(1967)：La Société du Spectacle, Buchet-Chastel, Paris.］

フーコー，M.；渡辺一民・佐々木　明訳(1974)：言葉と物―人文科学の考古学―，新潮社，東京．［Foucault, M.(1966)：*Les mots et les choses,* Gallimard, Paris.］

Maine de Biran, P.(1932 a)：*Œuvres de Maine de Biran,* édition Tisserand, Alcan, Paris.

Maine de Biran, P.(1932 b):*Nouveaux essais d'anthropologie,* édition Tisserand, Alcan, Paris.

メーヌ・ド・ビラン, P.；掛下栄一郎監訳 (1997)：人間の身体と精神の関係, 早稲田大学出版部. [Maine de Biran, P.(1834):*Nouvelles Considérations sur les Rapports du Physique et du Moral de l'Homme,* Ouvrage posthume publié par M. Cousin, Ladrange, Paris.]

メーヌ・ド・ビラン, P.；増永洋三訳 (2001)：人間学新論―内的人間の科学について―, 晃洋書房, 京都. [Maine de Biran, P.(1989):*Dernière philosophie：Existence et anthropologie：Nouveaux essais d'anthropologie：Note sur l'idée d'existence：Derniers fragments,* édité par Bernard Baertschi, J. Vrin, Paris.]

マクルーハン, M.；栗原 裕・河本仲聖訳 (1987)：メディア論―人間の拡張の諸相―, みすず書房, 東京. [McLuhan, H. M.(1964):*Understanding Media：The Extensions of Man,* McGraw-Hill, NY.]

ノラ, P.；谷川 稔監訳 (2002-03)：記憶の場―フランス国民意識の文化=社会史―, 岩波書店, 東京. [Nora, P.(1984):*Les Lieux de mémoire,* sous la dir. de Pierre Nora, Gallimard, Paris.]

de Saint-Simon, C.(1977):*Œuvres complètes Claude Henri de Saint-Simon vol.6.,* Slatkin reprints, Genève.

サン=シモン, C.；森 博編訳(1987)：サン=シモン著作集 第2巻, 恒星社厚生閣, 東京. [de Saint-Simon, C.(1813):*Mémoire sur la science de l'homme,* V^e tome.]

レヴィ=ストロース, C.；荒川幾男訳(1972)：構造人類学, みすず書房, 東京. [Lévi-Strauss, C.(1958):*Anthropologie structurale,* Plon, Paris.]

レヴィ=ストロース, C.；川田順造訳 (1977)：悲しき熱帯, 中央公論社, 東京. [Lévi-Strauss, C.(1955):*Tristes Tropiques,* Plon, Paris.]

ヘブディジ, D.；山口淑子訳 (1986)：サブカルチャー, 未來社, 東京. [Hebdige, D.(1979):*Subculture：The meaning of style,* Methuen, London.]

11 地域文化環境論（2）
―中東・アジア地域―

11.1 イスラーム社会の「社会開発」

　2005年2月に発表された2004年版国連人口推計によると，2005年の世界人口は約65億人に達するものと推計されていた（United Nations, 2005）．世界の宗教人口（2003年現在）について見ると，およそ1/3をキリスト教徒人口が占め，次いで1/5をイスラーム信者（ムスリム）人口が占めている．ムスリム人口を抱える国，地域は206を数え，世界各地にいわゆるイスラーム社会が存在していると言ってよいだろう（Encyclopedia Britannica, 2005）．こうした現状をふまえ，ムスリム人口が社会全体の過半を超えている社会を主要なイスラーム社会としてとらえ，社会開発とりわけ教育の現状を概観して，今後のイスラーム社会発展の可能性を人口変動の推移と関連づけながら論ずることを本節の目的とする．

　一般的にはイスラーム社会は，発展途上の開発が遅れた社会というイメージが強いが，上記の作業を経て，従来のイメージや偏見を是正するような新たなイスラーム社会像を提示することをも意図する．

a. ムスリム人口の概要

　世界の宗教人口推計を詳しく見ると，1900年のムスリム人口は約2億人（世界人口の12.3%）であったが，1950年に3億人（13.6%），2003年に12億5000万人（19.9%）に達している（店田, 2002；Encyclopedia Britannica, 2005）．一方，わが国におけるムスリム人口は，先行研究および法務省の国籍別登録外国人統計を参照すると，およそ6〜8万人の外国籍ムスリムが在住していると推計され，日本人ムスリムを含めて，多くともおよそ10万人前後と言われている（桜井, 2003；RISEAP, 1996）．後述するように，欧米先進国に常住しているムスリム人口は，多くの国で全人口の1%を超え，数十万あるいは数百万を抱える国家も稀ではない．これらの現状に比べれば，日本のムスリム人口はきわめて少ないと言ってよい．しかし，今後，このような状況が継続するか否かは不明であり，少子化傾向が続き労働力不足が深刻になれば，日本も移民受け入れへと政策転換する可能性はあるだろう．その折りには，東南アジアや南アジアのイスラーム社会から多くの移民がやってくることが予想される．日本人と日本社会にとって喫

11.1 イスラーム社会の「社会開発」

表 11.1 世界のムスリム人口（地域別，2000 年）

地域	地域人口（千人）	ムスリム人口（千人）	地域内ムスリム人口比率（％）	対全ムスリム人口比（％）
アフリカ	793,628	334,475	42.1	26.2
アジア	3,672,341	903,664	24.6	70.8
ヨーロッパ	727,304	31,215	4.3	2.4
アメリカ	659,851	6,364	1.0	0.5
オセアニア	29,398	236	0.8	0.0
カリブ海	37,941	76	0.2	0.0
合計	6,056,715	1,276,030	21.1	100.0

資料：地域人口；United Nations (2001).
　　　ムスリム比率；Encyclopedia Britannica (2001, 2002)，および CIA (2001)，Weekes (1984) を補助的に使用.
注：世界の地域人口合計は，表示した地域以外も含む世界人口である.

緊の問題であることに加えて，世界社会の主要な構成員であるイスラーム社会およびムスリムの現状と将来を知ることは，将来に向けて重要な課題であることを強調したい．

はじめに世界のムスリム人口について，地域別の現状をとらえておこう．各国別のムスリム人口比率を 2000 年現在の国別人口に適用して，各国のムスリム人口数を算出した上で，それらを地域別に合わせて集計することとした．人口センサスで宗教別人口を集計している国は 30 ヶ国未満と少なく，世界のムスリム人口について公的な統計資料によって確認することはほとんど困難である（United Nations, 1993）．上記の集計においては，従来の研究において頻繁に使用され信頼性が高いと考えられる三つの資料を参照した．

地域別に見た世界のムスリム人口（表 11.1）によると，2000 年現在で約 12 億 8000 万人が世界各地に分布し，世界人口の 21% を占めていると推計される．地域別には，アジアに 9 億人，アフリカに 3 億 3000 万人と，世界のムスリム人口の 97% が居住している．全体の 3% と少数であるが，ヨーロッパとアメリカにもムスリム人口が集積しており，とりわけ，ヨーロッパに 3000 万人を超えるムスリムが居住していることには注目しておきたい．全体から見れば，比率も絶対数も多くはないが，先進諸国のムスリム人口について改めて国別に確認しておこう．表 11.2 を見ると，ヨーロッパの主要先進諸国ではいずれも全人口の 1% 以上を占めており，フランスでは 5% を超えていることが特徴的である．米国，カナダやオーストラリアでも人口の 1% 前後であり，ムスリム人口は一定の存在感をもっていると言ってよいだろう．これらの先進諸国に対して，日本のムスリ

表 11.2 主要先進諸国のムスリム人口（各国別，2000 年）

国名	全人口（千人）	ムスリム比率（％）	ムスリム人口（千人）
英国	59,415	2.6	1,545
イタリア	57,530	1.2	690
フランス	59,238	5.5	3,258
オランダ	15,864	4.3	682
ベルギー	10,249	2.5	256
スイス	7,170	2.2	158
オーストリア	8,080	2.1	170
ドイツ	82,017	2.1	1,722
スペイン	39,910	1.2	479
米国	283,230	1.9	5,381
カナダ	30,757	0.9	277
オーストラリア	19,138	0.9	172
日本	127,335	0.08	102

資料：店田（2002）．
注：日本は，10 万人と推計してムスリム比率を設定し，ここに追加掲載した．

人口比率は 1 桁以上少なく，表中の国の中では絶対人口数ももっとも少ないのが際立っている．

　将来のムスリム人口については，2025 年には世界人口の 1/3 になるという推計がよく取り上げられてきた（ハンチントン，1998）．しかし，筆者はこの割合は過大な推計と考えており，最近の現実に即した推計を参照すると，2025 年にムスリム人口が 18 億人から 19 億人になり，世界人口の約 23～25％ を占めるというのが妥当な数字と考えている（店田，2002；Abbasi-Shavazi and Jones, 2005）．このような将来推計に留意した上で，現在のイスラーム社会における社会開発の現状を確認することにしよう．

b. ムスリム・マジョリティ社会の現状

　世界の 206 の国・地域にムスリムが在住しており，われわれは世界各地でイスラームを信仰する人々に遭遇し，彼らの立ち居振る舞いや生活習慣を間近で経験することも稀ではなくなった．とはいえ，全人口の 1％ 未満がムスリムである国，全人口の 90％ 以上がムスリムである国，数千万を超えるムスリムが暮らす国もあればわずか数十万のムスリムを抱える国もあるというように，各国の人口構成は多様である．ここではイスラーム社会の社会開発の現況をとらえるという目的にそって，ムスリム比率が全人口の 50％ 以上，かつムスリム人口が百万以上である国を「ムスリム・マジョリティ社会」と設定して分析を進める．表 11.3 に

11.1 イスラーム社会の「社会開発」   229

表 11.3 主要なイスラーム社会の近代化（地域・各国別，2000 年）

国名	地域	人口 (千人)	ムスリム比率 (%)	ムスリム人口 (千人)	ひとりあたりPPP (2002)	識字率 (2002) 男	識字率 (2002) 女	初等教育就学率 1990-91	初等教育就学率 2001-02	合計特殊出生率 1995-2000	合計特殊出生率 2015-2020	平均寿命 1995-2000
ソマリア	東アフリカ	8,778	99.9	8,769	na	36*	14*		na	7.25	5.14	46.9
エリトリア		3,659	69.3	2,536	1,040	66*	38*	24	43	5.70	4.03	51.5
チャド	中部アフリカ	7,885	53.9	4,250	1,010	55	38		58	6.65	6.09	45.2
アルジェリア		30,291	99.9	30,261	5,530	78	60	93	95	3.25	2.01	68.9
モロッコ		29,878	99.8	29,818	3,730	63	38	58	88	3.40	2.30	66.6
チュニジア	北アフリカ	9,459	99.5	9,412	6,440	83	63	94	97	2.31	1.70	69.5
リビア		5,290	97.0	5,131	na	92	71	96		3.80	2.26	70.0
エジプト		67,884	90.0	61,096	3,810	67	44		90	3.40	2.57	66.3
スーダン		31,095	72.0	22,388	1,740	71	49		46	4.90	3.16	55.0
モーリタニア		2,665	99.5	2,652	1,790	51	31		67	6.00	4.47	50.5
ガンビア		1,303	95.0	1,238	1,660	35*		51	73	5.20	3.26	45.4
セネガル		9,421	92.0	8,667	1,540	49	30	48	58	5.57	3.42	52.3
マリ	西アフリカ	11,351	90.0	10,216	860	27	12	21		7.00	5.80	50.9
ニジェール		10,832	88.7	9,608	800	25	9	25	34	8.00	6.76	44.2
ギニア		8,154	86.9	7,086	2,060	50*	22*		61	5.89	4.51	50.0
シェラレオネ		4,405	60.0	2,643	500	45*	18*	na		6.50	5.74	37.3
ブルキナファソ		11,535	50.0	5,768	1,090	19	8	27	35	6.89	5.50	45.3
アフガニスタン		21,765	99.0	21,547	na	35*				6.90	6.24	42.5
イラン		70,330	99.0	69,627	6,690	84	70	97	87	3.20	1.90	68.0
パキスタン		141,256	95.0	134,193	1,960	59	29		67	5.48	3.00	59.0
バングラデシュ	南央アジア	137,439	88.3	121,359	1,770	50	31	64	87	3.80	2.55	58.1
ウズベキスタン		24,881	88.0	21,895	1,640	100	99	na		2.85	2.09	68.3
トルクメニスタン		4,737	87.0	4,121	4,780	99	98	na		3.60	2.10	65.4
タジキスタン		6,087	85.0	5,174	930	100	99		98	3.72	2.68	67.2
キルギスタン		4,921	70.0	3,445	1,560	99*	96*		82	2.89	2.08	66.9
インドネシア	東南アジア	212,092	87.2	184,944	3,070	92	83	97	92	2.60	1.89	65.1
マレーシア		22,218	52.9	11,753	8,500	92	85		95	3.26	2.19	71.9
イエメン		18,349	99.9	18,331	800	69	29		67	7.60	4.50	59.4
トルコ		66,668	99.8	66,535	6,300	93	75	89	88	2.70	2.11	69.0
ガザ**		1,146	98.7	1,131	na		na	na		5.99	na	71.4
イラク		22,946	97.0	22,258	na	54*		79	91	5.25	3.30	58.7
サウジアラビア		20,346	96.6	19,654	12,660	84	69	59	59	6.15	2.84	70.9
ヨルダン		4,913	96.5	4,741	4,180	96	86	66	91	4.69	1.51	69.7
アラブ首長国連邦	西アジア	2,606	96.0	2,502	24,030	76	81	94	81	3.17	2.15	74.6
アゼルバイジャン		8,041	93.4	7,510	3,010	47*	43*		80	1.94	1.85	71.0
オマーン		2,538	87.7	2,226	13,000	82	65	70	75	5.85	2.71	70.5
シリア		16,189	86.0	13,923	3,470	91	74	95	98	4.00	2.51	70.5
クウェート		1,914	85.0	1,627	17,780	85	81		82	2.89	2.07	75.9
ヨルダン川西岸**		2,045	75.0	1,534	na		na	na		5.99	na	71.4
レバノン		3,496	55.3	1,933	4,600	91*	79*		90	2.29	2.03	72.6
アルバニア	南ヨーロッパ	3,134	70.0	2,194	4,960	99	98		97	2.60	2.01	72.8
日本		127,335	0.08	102	27,380	na		na		1.41	1.51	80.5
韓国	東アジア	46,740	na		16,690	na		100	99	1.51	1.35	74.3
中国		1,275,133	1.4	17,852	4,520	na		95	93	1.80	1.85	69.8

資料：人口：United Nations (2001).
　　ムスリム比率：Encyclopedia Britannica (2001, 2002) および CIA (2001), Weekes (1984) を補助的に使用.
　　ムスリム人口：上記の人口×ムスリム比率で算出した.
　　ひとりあたり PPP（購買力平価）；単位 US ドル，The World Bank (2004).
　　識字率，初等教育就学率：The World Bank (2004).
　　出生率，寿命：United Nations (2001). ただし出生率 (2015-2020) は，United Nations (2005).
*：1998 年のデータ．The World Bank (2001) の非識字率データより逆算．男女計の場合は，中央に表示．
**：パレスチナのデータを，ガザおよびヨルダン川西岸のデータとして記入．
注：ムスリム人口算出について，詳しくは店田 (2002) 参照．
　　太字の国名は，「先進的ムスリム・マジョリティ社会」（後述）として抽出された国．
　　na = not available.

は，これらムスリム・マジョリティ社会（40ヶ国）と日本，韓国，中国を比較対照として掲載し，ひとりあたり購買力平価による国民所得を使って，まず経済発展の水準から各国を位置づけてみることとした．

　これら40ヶ国は，南ヨーロッパのアルバニアを除けば，アフリカとアジアの国々であるが，所得水準には地域別の格差が存在している．東西アフリカおよび中部アフリカの社会では，所得水準はひとりあたり1000ドル未満から高くとも2000ドルまでであり，ムスリム・マジョリティ社会の中でも低位にある．これに対して，同じくアフリカ地域であっても北アフリカの社会は一つランクが上にあると言ってよいだろう．一方，アジアに目を転じてみると，南央アジアの多くのイスラーム社会の所得水準は東西アフリカのそれと変わらないが，東南アジアと西アジアには高い所得水準を誇る国々が多く見られる．南央アジアの中では，イランとトルクメニスタンは原油産出国であることから相対的に所得水準が高い．東南アジアのマレーシアや西アジアのトルコは，社会全体の経済成長による所得水準上昇の反映と言えようが，サウジアラビア，アラブ首長国連邦，オマーン，クウェートは原油産出国であることが所得水準に寄与しているものと言えよう．

　このように見てくると，自立的で内発的な経済成長の過程を経て現在の所得水準に達した数ヶ国のムスリム・マジョリティ社会，および資源依存型の経済成長による所得水準上昇を達成したムスリム・マジョリティ社会が5～6ヶ国は存在している一方で，アフリカや南央アジアのムスリム・マジョリティ社会のほとんどをはじめ多くの社会は，世界的に見てもきわめて低い所得水準にあると言えよう．

　現在の経済水準は以上のようであるにしても，全体社会の将来の方向を論じる社会発展論の立場から言えば，それぞれの社会は開発計画や政策を通じて国民にとって「より望ましい社会」の実現を目指していると考えてよいだろう．その一つの方策が，人への投資としての教育である．歴史的に見れば第二次世界大戦後は主に物的資本の不足が強調され物資援助，資金援助が盛んにおこなわれた時期であったが，1960年代頃から，開発にとっての人的資源の重要性が焦点となりマンパワー計画と教育発展計画がある程度の比重を占めることとなった．現代では，国際機関や先進国による開発援助のみならず，各国独自の開発政策においても教育の役割が重要視されている．

　このような見地からとらえる人材育成を主眼とした教育では，経済成長を促進して開発目標を達成するという人的資源開発と教育がセットとして提供されてき

た．しかし，最近では教育の発展そのものを目標とすること，つまりは個人を尊重する「人間開発」に主眼が置かれるようになってきたと言われる（豊田，1995）．そのため発展途上国における教育開発においては初等教育に比重を置くことが強調されるようになっている．そこで，同じく表11.3の識字率および初等教育就学率を手がかりとして，「ムスリム・マジョリティ社会」における人間開発の努力を見ることにしよう．

　東西アフリカと中部アフリカでは，識字率は男女ともに50％を超えることは稀であり，女性の場合には10～30％ほどで，改善の余地は大きい．これに対して，北アフリカの社会では男性で60％を超え，女性でも40％以上であり，近代教育の効果が浸透しつつあることが窺える．一方，アジアでは東南アジアでもっとも識字率は高く，次いで西アジア，南央アジアの順である．アジアでは，アフリカに比べ，男性のみならず女性の識字率も相対的に高いことが明らかである．ただし，アフガニスタンでは識字率が男女合わせて35％と低いが，この国はアジアの中では例外的と言ったほうがよい．

　一方，初等教育就学率について見ると，東西アフリカと中部アフリカでは，1990年から2001年にかけて就学率の上昇が観察できるが，依然として，北アフリカの高い就学率には及ばない現状である．アジアでは，ほとんどの国で就学率は80％から90％程度まで達していることが見てとれる．

　以上の経済指標と教育指標を利用して，ムスリム・マジョリティ社会の中で，相対的により高い社会発展段階に達している社会を抽出してみる．ここでは，およそ5000ドル以上で，かつ識字率が男女ともに50％を超えている社会を，これに該当する社会としてみた．それによると，北アフリカではアルジェリアとチュニジア，南央アジアではイランとトルクメニスタン，東南アジアではマレーシア，西アジアではトルコ，サウジアラビア，アラブ首長国連邦，オマーン，クウェート，レバノン，そして，南ヨーロッパのアルバニア，以上の12ヶ国が，上記に該当する結果となった．これら諸国をトップグループに位置する「先進的ムスリム・マジョリティ社会」と位置づけて，さらに分析を続ける．

c.「先進的ムスリム・マジョリティ社会」の人口動向

　これら社会が高度に発展した段階に到達するか否かは，開発政策や経済成長の成果によるところが大きいが，ここではまず人口学的分析によって将来の発展可能性を一つの視点から見ることにしたい．ここで取り上げるのは，年少人口，若者人口，老年人口および生産年齢人口の動向である．2000年現在，例えばアジアの15～24歳人口の比率は18％で，6億5000万人に達している．『文明の衝突』

の著者であるハンチントンは,この世代の人口が20%を超えると,破壊的な政治的・社会的運動の可能性があり,逆に15%を切ると労働力不足に陥ると指摘し,この世代のもつパワーに注意を喚起した.ちなみに,東アジアから西アジアまでを含むアジア全体で見ると,ほとんどの地域でピークを1980年代にすでにすぎており,南央アジアだけが現在ほぼピークの状態である.ムスリム・マジョリティ社会の中では,イラン,バングラデシュ,イラク,トルコ,シリア,ヨルダンなどが20%を超過している現状である(2000年現在,日本は13%と低い).この若者人口の世代を含めた生産年齢人口全体に対する年少人口と老年人口を合わせた比率である従属人口指数を見ると,東アジアでは,1990年代から2010年代にかけて40前後の最低水準,つまり生産年齢人口100人が40人の年少・老年人口を支えるという構図である.この指数はほかのアジア地域でも低下していき,東南アジアでは2020年代,南央アジアでは2030年代,西アジアでは国によって差が大きく2025～50年代にかけて低くなると見込まれる.生産年齢人口が担う扶養負担は20世紀後半に比べれば,アジアの各地域で21世紀前半の中頃以降に最小となり,社会経済発展の好機を迎えることが予測されている(店田,2003).

「先進的ムスリム・マジョリティ社会」の人口推計を参照すると(United Nations, 2001),南央アジアのイラン,トルクメニスタン,東南アジアのマレーシア,北アフリカのアルジェリアとチュニジア,南ヨーロッパのアルバニアでも2020年代半ば頃が,もっとも扶養負担が低下する時期にあたりそうである.西アジアではレバノン,トルコが,同様に2020年代半ば頃が,扶養負担の低い時期にあたる.しかし,西アジアのサウジアラビアやオマーンでは,上記の国々に比べて遅くなり,2050年頃に発展の好機が到来すると考えられる.このように人口の年齢構造から見ると,生産年齢人口増加の恩恵を享受できる時代(人口ボーナスの時代)に多くの「先進的ムスリム・マジョリティ社会」が遭遇するのが21世紀の前半であり,遅くとも世紀半ばまでには遭遇することが考えられる.

このような機会を活かせるか否かは社会経済的な属性としての人口の質の高低がかかわるであろう.第一には,生活の質,具体的には健康や教育,所得の水準など人間開発の進展が課題である.第二には,女性の地位向上(エンパワーメント)が促進され,社会に参加する割合が上昇することが課題であろう.第三には,新中間層の形成が課題である.いくら国民総生産が上昇しても所得格差がなくならない限り好機は活かせないし,好機を活かすことによって新中間層がさらに形成され社会全体の底上げがなされる好循環が生まれるだろう(店田,2003).平均寿命75歳,識字率95%が人間開発の一つの転機であるという見解もあり,こ

れに加えてジェンダー開発を促進させることが人口の質を高めるであろう（Bongaarts, 2002）.

d. 人口政策と社会発展への提言

そこで「先進的ムスリム・マジョリティ社会」と規定された諸国が，現段階では人間開発や女性のエンパワーメントという面ではいかなる水準にあるのか改めて別の指標で確認してみる．ここでは，まず平均寿命，教育（識字率と就学率），ひとりあたり GDP の 3 指標による簡便な合成指数である人間開発指数という生活水準に着目した指標を利用して，相対的な位置づけを見よう（UNDP, 2004）.比較対照する日本，韓国，中国の指数は，0.938, 0.888, 0.745 であり，ムスリム・マジョリティ社会の中では，インドネシアが 0.692，エジプトが 0.653 である．一方，「先進的ムスリム・マジョリティ社会」を見ると，クウェートとアラブ首長国連邦（0.838, 0.824）が高ランク群にあり，そのほかは中ランク群に位置する．順にあげてみると，マレーシア（0.793），アルバニア（0.781），オマーン（0.770），サウジアラビア（0.768），レバノン（0.758），トルクメニスタン（0.752），トルコ（0.751），チュニジア（0.745），イラン（0.732），アルジェリア（0.704）である．

ちなみに，人間開発指数（2002年）には 177 の国・地域がリストアップされており，世界全体の平均指数は 0.729 であり，1 位はノルウェーで 0.956，最下位のシェラレオネは 0.273 である．発展途上諸国全体の平均指数は，0.663 であり，一応上記の 12 ヶ国すべてが同水準をクリアしている．相対的順位を見ると，44位（クウェート）から 108 位（アルジェリア）にランクされているが，OECD 諸国平均（0.911）には及ばない状況である．その意味では社会発展の余地はまだ大きく残されているが，発展途上諸国の中ではより上位にあり，今後の開発政策の帰趨によって，生活の質の向上にともなう平均寿命の上昇，および教育開発にともなう就学率と識字率の上昇が見込まれるというのが「先進的ムスリム・マジョリティ社会」の現状である．

さらに「先進的ムスリム・マジョリティ社会」のうち，女性の経済活動水準が依然として低い国が多々あり，ジェンダー開発においても政策的介入の余地は大きい．マレーシアやトルコでは，すでに女性の経済活動水準は，50% ほどに達しておりわが国と同水準にあるが，一方で，約 30% 未満の国は，主に北アフリカと西アジアの国々で，アルジェリア，サウジアラビア，オマーン，レバノン，そしてイランであり，先述の 2 ヶ国とは 20% ほどの大きな差が観察される（表11.3 の国名順に経済活動率は，30.9, 37.5, 30.0, 62.5, 48.9, 50.8, 22.0, 32.0,

20.0, 36.4, 30.3, 60.0；UNDP, 2004)．経済活動に参加することは，女性の地位向上を大いにうながすものである．そのためには，女性が出産する子ども数の適正化と女性の教育水準の上昇が課題となろう．例えば女性の年齢別出産についてみると，東アジアでは20歳代での出産がほとんどであるが，「ムスリム・マジョリティ社会」が多い西アジアでは35歳から49歳という年齢層での出産がかなりの割合を占めている．このようなコントラストの背景には，出生率そのものの差に加えて女性の経済活動率の違いも影響していることが考えられる．

　出生政策について調べてみると，これら「先進的ムスリム・マジョリティ社会」のほとんどで，「出生力を低下させる」という政策的スタンスをとっており，女性にとって社会参画の機会が増加する可能性を見てとれる．しかし，サウジアラビアとアラブ首長国連邦では，「上昇させる」という立場であり，現状が継続することが考えられる (Population Division of United Nations Secretariat, 2001)．とはいえ表11.3の出生率に見られるように，これら社会でも2015〜20年頃には人口置換え水準以下の出生率（女性ひとりあたりの出生数約2.1未満）になることが推計されており，変化は着実に進みつつあるようである．教育水準が上昇し，女性の地位向上が実現すれば，これら「先進的ムスリム・マジョリティ社会」も人間開発指数の水準から見ても良好な生活の質を有する社会へと発展していくことが期待できよう．

　したがって，これら社会が力を注ぐべき開発政策として，第一に教育開発，第二にジェンダー開発があろう．その成果によってこれらイスラーム社会の現状も大きく変わる可能性を秘めている．とりわけ第二のジェンダー開発に関して，イスラーム社会の規範が女性労働を抑制しているとのとらえ方がよくなされるが，これは一面的な見方である．女性がかぶるベールも，イスラームの教えを遵守しながら，家庭の外で働くことを可能にする小物と現代社会では積極的にとらえられている．女性の経済活動率は，前述のようにマレーシアやトルコではすでに日本と同水準の50％前後に達している．そのほかの社会では依然として低い水準であるが，しかしながら行政職や管理職に占める女性の割合は，国によっては日本よりも高いくらいであり（店田，2004），人口ボーナスの時代を迎える21世紀前半は，教育開発とジェンダー開発の成果があがれば「先進的ムスリム・マジョリティ社会」にとって転換期となるであろう．　　　　　　　　　　〔**店田廣文**〕

＜文　献＞
Abbasi-Shavazi, M. J. and Jones, G. W. (2005)：Socio-economic and Demographic Setting of

Muslim Populations. *Islam. the State and Population*（G. W. Jones and M. S. Karim Eds.），Hurst & Co, London.

Bongaarts, J. (2002)：The end of the fertility transition in the developing world. *Policy Research Division Working Papers,* **161**.

CIA（2001）：*World Factbook 2000*.

Encyclopedia Britannica (1951)：*Britannica Book of the Year 1951,* Encyclopedia Britannica.

Encyclopedia Britannica (2001)：*Britannica Book of the Year 2001,* Encyclopedia Britannica.

Encyclopedia Britannica（2002）：*Britannica Book of the Year 2002*（http://www.britannica.com（2002年3月アクセス））.

Encyclopedia Britannica（2005）：*Britannica Book of the Year 2005*（http://www.britannica.com（2005年3月アクセス））.

Population Division of United Nations Secretariat（2001）：*National Population Policies,* New York.

RISEAP（1996）：*Muslim Almanac,* Kuala Lumpur, Malaysia.

桜井啓子（2003）：日本のムスリム社会，筑摩書房，東京.

店田廣文（2002）：イスラーム世界の将来人口．統計，**53**(5).

店田廣文（2003）：大アジア圏の人口問題．アジア新世紀8 構想（青木 保ほか編），岩波書店，東京.

店田廣文（2004）：アラブ・イスラーム社会における女と男．女と男の人間科学(山内兄人編著)，コロナ社，東京.

The World Bank（2001）：*World Development Report 2000/2001*.

The World Bank（2004）：*2004 World Development Indicators*.

豊田俊雄編（1995）：開発と社会―教育を中心として―，アジア経済研究所，千葉.

豊田俊雄（1998）：発展途上国の教育と学校，明石書店，東京.

ハンチントン，S.；鈴木主税訳(1998)：文明の衝突，集英社，東京．［Huntington, S. P.(1996)：*The Clash of Civilizations and the Remarking of World Order,* Simor & Schuster.］

米村明夫編著（2003）：世界の教育開発―教育発展の社会科学的研究―，明石書店，東京.

United Nations（1993）：*Demographic Yearbook 1993,* New York.

United Nations（2001）：*World Population Prospects. The 2000 Revision v. 1*：*Comprehensive Tables,* New York.

United Nations（2005）：*World Population Prospects. The 2004 Revision Highlights*（http://www.un.org）.

United Nations Development Programme(2004)：*Human Development Report 2004*(http://hdr.undp.org/statistics).

Weekes, R. P. (1984)：*Muslim Peoples*：*A World Ethnographic Survey,* Greenwood Pub Group, Connecticut.

11.2 アジア文化論

「アジア」を論ずる方法はおそらく「文化」を定義するのと同じように，それを論ずる者の数ほどあると言えるだろう．アジア文化論を論ずるにあたって難点，問題点の一つには「アジアとは世界の中のどの範囲を意味するのか」ということ

の曖昧さによる．そもそも，アジアという名称の由来はかつて地中海東部に栄えたフェニキア人が東方を意味した asu（日いづるところ）に起源をもち，これが後にギリシャに伝わって，Asia に転訛したものだと言われている．すなわちユーラシア大陸の東方を示す地理的名称で，おおよそ「大文明を築いたインドと中国，およびそのまわりにある地域」を含んだ広大な領域がアジアだと言える．またこの地域は地球上の陸地の約 1/3 にあたり，現在世界の人口の 55% 以上が居住しており，気候や地形・植生といった自然環境ばかりでなく，そうした自然環境への人間の適応形態にも大きな変差が見られる．こうした民族的・文化的な多様性がアジア的特質だとも言える．

二つ目は，アジアという名称が ereb（日没するところ）——すなわち Europa の語源にあたる——に対置して名づけられたというだけではなく，そもそもアジアの人々がこの地域をアジアだと認識するようになったのは近代に至ってからである．このようにアジア自体が相対的な概念であり，歴史的にも斉一性をもたず，固有の曖昧さをひきずっているので，アジア全般を研究の対象とすることはある意味では無謀な試みと言わざるをえない．

そこで本節では，①J. P. B. ヨセリン・ドゥ・ヨンク（de Josselin de Jong）が一つの民族学的研究領域であると指摘した「島嶼部東南アジア」（あるいは「海域東南アジア」とも呼ばれる）に対象を限定し，②文化人類学の立場から，この地域の文化的多様性をどう把握したらよいかをふまえた上で，③より焦点をしぼりこんで，筆者が 90 年代以来フィールドワークを断続的に続けているフィリピンの一地方の沿岸社会を素材にアジア文化の一断面を論じることにしたい．

a. 島嶼部東南アジアの文化的多様性

「赤道直下に懸けられたエメラルドの首飾り」と形容されるインドの島々（インドネシア Indo-nesia）は，西はインド洋上のマダガスカル島におよび，北はフィリピン，台湾まで，東はイリアン・ジャヤと境を接し，南はティモール島まで広がっている．この広大な海域には大小さまざまな島々が散在し，異なった環境基盤の上に多様な単一民族文化（エスニックグループ）が生活を営んでいる．歴史的に見ても東西文化，南北交通の十字路にあたるために，古来より流入してきた文化や宗教の重層性が見てとれる地域でもある．このような島嶼部東南アジアの文化的多様性をとらえる先駆的な試みとして，戦前の蘭印慣習法（adat recht）学者による法圏（rechtskringen）論をあげることができる．

オランダ不世出の慣習法学者 C. ファン・フォーレンホーヘン（van Vollenhoven）はインドネシア全域における慣習法の変差と類似性を認め，言語の地域

差にちなんで「法の地域性」にもとづいて，全域にわたって 19 の法圏を設定した（馬淵，1969）．法圏とは，言うなれば文化・地理的な単位であり，それぞれの領域は文化的に同質な法共同体（rechtsgemeenschap）を構成し，社会組織（地縁・血縁組織の構成）においても明確な特徴を共有すると考えた．法圏および土着民に在来の慣習法的な共同体機構である法共同体といった概念は，一方では植民地統治の要請によるものではあるが，多様な民俗社会をとらえる上で有効性をもった暫定的な作業仮説だと言える．しかし領域区分の境界の流動性やずれ，あるいは変化に対して難点をもつことはいなめない．こうした社会組織を中心に地域社会を把握する試みは 1930 年代以降オランダ社会人類学（ライデン学派）にひきつがれ，エスニックグループ内の特定地域（例えば村落）をフィールドとするエスノグラフィーへと結実していくことになる．

b. 農業景観（陸）から見たアジア社会論

文化人類学のフィールドワークが特定エスニックグループを対象として細分化されていく中で，戦後 1950 年代からインドネシアを調査した C. ギアツは文化生態学の方法を援用して，島嶼部東南アジアを巨視的にとらえる視点を提示した．

一つが「外インドネシア」（内インドネシア以外のスマトラ島以東の島々）における「焼畑（swidden）エコシステム」であり，もう一つが「内インドネシア」（スンダ地方を除くジャワ，南バリおよび西ロンボク）の「水田（sawah）エコシステム」である．

「焼畑エコシステム」の特質は，①多種の作物栽培に多様化している，②栄養素は土壌に蓄えられず，生物間を循環する．それゆえに土壌はやせているにもかかわらず動植物は豊かに繁茂するというパラドックスが見られる，③システムの維持は過度の雨や日光にさらされるので，土壌の保護は熱帯森林の「閉じた樹冠構造」（傘の役割）に依存している，④構成要素はデリケートな均衡に依存しており，システムの均衡維持はきわめて難しい，⑤このため人口増加に対しては柔軟性を欠き，人口分散的な対応しかできないと指摘する（Geertz, 1963）．

これに対して「水田エコシステム」の特徴としては，①単一作物（水稲）栽培に特化している，②養分摂取は水によって運ばれるミネラルに大きく依存している．それゆえに土地が肥沃でなくても，適切な水の供給・管理ができれば，連作に耐え，しかも長期にわたって収穫が逓減せずに生産を継続できる，③このためエコシステムの維持は水利灌漑施設に依存するところが大きい，④水田エコシステムはこのように著しい安定性と耐久性をもっている，⑤それゆえ人口増加に対して集中的で膨張的な反応を示す．つまり人口増加に対して外延的に耕地を拡張

せずとも，労働集約化によって対応する傾向が著しいという (Geertz, 1963).

ところでギアツの初期の関心の一つは調査地であるポスト伝統的なジャワ社会において，旧来地方的な伝統的権威のもとで地縁的共同体として形成されてきたジャワ村落（デサ：desa）が，19世紀から20世紀初頭のオランダ植民地支配確立の過程で，どのような変貌を遂げてきたかをとらえることにあった．とくに商品経済の浸透と19世紀後半にはじまる人口の爆発的な増加は，デサ自体のもっていた共同体的性格を著しくゆがめることとなった．こうした19世紀以降のジャワ農業を中心とした歴史的変動過程に注目し，生態学的視点を援用しつつ展開されたもっとも有力な東南アジア社会論の一つが『農業のインボリューション (Agricultural Involution)』(1963年) である．

インボリューション論の骨子は次の通りである．オランダ植民地支配が進行する過程で，オランダ領東インド経済の基礎を確立するために伝統的な賦役権を行使し，ジャワの豊富な労働力と土地をもってオランダ本国の資本不足をおぎなう目的で強制栽培制度 (1830-50) が導入された．ここに国内セクターとしての小農部門と輸出向けプランテーション農業部門という農業の二重構造が確立を見るに至る．資本集約的な農園部門においては，甘蔗，コーヒー，ゴム，タバコといった商品作物が，ジャワ農民の安価な労働力によって耕作された．これに対して，自給的な小農部門においては既存の水田エコシステムと共生関係にある甘蔗と水稲の輪作栽培が取り入れられ，耕作方法を変化させることなく，一定の耕地に労働力を極限まで投入して単収の極大化を求めるという半園芸的で過度に労働集約的な収奪農法が展開された．他方では急速かつ持続的な人口の増加がもたらされ，こうした爆発的人口増加に適応したジャワ人の生産面における対応のしかたを，ギアツは「農業のインボリューション」と呼ぶ．すなわち，インボリューションとは「既存の文化型がその細部にわたる過度の加工によって，硬直的になるほど酷使されていく」自滅的な過程を意味している．こうしたインボリューション過程は時代とともに進行し，土地保有制や小作制度を一層複雑化させ，投入と産出を細分化し，遂にはひとりあたりの産出高が低落するまでに至る．しかし，農業人口の大半を占める土地をもたない雇用農業労働者や貧農は，こうした状況に対して，分配面においては経済的パイを小断片に細分化することによって，労働の機会と所得の配分をめぐる富の均等化，すなわち「貧困の共有」(shared poverty) の慣行を維持し，かろうじて悪化する経済状況に対して生存を確保してきたと説明する．一方こうしたジャワ農民の行動様式は，相互扶助としてのゴトン・ロヨン (gotong royong) や共食儀礼スラマタン (selamatan) を通して維持される

彼らの価値観であるルクン（rukun：社会の調和を尊ぶ精神）の中に埋めこまれている．ギアツによると水稲耕作における雇用吸収力と人口増加に対応する過度の許容力（「農業のインボリューション」）および相互扶助的な分配機構（「貧困の共有」）によって，ジャワ農民社会は停滞的ではあるけれども農民の階層分化の少ない，安定かつ調和的な共同体社会を存続させてきたのだという．

c. 海から眺めた島嶼部東南アジア

上に述べたギアツの「二つのエコシステム」が〈陸の視点〉から見たマクロな類型であるとすると，四周を海に囲まれた島嶼部東南アジアにおいては，〈海の視点〉からの類型化が可能であろう．広大な海域と，豊富な水産資源に恵まれた島嶼部東南アジアでは，約150万人を超える海面漁業者が，雑多な魚族を対象として，さまざまな漁撈活動を営んでいる．このような海上における漁撈活動は，地上における農業などの生産活動とは異なり，三次元的である水界という特殊な生産環境と，魚族という可動性に富んだ生産対象物を採捕しなければならないために，とくに artisanal fishery と呼ばれる伝統的で小規模な漁撈活動の技術段階においては，自然環境の恣意性に左右される面が一層大きいと言える．こうした伝統的な漁撈活動は，漁撈のおこなわれる自然な組成（natural setting）と密接な関連をもっている．海洋民族学者でもあった西村朝日太郎は，海洋の生態学的条件と生産用具としての漁具・漁法の技術体系が緊密に結合していることを認め，日本を含む東アジア，東南アジアおよびオセアニアにわたる広大な海域を比較民族学的な視点から，①干潟漁撈文化複合（gata culture complex）と，②干瀬漁撈文化複合（pishi cuture complex）の2類型に分類した（西村, 1975）．前者を代表する物質的文化徴表として，潟板（干潮時に軟泥の上をすべらせる潟スキー），跳白船，樫木網，掻具などをあげ，後者の主導徴表として石干見（汀線に馬蹄形や方形に石を積んで築き，干満を利用して魚類を採捕する定置漁具）などをあげる．さらに，西村はこの2類型をインドネシア域に適用し，次のように述べている（西村, 1979）．

> ウォーレス線は元来，生物学的な境界線であると同時に地質学的な境界線でもある．すなわちウォーレス線の西方海域は大体，海深40〜50mにすぎず，南シナ海からジャワ海にかけて処々の海岸には泥質干潟がよく発達し，海岸の勾配はきわめて緩慢である．これに反して，ウォーレス線の東方では海深が大きく珊瑚礁がよく発達している．したがってウォーレス線を中心として西方域と東方域とでは漁撈文化も異なり，漁撈文化の物質的基礎の条件となる漁場の範囲や形態も自ら異なる……．

すなわち，西村は海洋民族学の立場からインドネシア島嶼部の海域をウォーレス線を境界として，ⓐ西方域の「潟文化（Wattenkultur）」と，ⓑ東方域の「礁文化（Riffenkultur）」という2類型を設定した．ところで，以下でよりミクロな視点から事例として取り上げるフィリピンのパナイ島はこの東西を分断するウォーレス線の境界に位置している．

d．フィリピン中部ビサヤ地方・パナイ島の事例

西村の漁撈文化複合論をふまえて，次に1990年以来筆者が断続的に調査を続けているフィリピン中部ビサヤ地方のパナイ島を具体的な事例として取り上げてみたい（Yano, 1994）．

この研究プロジェクトは筑波大学（当時）牛島巌をリーダーとする「フィリピン・ビサヤ内湾域の漁村構造と漁獲物流通網に関する文化人類学的調査」の一環としておこなわれたものである．具体的な研究テーマは，①沿岸エコシステムとこれに対応した漁撈技術および社会・経済関係，②マーケット流通網内の農漁民‐仲買‐売り手‐得意客間の相互依存関係，③漁民の世界観としての民俗的宗教構造の解明として実施された．

本項ではとくに，①のテーマに焦点を当ててその一端を説明してみたい．ネグロス島西部を含むパナイ島一帯の海域（図11.1）は水産資源に恵まれ，約4万人余の農漁民が漁業に依存して生活を営んでいる．調査に入った当初，調査地を決める必要もあって予備調査を兼ねてパナイ島沿岸部をくまなく見聞して歩いた．パナイ島では近年，大・中規模の商業的沖合漁業（commercial fishery）の発展がめざましい．しかし，一方で浅海域においては多様なエコシステムに適応した小規模農漁家によるさまざまな伝統的な漁撈活動がいまもなお盛んに展開していることが明らかになった．

(1) 海洋学的状況からみたパナイ島周辺の海域区分　パナイ島は中部フィリピンのビサヤ諸島の西端に位置するパナイ島は，南北に走る脊梁山脈と北東方向に伸びる低い丘陵山地により，北部（アクラン州，カピツ州），西部（アンティケ州），東南部（イロイロ州）の4州からなっている．言語方言区分から見るとアンティケ州はキナラヤ（Kinaraya）語，アクラン州はアクラノン（Aklanon）語，そのほかの地域イロイロおよびカピツ両州はヒリガイノン（Hiligaynon）語が日常的に話されている．ところで漁業の中心地域は北部のシブヤン海から東および南側のビサヤ海を経て，ギマラス海峡，イロイロ海峡，パナイ湾に至る一帯である．中でもビサヤ海およびシブヤン海は，フィリピン内海中もっとも漁礁に富んでおり，フィリピンにおける年間水揚量の約半分を占める好漁場をなしてい

11.2 アジア文化論　241

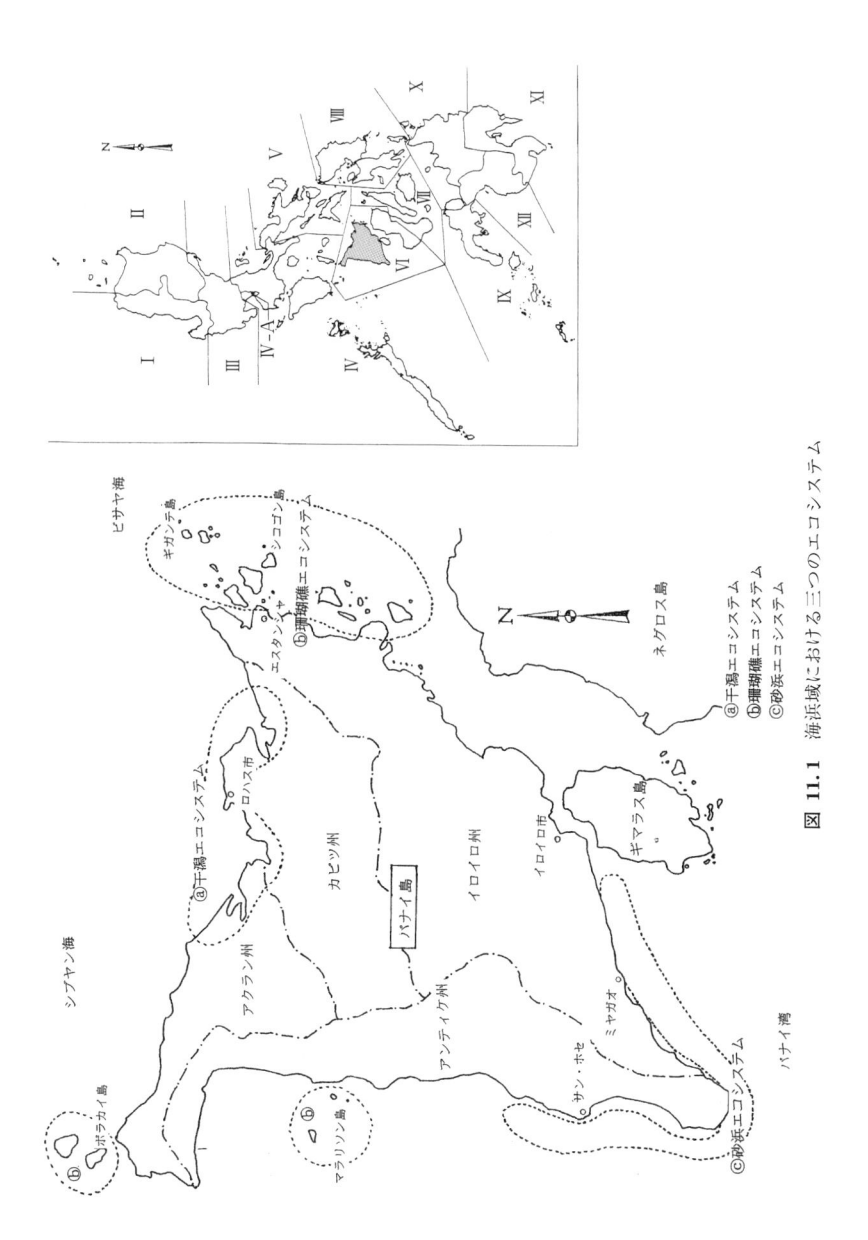

図 11.1　海浜域における三つのエコシステム

ⓐ干潟エコシステム
ⓑ珊瑚礁エコシステム
ⓒ砂浜エコシステム

る.この浅海沿岸域をさらに詳細にみると,以下のようなそれぞれ異なった特徴を呈している(図11.1).

パナイ島北部沿岸地域: 東からピラール(Pilar)湾,カピツ(Capiz)湾,イビサン(Ivisan)湾,サピアン(Sapian)湾,バタン(Batan)湾と続く北部沿岸地域一帯はきわめて平坦な地形をなしており,それぞれの小湾を取り囲むようにしてマングローブ沼沢地帯が発達し,沖合1kmあたりで水深1m程度の浅海域をなし,底質は泥質性の干潟を形成している.

イロイロ州東北部一帯の沿岸地域: イロイロ州の北東部一帯および北西部には多くの小島群が散在しており,カラグナアン(Calagnaan)島,シコゴン(Sicogon)島,ギガンテ(Gigante)島やボラカイ(Boracay)島,マラリソン(Malarison)島などの小島は周囲あるいは一部を珊瑚礁に囲繞(いにょう)されており,海は青々として透明度が高く,景観がよいために一部はリゾート観光地化している.外海も比較的水深の浅い海域をなしている.

パナイ島東南部一帯: パナイ島の中心都市イロイロ(Iloilo)市から南下したイロイロ海峡に面した地域は砂質海岸をなしており,沖合は急に水深の深い海域を形成している.

(2) 海浜域における三つのエコシステム このような海浜域で見られる特徴から,それぞれをⓐ干潟エコシステム,ⓑ珊瑚礁エコシステム,ⓒ砂浜エコシ

表 11.4 漁場環境と魚種,生産性,漁具漁法,漁民類型の相関関係

類型	ⓐ干潟エコシステム	ⓑ珊瑚礁エコシステム	ⓒ砂浜エコシステム
海浜域の環境	泥質干潟	リーフ／礁湖	
底質	泥質	珊瑚礁	砂質
魚種	++小屑魚	+珊瑚礁魚	+沿岸性浮魚
豊度	+	-	+
透明度	--	++	+
漁法	受動的漁法 cf. 魞,ヤグラ網,サデ網	積極的漁法 cf. 追込み漁,潜水漁	受動的・積極的漁法 cf. 釣漁,網漁
労働	漁業兼業 自家消費中心→残り売却	漁業専業 加工→売却	漁業兼業 自家消費,鮮魚販売・加工
交易圏	自家用,島内消費	島嶼間交易	島内消費
漁民類型	農民的漁民	商人的漁民	季節的漁民

ステムと名づける（表 11.4）.

　ⓐ干潟エコシステム：　内湾系のサブシステムである干潟エコシステムの一般的特徴として，次のような諸点をあげることができる．①漏斗状の河口を有する河川の存在，②河川や海からの徴細な物質の流入，③海底の緩慢な傾斜，④豊富な動植物相，⑤平坦な後背地の存在，⑥すぐれた水質浄化機能をもつ．パナイ島北部沿岸一帯は熱帯的な気候の制約を受けたマングローブ沼沢域を特徴としており，沿岸域は隔離され，汽水域は多少とも停滞的で，干満差による影響と河川から流入する水や土砂に影響を受けやすい．砂泥底が卓越的で，堆積した砂泥は無数の汽水性生物の棲み家となり，エビやカニといった甲殻類や二枚貝などの底生生活形をもつ生物群集にめぐまれているほか，魚介類やエビの産卵・稚魚肥育の格好の場となっている．

　ⓑ珊瑚礁エコシステム：　磯浜群系の特殊化したサブシステムであり，熱帯域によく見られる．ことに珊瑚礁の形成は海水の塩分濃度と関連しており，前述の干潟エコシステムのように河川によって大量の淡水が流入するような地域では珊瑚の生育が困難である．このような珊瑚礁域は，多種な魚類と特殊な貝類の棲み家になっている．ただしプランクトンが少ないために海水の透明度はすぐれているけれども，一般的に言って貧栄養であるため，個々の魚種の豊度においては劣っている．

　ⓒ砂浜エコシステム：　このエコシステムは広大な砂底からなっており，沿海域はイワシ類，サバ類，アジ類の沿岸性浮魚に富んでいる．

　また，スールー海に面したパナイ島西岸の一部では，岩礁性の磯浜エコシステムを形成している．

　微細にながめてみると，パナイ島の海浜域は実際には上述のように多様な分化がみられる（図 11.2）．そこで次に筆者の主な調査対象地であるパナイ島北部沿岸にさらに焦点をしぼり込んでみるとしよう．

(3) 干潟エコシステムにおける漁撈文化複合　　泥質干潟という特異な生態学的空間は，パナイ島に限らず，実は韓国の西南沿岸，中国の渤海湾，黄海，東シナ海，南シナ海，ベトナムのトンキン湾，タイ湾，東スマトラ沿岸，ジャワ北岸，さらにカリマンタン南岸にわたって広く分布している．

　珊瑚礁エコシステムが食糧や水資源において限定的であり，人口支持力が弱く，かつ住民の流動性が高いという特徴をもつのに対して，干潟エコシステムは相対的に閉鎖的で定住性が高く，人口密度が著しく高いのが特徴と言える．この要因としては内湾に流入する河口域および内湾内のマングローブの茂る低湿地，平坦

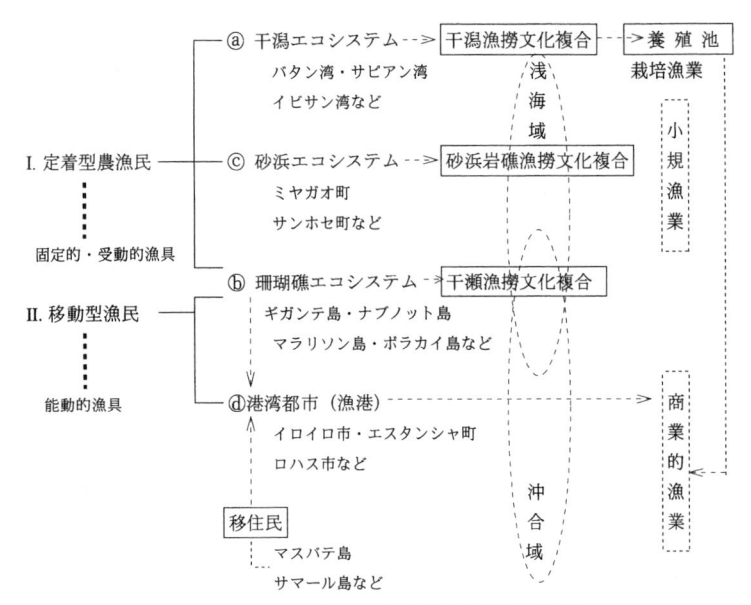

```
                    ┌─ⓐ 干潟エコシステム ---→ ┌干潟漁撈文化複合┐ →┌養 殖 池┐
                    │    バタン湾・サビアン湾      └────────┘   栽培漁業
                    │    イビサン湾など              浅         
                    │                              海         ┌─┐
  I. 定着型農漁民 ──┤                              域         │小│
                    │                                         │規│
                    │  ⓒ 砂浜エコシステム ---→ ┌砂浜岩礁漁撈文化複合┐ │模│
                    │    ミヤガオ町            └────────────┘│漁│
                    │    サンホセ町など                         │業│
        ┊                                                       │ │
      固定的・受動的漁具                                         └─┘
        ┊
                    ┌─ⓑ 珊瑚礁エコシステム ---→ ┌干瀬漁撈文化複合┐
                    │    ギガンテ島・ナブノット島  └────────┘
                    │    マラリソン島・ボラカイ島など
  II. 移動型漁民 ──┤
                    │                                         ┌─┐
      能動的漁具    │  ⓓ 港湾都市（漁港）---------------------│商│
                    │    イロイロ市・エスタンシャ町            │業│
                    │    ロハス市など                          │的│
                    │                              沖         │漁│
                    │                              合         │業│
                    │  ┌移住民┐                   域         └─┘
                    │  └───┘
                    │    マスバテ島
                    └    サマール島など
```

図 11.2 パナイ島における漁撈文化類型の概念図

な後背地，海浜域にせり出した砂泥質干潟といった特殊な地域環境を利用した多様な生計活動が一役かっている．

漁撈活動について言えば，混濁した河川部，低湿地および内湾干潟に棲息するエビ類，カニ類や小屑魚類（ibis）を対象として，地元で入手可能な素材（主として竹）を使ったさまざまな固定的な定置漁具の魞(taba)，樫木網(saluran)，ヤグラ網(arong)などや簡易な可動漁具であるサデ網(hudhud)，魚筌(bobo)，カニ網(bintol)，四ツ手網(salambao)などの簡便な生計維持的小漁具・漁法が見られることが干潟漁撈文化複合の特色の一つである．

こうした漁法はほとんどが1～2名による個人単位の漁撈活動であり，就労時間も月齢（潮汐）に左右されることが多い．とくに可動式の小漁具は漁獲量も限られており，主として自家消費用として利用され，残りは近隣地域や地元市場において売却する．こうした生計維持的漁具は semi-subsistence peasant と言うべき（耕地をもたない）貧しい農漁家にとっては，低資本で入手，製作できる上に，マングローブ汽水域自体が本来コモンズ（共有地）であって，誰でも必要に応じて参入できるという利点をもち，稚エビの豊穣さと相まって生計を維持していく上で重要な手段となってきた．また，平坦な後背地においては水稲耕作や甘

蔗栽培が展開しており，こうした生産活動との兼業として，あるいはおかずとりとしての生活維持のための副業として，近在の農漁民によって浅海域が利用されている（小林・矢野, 2000）．

ところが 1980 年以来，汽水域では汽水養殖池（sangha）の大規模な開発（とくに伝統的なミルクフィッシュ（bangros）の養殖から主として日本向けの輸出用エビ養殖への転換），それにともなうマングローブ林の劇的な減少，カキ養殖場などによる河口域の囲い込みといった一連の変化に直面している．こうした諸変化は耕地を十分もたない限界的農漁家の生活を脅かしている．直面するリスクに対して限界農漁民は個別文化に規定されたさまざまな生活保全戦略（ディスカルテ：diskarte）を駆使して，言い換えれば彼らなりのやり方で生活をしのいでいると言える（小林, 2001）．

e. おわりに

アジア文化をとらえる文化人類学の手法と，島嶼部東南アジア（とくに筆者のフィールドであるフィリピン・パナイ島とインドネシア・ジャワ島）にみられる文化的差異について，簡単に述べて「おわりに」としたい．

文化人類学は基本的には，「異なる文化」を対象として，「あるく・みる・きく」というフィールドワークの実践を通して問題にアプローチする．この点については，その一端をパナイ島の事例を通して例示した．こうしたフィールドワークの実践は，実は「自らの文化」と「異なる文化」とを比較することによって，「自文化」を相対化する．その際に視点の変換によって対象の理解にせまろうとする．本節では，論文の構成として，①「陸の視点」から「海の視点」への変換と，②全体的にとらえるマクロな「鳥瞰的視点」から，細部に焦点を当てるミクロな「虫瞰的視点」へという二つの視座変換を骨子としている．

次に，島嶼部東南アジアの具体的事例として「ジャワ社会」と「フィリピン低地社会」を取り上げた．そこで，この両者の文化の異同についてコメントをしておきたい．双方の社会とも，東アジア社会（例えば韓国や中国，詳しくは柿崎ほか（2008）を参照）のように父系の親族関係が社会的結集の焦点となる社会とは違って，いわゆる双系的な親族構成原理にもとづくゆるやかな関係を基本とし，ムラといえども「双系親族の連鎖的累積体」であると言われている．こうした個人のネットワーク型の関係構造を双方の社会とも共通基盤としている．とはいえ細部を観察すると，差異が明らかである．フィリピン低地社会においてはどの町でも，プラザ・コンプレックスと称される教会が，市場と役場とともに必ず町の中心を構成しており，ムラ社会（バランガイ：barangay）でもカトリック信仰

に由来する村落祭祀としてのフィエスタをはじめ，誕生や死をめぐる通過儀礼においてもカトリック教会を背景とするスペインの同化政策——言い換えれば民族固有の文化の圧殺——の痕跡をうかがい知ることができる．

これに対して，ジャワの伝統的な村落社会ではイスラム教の寺院モスクがムラ（デサ：desa）の中心に位置することが多いとはいえ，アニミズム的な伝統としての共食儀礼（スラマタン）が頻繁に挙行されている．これは一面ではオランダによる文化放任主義の結果であるとも言える．こうした歴史的な背景の違いが自治組織としてのムラ（バランガイとデサ）の自律性にも濃淡を与えている．本論との関連で一例をあげれば干潟および浅海域の海面利用慣行において両者の差異が明確に現れる．東部ジャワの干潟漁村では樫木網漁の杭の設置についてデサ間の関係およびデサ内の社会階層（ゴゴール＝ベンコック制：gogol-bengkok）が漁場利用権に色濃く反映している（矢野，1994）．これに対して，パナイ島イビサン湾においては，魞（taba）やヤグラ網（arong）の設置は基本的に「早いもの勝ち」（パウナウナ制：paunauna）をルールとする（小林，2007）．ここには海面利用，資源管理に対するムラ社会の関与のあり方の差異が表出しており，それぞれの土地なりのやり方の違いを読み取ることができる．

ところで，本節では「アジア文化」を論ずるにあたって島嶼部東南アジアを陸と海の視点から俯瞰してとらえ，やがて焦点をパナイ島北岸の小湾にしぼりこんで，微細にながめてきたわけだが，そのような名も知らぬ僻地の貧しい農漁民の生態が一体私たちと何のかかわりがあるのか，疑問に思われる方もおられることだろう．豊かな生活を享受する私たちにとっては無縁の存在であり，意識化すらされないのかもしれない．しかしグローバル化する世界にあって，実はさまざまなかたちで，例えば日本の地方都市でよく眼にするフィリピーナたちの姿や食卓にあがるエビ（村井，1988），ひと頃はやったナタデココやケーキに使う砂糖やバナナ（鶴見，1983）など，ヒトやモノを通して私たちの生活世界と彼らとは地続き（いや，海続き）の世界なのである．そして今日この地続きの彼方の世界を知ろうとする知的な営為や未知の世界に思いを至す想像力が，混迷する現代社会にあってますます求められているのではなかろうか． 〔矢野敬生〕

＜文　献＞

ギアーツ，C.；池本幸生訳（2001）：インボリューション—内に向かう発展—，NTT出版，東京．
　　［Geertz, C.(1963)：*Agricultural Involution*：*The Processes of Ecological Change in Indonesia,* Univ. of California Press.］
柿崎京一・陸学藝・金一鐵・矢野敬生編（2008）：東アジア村落の基礎構造—日本・中国・韓国

村落の実証的研究—, 御茶の水書房, 東京.
小林孝広・矢野敬生 (2000) 海と陸のはざまで生きるサデ網漁師の生計戦略. ヒューマンサイエンスリサーチ, **9**, 157-175.
小林孝広 (2001):「彼らのやり方」: ディスカルテに関する一考察—フィリピン・パナイ島の市場商人の日常的な実践を通して—. 文化人類学研究, **2**.
小林孝広; 蔵持不三也監修 (2007): エコ・イマジネール—文化の生態系と人類学的眺望—, 言叢社, 東京.
村井吉敬 (1988): エビと日本人, 岩波書店, 東京.
田和正孝 (1997): 感潮河川の漁具・漁法. 漁場利用の生態, 九州大学出版会, 福岡.
西村朝日太郎 (1975): インドネシアの漁撈の海洋人類学的考察 (Ⅰ) —特にウォーレス線の社会科学的な意義と関連して—. アジア経済, **16**(7), アジア経済研究所, 千葉.
西村朝日太郎 (1979): 漁業権の原初形態—インドネシアを中心として—. 比較法学, **14**(1), 1-88.
馬淵東一 (1969): インドネシア慣習法共同体の諸様相. インドネシアの社会構造 (岸 幸一・馬淵東一編著), アジア経済研究所, 千葉, pp. 30-35.
田和正孝編 (2007): 石干見—最古の漁法— ものと人間の文化史 135, 法政大学出版局, 東京.
鶴見良行 (1982): バナナと日本人—フィリピン農園と食卓のあいだ—, 岩波書店, 東京.
鶴見良行; 村井吉敬・鶴見良行編 (1992): エビとマングローブ. エビの向こうにアジアが見える, 学陽書房, 東京.
Yano, T. (1994): The Characteristics of Fisherfolk Culture in Panay: From the Viewpoint of Fishing Ground Exploitation. *Fishers of the Visayas* (I. Usijima, & C. Zayas, Eds.), C. S. S. PP. Publications, Univ. of the Philippines.
矢野敬生 (1994): 樫木網漁をめぐる諸慣行—東部ジャワ干潟漁村の事例—. 社会科学討究, **40**(2), 123-182.
矢野敬生 (2000): 泥質干潟における採貝漁撈—東部ジャワ沿岸漁村の事例—. 人間科学研究, **13**(1), 75-99.

索　引

ア　行

IT企業　124
アイデンティティ　179
アウシュヴィッツ　221, 224
アキ寸法　106
アジア　235
アジア的特質　236
アジアモンスーン　18
暖かさの指数　18
アッハ・ブーナナ・レオ　186
アーデナウアー　209
アドルノ　220
アナール派　217
アーバンエコロジー　137
アフォーダンス　87
アメリカ先住民法　188
アルバイト　127
安定同位体比　58
アンドロゲン　71

家　79-82
イスラーム社会　226, 234
一元的方法論　9
一元論　7, 8
遺伝子　64
イマジネーション　181
イマジネール　181
移民　217, 226
イメージ　86
EU　218
因果関係　47
イングリッシュオンリー　189
インターネット　91
インタビュー調査　130

ヴァイツェッカー　213
ヴァイマル体制　206
ヴァーチャル行動場面　91
植木鉢　159
ヴェルサイユ条約　207

宇宙と生物の連続性　64

栄養塩類　52
栄養段階　52
液性情報　64, 66
エコトーン　58
エストロゲン　71
江戸　155
江戸城外堀　155
NPP　15, 17, 20
エネルギー　35
　　──の流れ　15, 42
　　──の変換効率　38
沿岸エコシステム　240
エンパワーメント　232

大型植物化石群　157
大型類人猿　79
奥村二吉　192
オゾン層　34
温室効果ガス　31
温帯草原　19
温暖化軽減　26

カ　行

外国人強制労働者　196
外資系企業　124
快情動　90
回転率　56
概念的駆動の人間科学　8
概念的駆動ベクトル　9
開放人口　142
海面漁場利用慣行　246
外来型開発　139
科学的人口研究　143
花卉園芸文化　158
下級武士の屋敷　155, 159
核家族　118
学問の駆動ベクトル　13
家事労働者　200
下垂体　69

化石燃料の消費　21
仮想現実　90
家族　115, 180
家族計画プログラム　148
家族言説　121
家族社会学　120
家族周期論　121
家族問題　117
下等人間　198
カプラン　90
花粉分析　159
カルチュラルスタディーズ　221, 222
感覚　65
感覚装置　64
環境基本計画　138
環境共生都市　136
環境行動教典　102
環境・行動研究　94
環境史　153
環境中心主義　12
「環境」人間科学　11
環境の次元　95
環境保全機能　46
環境容量　38
慣習法　236
寒地荒原　19
元年者　184

ギアツ　237
帰化不能外国人　185
企業社会　125
企業別組合　125, 126
記号学　221
気候変動枠組み条約　29, 31
技術革新導入期　126
汽水養殖地　245
規制緩和　124
基礎生産者　52
機能的作業域　105
ギブソン　86

250　索　引

キャリア教育　129
共産主義体制　199
共食文化　179
強制収容所　196
強制連行　197
京都議定書　31, 32
京都議定書目標達成計画　32
筋細胞　70
近代化　145
近代社会　116
近代デモグラフィー　144
均等待遇　127

空間知覚　85
空間的指示伝達　87
空間命題　87
クライザウ・グループ　208, 211
クラウディング　89
グラント　143
車いす　110, 113
クレオール　189
呉秀三　192
グローバリゼーション　135, 218
グローバル経済化　124

経営合理化　126
経済活動水準　233
経済効率　45
経済成長　230
経済発展　147
形式人口学　144
珪藻化石群　157
契約社員　127
ゲシュタポ　199
下水　158
血液　69
ケトレー　144
言語混淆　182
言語死　182
言語接触　182
言語復興　182
言語変化　182
嫌視権　96
建築　94
建築環境　94

公益的機能　46

公害問題　23
好奇心　83
合計出生率　150
光合成　34
考古学　154
甲状腺ホルモン　68
構造機能主義　119
構造主義　221
構築体　96
構築物　96
行動エピソード　89
行動科学　4
行動規範　102
行動主義　4
行動場面　89
公と私　102
高齢化　149
呼吸速度　42
国際生物学事業計画　20, 52
国民社会主義ドイツ労働者党　205-207
国連環境開発会議　30, 44, 137
国連人間環境会議　24
ゴゴール=ベンコック制　246
古代エジプト文明　162
個体数のピラミッド　51
子ども部屋　81
ゴトン・ロヨン　238
個の自由度　81
コプト時代　162
ごみ処理　158
コミュニケーション　179
コモンズの悲劇　38
コラボレイター　202
ゴールドハーゲン　213
ゴルバチョフ政権　202
混血　192
コンソマシオン　179

サ　行

災害　160
再軍備　211
最大作業域　105
サイバースペース　91
坂野徹　190
作業域　105
サブカルチャー　222
寒さの指数　18
産業革命　142

珊瑚礁エコシステム　243
サン・シモン　1, 4, 6, 7, 10, 216
三種の神器論　125
3年以内離職　129

寺院　155
ジェンダー開発　233, 234
識字率　231-233
資源循環　60
事故　82, 83
仕事意識　130
『死者の書』　168
視床下部ホルモン　69
施設　100
自然史　153
自然循環　60
自然中心主義　12
持続可能な開発　24, 30, 32, 44
持続可能な社会　136
持続可能な都市　136
7月20日事件　211, 213, 214
7・5・3問題　129
室　98
失業率　124
質的基幹化　127
示標性　175
死亡率　147
シミュレーション　91
社会構築主義　123
社会集団　120
社会主義統一党　211
社会発展論　230
社会変動　116
若者人口　231
ジャワ社会　245
就学率　231, 233
就職協定　129
終身（長期）雇用制　125
集水域　59
従属人口指数　232
就労義務年齢　200
樹上生活　76
シュタウフェンベルク　213
出エジプト　165
出生性比　142
出生率　147, 234
出生地主義　217
シュトラッサー　1, 2, 4, 6, 7, 10
受容体　67

索引　251

シュライヒャー　206
純一次生産力（NPP）　15, 17, 20
循環型社会　59
循環モデル　54
純生産速度　42
純放射量　15, 16
止揚　2, 6, 12
少子化　149
上水　155
消費過程　51
消費者　40
消費生活年報　83
植物群系　14, 17, 20
食文化の変容　175
職務給導入期　126
食物連鎖　50
ジョセフ彦　184
初等教育就学率　231
所得水準　230
ジョン万次郎　184
自立　83
自律神経　66
白バラ　208, 211-214
白バラ記念室　213
白バラ財団　213, 214
神経機構　74
神経細胞　70
神経伝達物質　66
神経内分泌　63
神経内分泌学　69
人権　218
人口　141
　——の男女別構造　142
　——の分布構造　141
人口移動　149
人口学　141, 143
人口研究　144
人口効果　145
人口構造　141
人口収容力　147
人口増加　142, 148
人口置換水準　150
人口転換　146
人口転換理論　145
人口動態　141
人口分析　144
人口変動　141
人口ボーナス　232

人口密度　149
人口問題　145, 147, 148
人種政策　198, 199
身体緩衝帯　80
人体寸法　104
身辺環境　82, 84
森林の減少　26
森林バイオマス　27, 28
人類史　153

巣　79
水質汚染　157
水田エコシステム　237
スターリン　202
ステップ　19
「図」と「地」　12
砂浜エコシステム　243
スペクタクル社会　219, 223
スラブ民族　198

成果主義　125, 126
生活圏　78
生活行為　98
生活する人間　11
正規労働者　127
生計維持の漁具　244
性差　73
生産過程　51
生産者　40
生産年齢人口　231, 232
政治的人種のヒエラルキー　197
生殖家族　115
生殖腺　73
生食連鎖系　53
精神のモノカルチャー　49
性染色体　70
生息圏　75, 76
生態学的駆動の人間科学　8
生態学的駆動ベクトル　9
生態学の必要空間　134
生態系　40, 50
生態系モデル　55
生態ピラミッド　52
性の決定　72
製品循環　60
生物圏　40
生物多様性　48
性分化　73

性欲　71
世帯　120
ゼロ・エミッション　59
戦時経済　196, 197
先輩の仕事調査　130

双系的親族構成原理（双系制）　245
総合学　1, 4, 5, 12
相互行為　123
相互浸透性　6, 7
総生産速度　42
創造性　219
総督府立養神院　194
ソシオ・フーガル　88
ソシオ・ペタル　88
組織のシンボル　2, 3
ソーシャビリティ　179
ソマー　88

タ　行

第一次世界大戦　205
待遇格差　127
大衆文化　220
対人距離　78, 88
体性感覚　65
第二革命　207
対日都市政策勧告　139
胎盤　72
台北帝国大学　192
大名屋敷　159
台湾原住民の言語　183
台湾社会事業協会　193
台湾総督府　191
タクソノミー　12
多元的方法論　9
多元論　8
多細胞生物　70
脱窒活性　58
竪穴住居　99
多文化主義　217
溜池　156
炭素吸収能力　26
炭素放出量　21

地域史研究　212
知覚　65
地球温暖化　22-24
地球カレンダー　34

超多収品種　48
直系家族制　117
直立二足歩行　76, 79
墜落防止用手すり　107
坪井正五郎　190
定位　87
定位家族　115
DNA　70
庭園　158
抵抗記念館　213
定常型社会　140
DP　201
デサ　246
手すり　107, 114
テーベ　167
テリトリアリティ　89
ドイツ敗戦　201
ドイツ民主共和国　209
ドイツ連邦共和国　209, 211
動作域　105
動作空間　106
動作補助用手すり　108
島嶼部東南アジア　236
ドゥボール　223
都市化　132, 133, 149
トールマン　86
トロント会議　29

ナ　行

ナイサー　86
内定ブルー現象　129
内発的発展　139
長崎　224
中脩三　194
中村譲　192
ナチ親衛隊　197
ナチ政権　196
ナパタ　165
ナビゲーション　88
二元的方法論　9
二元論　7, 8
『日英布曾話書付録日英書簡文　八十篇』　185
ニート　129
日本的経営　124-126

――の崩壊論　124
日本労働社会学会　131
人間開発　231, 232
人間開発指数　233, 234
人間科学　1-10, 116, 130, 141, 215
人間狩り　197
人間中心主義　12
認識のシンボル　2, 3
認知地図　86

熱帯移民　194
熱帯季節林　18
熱帯馴化　192, 195
熱帯神経衰弱　194
熱帯草原　18
熱帯多雨林　18
熱力学の第一法則　37
熱力学の第二法則　37
年功制　125, 126
年少人口　231, 232

農業革命　142
『農業のインボリューション』　238
農耕地生態系　40
農耕地の拡大　21
能力主義　125
ノラ　217

ハ　行

バイオマス　41
バイオマス・エネルギー　28
バウアー　210
バウナウナ制　246
生え抜き登用　125
パーカー　89
パーカーランチ　187
派遣社員　127
パーセンタイル値　107
パーソナルスペース　89
旗本屋敷　159, 161
発情　71
パートタイマー　127
ハドレー循環　18
ハビトゥス　173
パピルス文書　168
バブル経済崩壊期　126
パーペン　206

場面　95
バーライン　90
パラサイトシングル　128
バランガイ　245
バルト　221
ハレ・クアモオッ　186
ハワイ語新語辞典　187
ハワイチェーン　183
ハワイ・ルネッサンス　186
反共主義　199
ハンセン病　194
反ナチ教育　199
ハンブルク社会研究所　213

ピアジェ　2, 4-7, 9-11
東アフリカ大湖地帯　171
干潟エコシステム　243
干潟漁撈文化複合　239
引きこもり　82
ビザンチン帝国　162
ピジン　189
非正規社員　127
微生物ループ　53
非整列　87
干瀬漁撈文化複合　239
非接触領域　106
ヒト‐モノ関係　84
ヒトラー　205-208
――の自殺　209
ひとり一社推薦制　128
表象装置　220
表象文化　219
標的器官　67
ビルディングタイプ　100
広島　224
琵琶湖モデル　56
貧困の共有　238
ヒンデンブルク　207

ファイアンス　169
ファーストフード　178
フィリピン低地社会　245
夫婦家族制　117
富栄養化　55
副腎皮質ホルモン　68
フーコー　216
武州豊嶋郡江戸庄図　157
腐食連鎖系　53
物質循環　15

索　引　　253

扶養負担　232
プライバシー　80, 89
フランクフルト学派　220
フランコフォニー　217
フリーター　128, 129
　――の増加　128
ブルーカラー　131
ブルデュー　217
プレファランス　90
プロクセミクス　88
プロゲステロン　72
プロト中央東ポリネシア諸語　183
プロブレマティック　4, 5, 175
ブロンフェンブレンナー　90
分解過程　51
文化資本　173, 218
文化相対主義　217
文化の気候決定論　194
文化の生態系　173
文化のゼロ・ポイント　181

平均寿命　232, 233
並行関係　47
米国海外伝導評議会　184
閉鎖人口　142
ヘブライ人　165
ペレストロイカ　202
弁証法　2, 6, 12
ベンチャー企業　124
ベンヤミン　220

貿易自由化期　126
防火戸　108
法共同体　237
法圏　236
放射乾燥度　16
方丈の庵　99
北方針葉樹林　19
ポピュラー文化　220
ホームレス　80
ホメオスタシス　64
ポーランド侵攻　208

ポーランド人労働者　198
ポーランド総督府　197
ホール　78, 88
ホルモン　66
ホロコースト　196, 221
ホワイトカラー　131

マ　行

町屋　155
マルクス　143
マルサス　143

ミスアラインメント　87
湖は一つの小宇宙　51
緑の革命　48
民衆文化　220
民俗学　154

ムスリム　226
ムスリム人口　226-228
ムスリム比率　228
無生物　63, 70

明暦の大火　161
メタセティック連続体　10
メタボリズム　134
メタン生成活性　58
メディアリテラシー　220
メーヌ・ド・ビラン　215
メルロー＝ポンティ　216

木材製品　27
モーションキャプチャシステム　112
モーゼ　165
モータリゼーション　136
森田療法　195
モルトケ　208

ヤ　行

焼畑エコシステム　237
柳田国男　153, 159
ヤマアラシのジレンマ　78

ユマニスム　215

ヨーロッパ統合　218

ラ　行

ライシテ　218
落葉広葉樹林　19
ランゲルハンス島　69

リアリティ　4
陸域生態系　20
リストラ　124
琉球方言　183
利用効率　52
量的基幹化　127
リンチ　86

ルクン　239

霊長類　75, 76
レヴィ＝ストロース　221
歴史学　154
歴史の遺伝子　181
レーマー　210
レーム粛清　207
連邦補償法　211

労働市場　124, 127
労働社会学　131
労働・職業環境　124
労働力不足　198, 200
老年人口　231, 232
ローカル・アジェンダ21　138
ロシア人労働者　199
ロシア兵捕虜　199
ローマ帝国　162
論理実証主義　4

ワ　行

『わが闘争』　206

編集者略歴

中 島 義 明

1944年　東京都に生まれる
1972年　東京大学大学院人文科学研究科博士課程心理学専門課程退学
　　　　大阪大学大学院人間科学研究科教授を経て
現　在　早稲田大学人間科学学術院教授
　　　　大阪大学名誉教授
　　　　文学博士

根ヶ山光一

1951年　香川県に生まれる
1978年　大阪大学大学院人間科学研究科博士課程修了
　　　　武庫川女子大学講師を経て
現　在　早稲田大学人間科学学術院教授
　　　　博士（人間科学）

現代人間科学講座 2
「環境」人間科学　　　　　　　　定価はカバーに表示

2008年9月10日　初版第1刷

　　　　　　　　　　編集者　中　島　義　明
　　　　　　　　　　　　　　根 ヶ 山 光 一
　　　　　　　　　　発行者　朝　倉　邦　造
　　　　　　　　　　発行所　株式会社 朝 倉 書 店
　　　　　　　　　　　　　　東京都新宿区新小川町 6-29
　　　　　　　　　　　　　　郵便番号　162-8707
　　　　　　　　　　　　　　電　話　03(3260)0141
　　　　　　　　　　　　　　FAX　03(3260)0180
　　　　　　　　　　　　　　http://www.asakura.co.jp

〈検印省略〉

© 2008〈無断複写・転載を禁ず〉　　　新日本印刷・渡辺製本

ISBN 978-4-254-50527-6　C 3330　　　Printed in Japan

環境と人類
―自然の中に歴史を読む―
首都大 小野　昭・前首都大 福澤仁之・九大 小池裕子・首都大 山田昌久著
18005-3　C3040　　A5判 192頁　本体3300円

堆積学・地質学・花粉分析・動物学など理系諸学と、考古学・歴史学など人文系諸学の協同作業による、自然の中に刻まれた人類史を解読する試み。基礎編で理論面を解説し、通史編で、日本を中心に具体的に成果を披露

環境経済学概論
―エコロジーと新しい経営戦略―
法大 後藤公彦著
54003-1　C3033　　A5判 112頁　本体2300円

地球・自然環境、生命環境、社会環境の3つを統合的に捉えた環境問題は今後の社会・経済に大きな影響を及ぼす。本書では個々の問題点を明らかにし、どう取り組み、解決したらよいか、につき外部不経済の意味を明示しながら具体的に解説

地球環境科学
理科大 樽谷　修編
16031-4　C3044　　B5判 184頁　本体4000円

地球環境の問題全般を学際的・総合的にとらえ、身近な話題からグローバルな問題まで、ごくわかりやすく解説。教養教育・専門基礎教育にも最適。〔内容〕地球の歴史と環境変化／環境と生物／気象・大気／資源／エネルギー／産業・文明と環境

東西文明の風土
日文研 安田喜憲著
18003-9　C3040　　A5判 208頁　本体4000円

「日本文化の風土」に続く風土論第二弾。〔内容〕環境考古学／風土の起源／稲作半月弧と麦作半月弧／東西の洪水伝説と文明の興亡／東西の神話にみる森の破壊／東の多神教・西の一神教／自己否定の文明・自己肯定の文明／自然支配思想の終焉

環境人間工学
文化女大 佐藤方彦・千葉大 勝浦哲夫著
20078-2　C3050　　A5判 208頁　本体3800円

人間工学に技術文明の人間化を試みる。〔内容〕人間と環境要素（光環境、温熱環境、音環境、振動環境、気圧環境、無重力環境）／人間の生活活動と環境（住宅環境、オフィス環境、交通環境、レジャー環境、道具環境、作業環境、海洋・宇宙環境）

人間環境学
―よりよい環境デザインへ―
日本建築学会編
26011-3　C3052　　A5判 148頁　本体3900円

建築、住居、デザイン系学生を主対象とした新時代の好指針〔内容〕人間環境学とは／環境デザインにおける人間的要因／環境評価／感覚、記憶／行動が作る空間／子供と高齢者／住まう環境／働く環境／学ぶ環境／癒される環境／都市の景観

環境デザイン学
―ランドスケープの保全と創造―
京大 森本幸裕・日文研 白幡洋三郎編
18028-2　C3040　　B5判 228頁　本体5200円

地球環境時代のランドスケープ概論。造園学、緑地計画、環境アセスメント等、多分野の知見を一冊にまとめたスタンダードとなる教科書。〔内容〕緑地の環境デザイン／庭園の系譜／癒しのランドスケープ／自然環境の保全と利用／緑化技術／他

環境と空間
前東大 高橋鷹志・東大 長澤　泰・東大 西出和彦編
シリーズ〈人間と建築〉1
26851-5　C3352　　A5判 176頁　本体3800円

建築・街・地域という物理的構築環境をより人間的な視点から見直し、建築・住居系学科のみならず環境学部系の学生も対象とした新趣向を提示。〔内容〕人間と環境／人体のまわりのエコロジー（身体と座、空間知覚）／環境の知覚・認知・行動

環境と行動
前東大 高橋鷹志・前東大 長澤　泰・阪大 鈴木　毅編
シリーズ〈人間と建築〉2
26852-2　C3352　　A5判 176頁　本体3200円

行動面から住環境を理解する。〔内容〕行動から環境を捉える視点（鈴木毅）／行動から読む住居（王青・古賀紀江・大月敏雄）／行動から読む施設（柳澤要・山下哲郎）／行動から読む地域（狩野徹・橘弘志・渡辺治・市岡綾子）

環境とデザイン
前東大 高橋鷹志・前東大 長澤　泰・新潟大 西村伸也編
シリーズ〈人間と建築〉3
26853-9　C3352　　A5判 192頁　本体3400円

〔内容〕人と環境に広がるデザイン（横山俊祐・岩佐明彦・西村伸也）／環境デザインを支える仕組み（山田哲弥・鞘田茂・西村伸也・田中康裕）／デザイン方法の中の環境行動（横山ゆりか・西村伸也・和田浩一）

上記価格（税別）は 2008 年 8 月現在